Konrad-Zuse-Straße 3, D-54552 Nerdlen / Daun
Telefon: 06592 957389-0
www.kynos-verlag.de

Grafik & Layout: Kynos Verlag

Gedruckt in Lettland

ISBN 978-3-95464-298-4

Bildnachweis:
Alle Fotos von Tiziana Spezzano, Pawprint Photographics, außer:
Ramona Houscht: S. 29, S. 30, S. 32 oben, S. 44, S. 49 alle, S. 75

Inhaltsverzeichnis

Einleitung

Es ist Frühling. Die Sonne scheint und die große Trainingswiese erstrahlt in saftigem Grün. Darauf befinden sich zahlreiche Geräte – aus Hundesicht ein echtes Labyrinth mit etlichen möglichen Laufwegen, die in Frage kommen.

Jimmy liegt am Start des Parcours und spitzt aufmerksam die Ohren.

Mein Startsignal ertönt und er galoppiert los. Er durchläuft die ersten drei Hoops und umrundet die Tonne. Auf Ansprache arbeitet er in meine Richtung, um danach einen Richtungswechsel auszuführen und sofort wieder volle Fahrt aufzunehmen, um die weiteren Geräte zu absolvieren. In hoher Geschwindigkeit rennt er am Gate vorbei geradeaus auf den Tunnel zu.

Er läuft und läuft, den Fokus nach vorne gerichtet, aber immer mit einem Ohr bei mir, um nicht zu verpassen, wo es als Nächstes hingeht. Ich befinde mich währenddessen weiter weg von ihm in einem kleinen Führkreis, aus dem heraus ich ihn durch den Parcours dirigiere. Meine Signale weisen ihm den richtigen Weg.

Während mein Hund in wenigen Sekunden zehn bis fünfzehn Meter zurücklegt, drehe ich mich weitestgehend auf der Stelle. Damit meine Körperfront zum Hund zeigt, richte ich meine Fußspitzen immer in seine Richtung.

Auch ich bin mit meiner ganzen Aufmerksamkeit bei Jimmy – etwas zu schnell gedreht oder eine Sekunde zu früh einen Schritt auf ihn zu und ich bringe ihn aus der Lauflinie. Ein noch so kleiner Führfehler von mir führt dazu, dass er den falschen Weg nimmt.

Dann ertönt mein Markerwort: Umgehend unterbricht er seinen Lauf, eilt auf mich zu und wir starten ein Zerrspiel mit seinem liebsten Gitterball. Er ist voll in seinem Element und ich kann nicht aufhören zu strahlen. Die anderen Trainingsteilnehmer applaudieren und freuen sich mit uns.

Jimmy hat den gesamten Parcours fehlerfrei durchlaufen und das Ziel ohne Umwege erreicht. Gemeinsam haben wir es geschafft. Wir haben eng zusammengearbeitet, wobei wir räumlich doch so weit voneinander entfernt waren. Mit feiner Kommunikation auf große Distanz!

Genau das beschreibt Hoopers – diese wundervolle, anspruchsvolle Hundesportart, bei der Mensch und Hund im Einklang sind, obwohl sie doch weit entfernt voneinander arbeiten. Absprache und Kommunikation im Team aus Zwei- und Vierbeiner müssen stimmig und fein sein, nur dann gelangt man gemeinsam ans Ziel. Genau das ist es, was mich so an Hoopers so fasziniert!

Meine Leidenschaft und Faszination für diesen Sport möchte ich mit Ihnen teilen und in diesem Buch an Sie weitergeben.

Ich wünsche Ihnen viel Spaß beim Lesen, Trainieren und Ausprobieren und hoffe, dass ich Sie ebenfalls mit dem „Hoopers-Fieber" anstecken kann!

Ihre Ramona Houscht mit Jimmy

Unser Weg zu Hoopers

Als Jimmy, ein Weißer Schweizer Schäferhund, im Spätsommer 2018 als Welpe bei mir einzog, zeigte sich innerhalb kurzer Zeit, dass er größer werden würde, als es für seine Rasse üblich ist. Daher war für mich klar, dass eine dynamische Sportart wie Agility, die ich in den Jahren zuvor mit meinen beiden Hütehunden (einem Australian Shepherd und einem Wäller) betrieben hatte, eine zu große Belastung für seine Gelenke darstellen würde und wir uns auf die Suche nach einer anderen, besser geeigneten Beschäftigungsform machen mussten.

Also brauchten wir etwas, das seinen Bedürfnissen und seinen Stärken entgegenkam. Bereits als junger Hund hatte er großen Spaß am Umlaufen von Gegenständen und Bäumen, auch auf weite Entfernungen. So dauerte es nicht lange, bis wir auf Hoopers aufmerksam wurden.

Zunächst probierten wir uns einfach aus. Ich schaute mir Videos an, durchforstete das Internet und legte mir erste Trainingsunterlagen zum Erarbeiten in Eigenregie zu. Ich brachte meinem Hund die Geräte bei und konnte ihn in relativ kurzer Zeit durch kleine Sequenzen auf Distanzen von bis zu zehn Metern führen.

Wir hatten beide von Anfang an großen Spaß am Hoopers. Dennoch musste ich feststellen, dass das Training und insbesondere die Herangehensweise noch nicht perfekt für uns waren. Jimmy ließ sich zwar gut von mir schicken, es haperte aber immer wieder daran, dass er die Hindernisse nicht selbständig abarbeiten konnte und dass größere Entfernungen zu mir problematisch waren.

Wissensdurstig machte ich mich auf die Suche nach einem Führsystem, das sich für mich stimmig anfühlte. Hier wurde ich im Oktober 2019 auf einem Seminar bei Michael Kroner fündig.

Mit den neuen Erkenntnissen baute ich Jimmys Training noch einmal neu auf, und so waren wir innerhalb von nur drei Monaten bereit für unseren ersten Turnierstart. Jimmy startete mit gerade einmal 18 Monaten als jüngster Teilnehmer des Turnieres und wir beide konnten gleich zwei fehlerfreie Läufe absolvieren und uns Rang eins sichern.

Ich war bereits zu diesem Zeitpunkt so fasziniert von diesem Hundesport, dass ich unbedingt noch mehr dazu lernen wollte. So dauerte es nicht lange, bis ich 2020 die Trainerausbildung nach „easyondistance“ absolvierte.

Seither biete ich in meiner Hundeschule zahlreiche Gruppen, Kurse, Onlinetrainings und Seminare zu diesem Thema an. Ich freue mich hierbei über Teilnehmer aus ganz Deutschland, Österreich und der Schweiz.

Ich liebe es, mit den unterschiedlichen Mensch-Hund-Teams zusammenzuarbeiten. Hierbei ist es mir besonders wichtig, jedes Team individuell zu begleiten und voranzuzubringen.

Zur Arbeit mit diesem Buch

Mit diesem Werk möchte ich mein gesammeltes Wissen an Sie weiterreichen und Ihnen die Möglichkeit geben, diese wundervolle Beschäftigungsform näher kennenzulernen – ganz gleich, ob Sie selbst Inhaber einer Hundeschule, Übungsleiter oder motivierter Hundehalter sind.

Das Buch wird Ihnen und Ihrem Hund den Einstieg zu Hoopers ermöglichen – vom ersten Kennenlernen aller Geräte über Sequenztraining bis hin zum Parcourstraining. Aber auch wenn Sie bereits Erfahrungen im Hoopers gesammelt haben, egal, ob Sie sich hierbei wie ich zunächst selbst ausprobiert haben oder bereits in einem Verein oder einer Hundeschule trainiert haben, können Sie dieses Buch nutzen.

Die Übungen sind so zusammengestellt, dass sie aufeinander aufbauen. Aus diesem Grund empfehle ich Ihnen, chronologisch vorzugehen. Für fortgeschrittene Teams finden sich an manchen Stellen Hinweise zu anspruchsvolleren Variationen einiger Übungen.

1. Wissenswertes

Hoopers – was ist das eigentlich?

Hoopers, auch bekannt unter dem Namen N.A.D.A.C. oder Hoopers-Agility, ist eine im deutschen Raum noch sehr junge Hundesportart, welche ihren Ursprung in den USA hat. N.A.D.A.C. bedeutet eigentlich: North American Dog Agility Council und bezeichnet damit eine der großen Agility-Organisationen der Vereinigten Staaten. Es ist daher keine Bezeichnung für die Sportart selbst.

Namensgebenden für diese Beschäftigungsform in Deutschland sind die sogenannten Hoops, welche der Hund im Parcours durchlaufen muss.

Das Wort Hoop kommt aus dem englischen und bedeutet Reifen. Sieht man sich einen solchen Hoop an, erinnert dieser optisch an einen Hula-Hoop-Reifen. Das Gerät besteht aus zwei Stangen mit Standfüßen im Abstand von 85 – 95 cm, die auf der Oberseite durch einen Bogen miteinander verbunden sind.

Beim Hoopers wird der Hund von seinem Menschen durch einen Parcours mit unterschiedlichen Geräten geführt. Hierzu gehören neben den Hoops auch Tunnel sowie Tonnen und Gates, welche vom Hund umlaufen werden müssen. Sprünge und Hindernisse wie beispielsweise die A-Wand oder den Steg, wie sie beim klassischen Agility überwunden werden müssen, gibt es beim Hoopers nicht. Ein weiterer großer Unterschied zum Agility ist, dass der Mensch nicht mit seinem Hund mitläuft. Beim Hoopers bringt der Mensch seinen Hund zum Start und entfernt sich dann von ihm in den vorgegebenen Führbereich. Nur hier darf er sich aufhalten, um seinen Hund durch den Parcours zu dirigieren und zu lenken. Der Führbereich ist mit einem Außendurchmesser von zwei Metern sehr klein.

Die Abfolge der Geräte kann immer variieren. Der Schwierigkeitsgrad richtet sich nach dem Trainingsstand des Mensch-Hund-Teams.

Um Hoopers auszuführen zu können, muss ein Mensch also nicht besonders sportlich sein.

Gefragt sind dafür aber umso mehr ein sehr gutes Timing und eine extrem gute Körperbeherrschung, um den Hund mit feiner Körpersprache führen zu können.

Worin liegt der Reiz dieser neuen Sportart?

Um einen Parcours fehlerfrei absolvieren zu können, sind eine gute Zusammenarbeit zwischen Mensch und Hund sowie Geschicklichkeit, insbesondere seitens des Menschen, unerlässlich.

Der Mensch führt und lenkt seinen Hund mit Hilfe von Hör- und Sichtzeichen ausschließlich aus dem vorgegeben Führbereich. Die Schwierigkeit liegt dabei mitunter an den großen Abständen zwischen

Mensch und Hund. Im Turniersport betragen die Distanzen in der höchsten Klasse bis zu 30 Meter, auf welche der Hund empfänglich für die Signale seines Menschen sein muss. Während der Hund also eine Laufstrecke von zehn bis 15 Meter zurücklegt, führt der Mensch häufig gerade einmal eine Vierteldrehung auf der Stelle aus. Das Lesen der Körpersprache des Hundes und ein gutes Timing, um den Hund rechtzeitig zum korrekten Gerät schicken zu können, sind daher unerlässlich. Letzteres kann der Mensch im Training immer weiter verfeinern und so seinen Hund immer besser führen, während der Hund lernt, immer besser und feiner auf seinen Menschen zu achten.

Hoopers ist daher nicht nur eine tolle Beschäftigungsform mit Suchtfaktor, sondern stärkt auch die Beziehung zwischen Mensch und Hund. Durch die immer wieder neue Anordnung der Geräte im Parcours bleibt diese Beschäftigung anspruchsvoll für beide und der Hund wird körperlich und geistig sinnvoll ausgelastet.

Hoopers – eine Beschäftigungsform für mich und meinen Hund?

Für welche Menschen ist Hoopers geeignet?

Ein gutes Timing sowie eine gute Beobachtungsgabe sind von großem Vorteil, um Hoopers auszuführen. Körperlich hingegen sind die Ansprüche an den Menschen gering. Da der Hund auf Distanz geführt wird, muss der Mensch sich nicht viel bewegen und damit auch nicht besonders sportlich sein. So eignet sich Hoopers auch besonders für Menschen mit körperlichem Handicap. Gerade Menschen, die nicht gut zu Fuß und vielleicht sogar auf einen Rollstuhl angewiesen sind, können dieser Beschäftigung nachgehen. Hat man ein Handicap, kann eine Hilfsperson unterstützend mitwirken, indem sie den Hund beim Training bestätigt oder auch zurück an den Start begleitet.

Kann jeder Hund Hoopers ausführen?

Aus meiner Erfahrung kann ich berichten, dass wirklich sehr viele Hunde Spaß an dieser Beschäftigung haben, ganz egal, ob es sich hierbei um einen kleinen Jack Russel Terrier oder um einen großen Rhodesian Ridgeback handelt.
Natürlich kommt diese Beschäftigungsform bestimmten Rassegruppen wie Hütehunden oder manchen Jagdhunderassen entgegen, die jahrhundertelang auf die Zusammenarbeit mit dem Menschen selektiert wurden. Ein Herdenschutzhund hingegen wird voraussichtlich wenig Sinn darin sehen, durch einen Parcours aus unterschiedlichen Geräten geschickt zu werden. Dennoch finden Hunde zahlreicher Rassen Gefallen am Hoopers.

Für Wäller Strolchi ist Hoopers die absolute Lieblingsbeschäftigung geworden. Hier kann er sich dynamisch bewegen und mit Frauchen zusammenarbeiten.

Beim Aufbau des Trainings ist besonders wichtig, dass der Hund motiviert wird und gerne mitarbeitet. Es muss daher ein großes Anliegen des Menschen sein, die richtige Motivation für seinen Hund zu finden.
Auch Hunde, die eher unsicher sind und sich nur ungern von ihrem Menschen entfernen, können Hoopers erlernen. Gerade bei solchen Vierbeinern ist es schön zu beobachten, wie sie an Selbstvertrauen gewinnen. Durch einen Trainingsaufbau in kleinen Schritten und mit viel Geduld sind auch bei diesen Hunden bald Distanzen von zehn bis 15 Metern realistisch. Das Training stärkt das Selbstvertrauen von Mensch und Hund und man sieht, wie beide zusammenwachsen.
Die Geschwindigkeit steht beim Hoopers zu keiner Zeit im Vordergrund, auch nicht auf Turnieren. So kann der Hund sein Lauftempo frei wählen.
Es gibt Hunde, die mit vollem Eifer bei der Sache sind und sehr schnell werden, aber auch solche, die langsam durch den Parcours hindurchlaufen und die Geräte im Trab oder zeitweise auch im Schritt absolvieren.
Je nachdem, zu welchem Typ Ihr Hund gehört, ist die entstehende Belastung der Gelenke höher oder geringer.

Die kleine Terrier-Mischlinghündin Lili hat großen Spaß am Hoopers-Training. Als Belohnung dient die heißgeliebte Frisbee-Scheibe.

Bei sehr schnellen Hunden ist die Beanspruchung der Gelenke, insbesondere bei den auszuführenden Wendungen, nicht unerheblich.
Bei Hunden, die in gemäßigtem Tempo arbeiten, sinkt diese Belastung um ein Vielfaches. So kann Hoopers durchaus eine Beschäftigung für ältere Hunde und Hunde mit Handicap sein. Und dennoch sollte es auf keinen Fall automatisch als Beschäftigungsform für Agility-Rentner angesehen werden, nur weil es keine Sprünge zu überwinden gibt.
Gerade Hunde, die jahrelang im Agility geführt wurden, sind Meister darin, Geräte in hoher Geschwindigkeit zu absolvieren. Häufig bieten sie genau dieses Tempo auch beim Hoopers an.
Ob Hoopers für Ihren Hund geeignet ist oder nicht, sollte eine individuelle Entscheidung sein. Um sicherzugehen, ist ein Check-Up beim Tierarzt oder Hundephysiotherapeuten Ihres Vertrauens empfehlenswert.
Junghunde können spielerisch an Hoopers herangeführt werden, jedoch sollten im Vorfeld unbedingt zunächst einmal Grundsignale wie Sitz, Platz und Bleib trainiert werden. Ebenso sollte der Hund zunächst lernen, gerne mit seinem Menschen zusammenzuarbeiten. Trainiert man mit seinem Junghund das Apportieren, hat man idealerweise eine tolle Beschäftigung und zeitgleich auch ein geeignetes Belohnungsobjekt für das spätere Training. Grundsätzlich bin ich immer dafür, dass

Fay umläuft die Pylone im Trab.

Umläuft sie die Pylone im Galopp, ist die Belastung der Vorder- und Hintergliedmaßen deutlich erhöht.

Australian Shepherd Hündin Liv absolviert alle Geräte in rasantem Tempo.

ein Hund vor einem spezifischen Training für eine bestimmte Sportart wie etwa Hoopers einige grundlegend wichtige Dinge lernt, etwa auch unter Ablenkung (zum Beispiel durch andere Hunde) ansprechbar zu sein und auch warten zu können, ohne dass eine aktive Beschäftigung stattfindet. Gerade Letzteres wird leider viel zu häufig vernachlässigt und ist dabei so wichtig.

Beim Training mit dem Junghund ist es besonders wichtig, die Trainingseinheiten kurz zu halten. Der Aufbau der ersten Geräte und Sequenzen kann den Hund geistig stark fordern und ebenfalls schnell überfordern. Letzteres sollte natürlich immer vermieden werden. Achten Sie insbesondere darauf, dass Sie Ihren Junghund auch körperlich nicht überfordern.

Ist eine Trainingseinheit zu lang, kann man häufig beobachten, dass der Hund sich vom Menschen entfernt. Statt sich auf die Aufgabe zu konzentrieren, schnüffelt er am Boden. Auch wenn Ihr Hund sich kratzt oder gähnt, kann dies ein Hinweis dafür sein, dass die Übung zu schwer oder die Übungseinheit zu lange gestaltet wurde. Gerade bei neuen Übungen empfehle ich Ihnen, nur wenige Durchgänge durchzuführen. Führt Ihr Hund eine Übung sicher aus, steigern Sie die Schwierigkeit um einen Trainingsschritt. Klappt dies, belohnen Sie Ihren Hund ausgiebig und legen dann eine Pause ein. Natürlich ist jeder Hund anders und es gibt auch junge Hunde, die länger konzentriert mitarbeiten als andere. Als Faustformel für eine neue Übung mit einem Hund kann ich empfehlen: 2 x 2 – 3 Minuten.

Das Training erfolgt von Beginn an frei und ohne Leine.

Der Hund sollte also bereits aufmerksam sein und gerne mit seinem Menschen zusammenarbeiten.

Der junge Rüde Lupin lernt das Signal „Bleib".

Lupin apportiert mit seinem Frauchen auf dem Trainingsgelände. So lernt er spielerisch die neue Umgebung kennen.

Ein Training mit Leine birgt große Gefahren und sollte daher gar nicht erst in Betracht gezogen werden. Sind die Außenreize für Ihren Hund noch zu hoch, starten Sie die ersten Übungen in reizarmer Umgebung.

Wie führe ich den Hund durch den Parcours?

Um einen Hund durch den Parcours zu führen, gibt es unterschiedliche Ansätze. Einige Menschen führen ihren Hund überwiegend mit Handzeichen und ergänzen diese mit Hörzeichen. Andere wiederum nutzen vorrangig Hörzeichen und trainieren viele unterschiedliche Signale für unterschiedliche Laufwege, Richtungen und die einzelnen Geräte.

Ein dritter weiterer Ansatz ist es, den Hund mit nur wenigen verbalen Signalen und minimalen Körperhilfen zu führen.

Ich selbst finde es sehr wichtig, dass man für sich und seinen Hund einen Trainingsansatz findet, der sich stimmig anfühlt. Man sollte sich vorab informieren und dann auch Wege und Ansätze ausprobieren, um die Elemente aus den unterschiedlichen Ansätzen und Führsystemen zu finden, die sich gut anfühlen. Hier sollte man auf sein Bauchgefühl vertrauen.

Gerne möchte ich einige Anregungen und Gedanken zu den unterschiedlichen Vorgehensweisen geben:

Führt man seinen Hund vorrangig mit Handzeichen durch den Parcours, kann dies dazu führen, dass er sehr häufig zu seinem Menschen schaut, wodurch er den Fokus von den Geräten und der Lauflinie nehmen muss. Unsere Hunde sind dafür gemacht, Bewegungsreize schnell zu erfassen und zu fokussieren. So ist es nicht verwunderlich, dass sie auf kleinste Bewegungen unseres Körpers reagieren. Bei der Arbeit auf Distanz ist es jedoch sinnvoll, dass der Hund den Blick nach vorn auf die Geräte behält und nach Möglichkeit nur selten in Richtung seines Menschen schaut. Jeder Blick zum Menschen kann dazu führen, dass andere Hindernisse in den Fokus rücken und den Hund von seiner Lauflinie abbringen.

Je besser der Hund nach vorne zum nächsten Gerät schaut, desto eher kann er eine ideale Lauflinie beibehalten. Viele Sichtzeichen können einen Hund wortwörtlich „aus der Bahn bringen".

Es gibt aber auch Hunde, bei denen das Führen mit Sichtzeichen von großem Vorteil ist. Hat man beispielsweise einen tauben Hund, so bietet das Führen mit Sichtzeichen eine Möglichkeit, Hoopers trotz des Handicaps ausführen zu können.

Führt man seinen Hund hingegen mit wenig Körperhilfen, ohne Handzeichen, nutzt dafür aber zahlreiche verbale Signale, so kann dies für den Hund eine sehr gute Lösung sein.

Rechtzeitig, richtig eingesetzt und gut im Training aufgebaut, kann man den Hund mit Hilfe der Ankündigungen so prima durch den Parcours führen. Der Hund wird mit Hörzeichen angeleitet, sodass er immer rechtzeitig weiß, welchen Weg er als nächstes einschlagen soll. Der Fokus des Hundes kann auf den Geräten bleiben, wodurch er nicht beim Menschen nachfragen muss und auf der Lauflinie bleiben kann.

Eine Schwierigkeit bei dieser Variante liegt jedoch darin, dass der Mensch sich sehr viele unterschiedliche Hörzeichen merken muss. Zusätzlich zu den Signalen aus dem Alltag kommen noch die Signale zum Führen durch den Parcours dazu.
Dies stellt viele Menschen vor eine große Herausforderung.
Zum Problem des Merkens kommt hinzu, dass der Mensch die Signale schnell abrufen und rechtzeitig einsetzen muss, denn nur so kann er seinen Hund vorausschauend führen und lenken. Je schneller der Hund seinen Lauf absolviert, desto schneller muss auch der Mensch die Signale geben.
Mit der dritten und letzten Variante habe ich persönlich die besten Erfahrungen gesammelt, weshalb ich diese an Sie weitergeben möchte.
Der Hund lernt hierbei das eigenständige Absolvieren der unterschiedlichen Geräte auf Hörzeichen. Die Anzahl der verbalen Signale für die Geräte sowie Richtungswechsel sind aber auf ein Minimum reduziert. So muss der Mensch sich nur wenige Signale merken, mit denen er seinen Hund durch den Parcours lenkt. Dank der stark reduzierten Körpersprache des Menschen wird der Hund in seinem Lauf nicht abgelenkt. Die Arme und Hände des Menschen kommen nur selten zum Einsatz.
Dadurch ist es möglich, dass der Hund zwar immer mit einem Ohr beim Menschen ist, seine Augen aber immer nach vorn ausgerichtet lassen kann, um so die optimale Laufline beizubehalten.
Um seinen Hund optimal durch den Parcours führen zu können, ist außerdem eine gute Beobachtungsgabe von großem Vorteil. Während des Laufs dreht der Mensch sich mit der Bewegung des Hundes mit. Hierbei ist er immer so zum Hund ausgerichtet, dass die Körperfront, also der Bauchnabel des Menschen, zum Hund zeigt.
Hin und wieder kann es vorkommen, dass der Hund im Lauf bei seinem Menschen nachfragt, indem er den Kopf in dessen Richtung bewegt. Spätestens zu diesem Zeitpunkt muss der Mensch reagieren und mit Hilfe von Hörzeichen und Körpersprache dafür sorgen, dass der Hund auf der Lauflinie bleiben kann.
Um eine körpersprachliche Hilfe zu setzen, können sogenannte Impulse zum Einsatz kommen. Um einen Impuls zu geben, macht der Mensch einen Schritt in die Richtung des Hundes, um diesen dadurch auf der Lauflinie zu halten und ein Reinkommen zum Menschen zu verhindern. Diese Körperhilfe wird mit der Zeit immer weiter reduziert, sodass die Kommunikation zwischen Mensch und Hund immer feiner wird und am Ende eine Gewichtsverlagerung des Menschen ausreichend ist.
Um den Hund auf Distanz zu schicken, kann der Mensch ebenfalls körpersprachlich helfen, indem er deutlich Körperspannung aufbaut. Dies kann bereits am Start sinnvoll sein, um den Hund aufmerksam zu machen. Soll der Hund die Distanz zum Menschen erweitern, sollte die Körperspannung zunehmend sein, soll der Hund hingegen die Distanz zum Menschen verringern und in Richtung des Menschen arbeiten, sollte der Mensch die Körperspannung verringern.
Für Situationen im Parcours, in denen der Hund aus einer großen Distanz in Richtung des Menschen laufen soll, kann man ein Sichtzeichen mit der Hand zum Einsatz bringen. Da der Mensch die Hände die meiste Zeit am Körper oder hinter dem Rücken hält, reagiert der Hund noch schnel-

ler auf diese Körperhilfe und orientiert sich zum Menschen hin.

Das Ziel des Menschen beim Führen des Hundes sollte es sein, die Sichtzeichen und Hörzeichen immer weiter zu reduzieren, sodass nur so wenig Hörzeichen und Sichtzeichen wie notwendig eingesetzt werden. Dies lässt den Hund aufmerksam arbeiten, mit dem Fokus auf den Geräten, aber immer mit einem Ohr bei seinem Menschen.

Bei unklarer Kommunikation wird Ihr Hund dennoch immer ausführen, was Sie körpersprachlich anzeigen und das Hörzeichen vernachlässigen.

Grundsätzlich lässt sich sagen: Je weniger Hörzeichen der Mensch anwendet, desto besser ist der Hund empfänglich für das nächste Signal.

Je besser Mensch und Hund mit der Zeit aufeinander abgestimmt sind, desto feiner wird die Kommunikation im Parcours.

Genau durch diese feine Kommunikation ist es dem Menschen möglich, seinen Hund vorausschauend durch einen Parcours zu führen. Das größte Bestreben des Menschen sollte sein, seinen Hund so zu führen, dass er die Geräte auf einer optimalen Lauflinie absolviert, sprich in möglichst runden Linien. Enge Wendungen und abruptes Abstoppen bringen immer auch eine extreme Belastung der Gelenke mit sich. Dies sollte nach Möglichkeit vermieden werden. Um die optimale Lauflinie zu bestimmen, ist es wichtig, sich den Parcours im Vorfeld aus Sicht des Hundes genau anzusehen. Mögliche Verleitungen müssen vom Menschen im Vorfeld erkannt werden, ebenso die ideale Anlauflinie für das nächste Hindernis. Erst wenn dem Menschen der optimale Laufweg des Hundes bekannt ist, kann er ihn entsprechend durch den Parcours führen.

Jimmy läuft eigenständig durch den Parcours und reagiert aufmerksam auf die Ansprache seines Menschen.

Welche Signale gibt es?

Wie schon erwähnt, führen letztendlich viele Wege nach Rom. Bei den zu verwendenden Hörzeichen gibt es keine festen Vorgaben. Auch auf einem Turnier dürfen Hör- und Sichtzeichen frei gewählt werden. Ebenso darf beides zum Einsatz kommen.

Ich beschränke mich auf das Führen mit möglichst wenigen Signalen und verwende daher weniger als zehn Hörzeichen. Welche das sind und welche Bedeutung sie haben, erkläre ich beim Aufbau der unterschiedlichen Geräte. Ob Sie meine Hörzeichen übernehmen oder für die einzelnen Übungen andere Signale verwenden, ist ganz Sache Ihres persönlichen Geschmacks. Eine Zusammenfassung der Hörzeichen, deren Bedeutung sowie alternative Signale gebe ich am Ende des Buches (siehe Anhang S. 271).

Wichtig ist, dass die gewählten Hörzeichen sich klar voneinander unterscheiden und nicht bereits mit anderen Handlungen belegt sind. Machen Sie sich ebenfalls immer wieder bewusst, dass das Ausführen von Übungen ausschließlich auf Hörzeichen und ohne den Einsatz von Sichtzeichen etlicher Wiederholungen bedarf. Der Hund lernt Sichtzeichen deutlich einfacher und leichter. Dennoch ist es wichtig, dass er lernt, die Signale auch auf Hörzeichen umzusetzen, um mit einer reduzierten Körpersprache durch den Parcours geführt werden zu können.

Der Ablauf eines Turniers

Bei einem Turnier ist weder dem Menschen noch dem Hund der Parcours zuvor bekannt. Dieser wird am Tag des Turniers vom Richter gestellt. Vor dem Start der Teams aus der jeweiligen Leistungsklasse findet die Parcoursbegehung statt. Hierbei dürfen sich die Menschen für wenige Minuten in den Parcours begeben, um sich die Reihenfolge der Hindernisse einzuprägen. Nach der Begehung beginnen dann die Starts. Gestartet wird immer einzeln, es ist also immer nur ein Mensch mit seinem Hund im Parcours.

Der Mensch bringt seinen Hund in Freifolge oder angeleint zur Startposition. Hier erfolgt dann die Freigabe durch den Richter und die Zeitmessung beginnt. War der Hund angeleint, werden Halsband und Leine in der Startposition entfernt und der Mensch begibt sich in den Führbereich. Die Leine, sowie ein eventuell mitgeführtes Spielzeug müssen spätestens bei Betreten des Führbereiches unsichtbar verstaut sein. Während des Laufs im Parcours trägt der Hund weder Halsband noch Geschirr, um das Verletzungsrisiko gering zu halten. Aus dem Führbereich heraus startet nun der Mensch seinen Hund und führt ihn auch von dort durch den gesamten Parcours. Zum Führen des Hundes dürfen sowohl Sicht- als auch Hörzeichen verwendet werden. Hat der Hund den Ziel-Hoop (das erste und letzte Hindernis ist immer ein Hoop) erreicht und durchlaufen, darf der Mensch seinen Hund mit einem Spielzeug oder einem geschlossenen Futterbeutel belohnen.

In einem Trainingsrock kann das Spielzeug des Hundes aufbewahrt werden. Auf einem Turnier muss dieses verdeckt getragen werden.

Damit der Hund nicht an den Geräten hängen bleibt, trägt er beim Hoopers weder Halsband noch Geschirr.

Das Spielzeug darf jedoch nicht geworfen werden, ein Zerrspiel hingegen ist erlaubt. Die Gabe einzelner Futterstücke innerhalb der Parcoursfläche ist laut Prüfungsordnung nicht zulässig. Möchte der Mensch seinen Hund mit einem Spielzeug belohnen, muss er dieses während des gesamten Laufs verdeckt bei sich tragen. Hierzu eignen sich Jacken- und Hosentaschen oder auch Trainingsröcke, in denen das Spielzeug verwahrt werden kann. Wichtig ist, dass es für den Hund nicht sichtbar ist.

Warm-up und Cool-down

Warm-up

Insbesondere um Verletzungen und Unfällen vorzubeugen ist ein Warm-up vor jedem Training sinnvoll. Das Aufwärmen des Hundes dient nicht nur der Prävention, sondern bereitet den Hund auch mental auf das bevorstehende Training vor, sodass er konzentriert mitarbeiten kann.

Vor dem eigentlichen Warm-up empfiehlt sich immer ein kleiner Spaziergang. Achten Sie darauf, dass Ihr Hund hierbei ausreichend Zeit hat, sich zu lösen. Gehört Ihr Hund zu den Kandidaten, die sehr dynamisch unterwegs sind, halten Sie ihn zu Beginn an der Leine, damit er sich zunächst in

Angelika und Strolchi machen einen kurzen Spaziergang, bevor sie mit dem Warm-up und dem Training starten.

Diana lässt Liv Positionswechsel vom Platz ins Steh und wieder zurück ins Platz ausführen.

einem lockeren Schritttempo einlaufen kann. Erst dann sollte ein lockeres Traben an der Leine erfolgen. Im nächsten Schritt des Aufwärmens können Sie Ihren Hund Tricks ausführen lassen. Besonders geeignet sind Verbeugen und Strecken, um die Muskulatur zu dehnen, sowie Positionswechsel vom Platz ins Steh und wieder zurück. Ebenfalls geeignet ist das Slalomlaufen durch die Beine des Menschen.

Das Verbeugen eignet sich gut als Übung zum Aufwärmen.

Ist die Muskulatur aufgewärmt, können zusätzlich Dehnungen der Vorder- und Hinterbeine durchgeführt werden. Wenn Sie dabei unsicher sind, lassen Sie sich dies am besten von Ihrem Trainer oder Hundephysiotherapeuten zeigen.

Im letzten Schritt des Warmmachens können Sie Ihren Hund Kreise laufen lassen. Zunächst starten Sie mit großen Kreisen, welche Sie gemeinsam mit Ihrem Hund laufen. Haben Sie Ihren Hund auf Ihrer linken Seite, laufen Sie einen Kreis im Uhrzeigersinn. Geht Ihr Hund an Ihrer rechten Seite, laufen Sie den Kreis linksherum. Lassen Sie den Kreis nach jeder Runde kleiner werden. Im letzten Schritt bleiben Sie an Ort und Stelle stehen und lassen Sie Ihren Hund alleine einen Kreis um sich herum-

Sybille dehnt Lilis Vorder- und Hinterbeine.

laufen. Führen Sie dies auf beiden Seiten durch. Hiermit bereiten Sie Ihren Hund ideal auf die bevorstehenden Wendungen vor.
Die gesamte Dauer des Warm-ups sollte individuell an den Hund sowie die Umgebungstemperaturen angepasst werden. Als Faustregel ist eine maximale Aufwärmphase von 15 Minuten ausreichend. Wichtig ist auch hier darauf zu achten, dass der Hund sich auch mental so lange konzentrieren kann. Das beste Warm-up nützt wenig, wenn sich der Hund im Anschluss daran nicht mehr konzentrieren kann, weil die Anstrengung zu groß war.

Diana lässt Liv einen engen Kreis um die Beine laufen, um sie so auf die Wendungen vorzubereiten.

Nach dem Training geht Ramona noch eine kleine Runde mit Jimmy spazieren.

Cool-down

Auch nach dem Training sollte man seinen Hund nicht einfach ins Auto setzen und nach Hause fahren. Der Körper befindet sich noch in Leistungsbereitschaft, sodass ein direkter Wechsel in den Ruhemodus zu Kreislaufproblemen und Muskelverspannungen beim Hund führen kann. Um dies zu vermeiden, empfiehlt es sich, nach dem Training noch einen zehn- bis fünfzehnminütigen Spaziergang zu unternehmen.
Zu Beginn lässt man den Hund noch etwas traben und geht danach in einen lockeren Schritt über.
Wer das Cool-down Zuhause abrunden möchte, gönnt seinem Hund noch eine sanfte Massage und im Anschluss daran ein paar Dehnübungen, um Verspannungen gar nicht erst aufkommen zu lassen.

Massiert werden sollten der Rücken, die Rumpfmuskulatur sowie die Muskulatur an den Gliedmaßen. Besonders Rollungen sorgen zügig für Entspannung der großen Muskelgruppen der Gliedmaßen. Hierbei umgreift man mit beiden Händen die gesamte Muskulatur am Ober- und Unterschenkel sowie Ober- und Unterarm und bewegt diese langsam rotierend um den Knochen.

Die Wartezeiten

Das Warm-up sollte immer unmittelbar vor dem Training des jeweiligen Hundes durchgeführt werden. Trainiert man in einer Gruppe, sollte der Spaziergang zum Lösen des Hundes vor Trainingsbeginn stattfinden und das eigentliche Warm-up kurz bevor der Hund an der Reihe ist. Sind die Pausen zwischen den einzelnen Trainingsdurchgängen länger als zehn Minuten, muss der Hund erneut aufgewärmt werden. Im Winter verkürzt sich diese Zeit sogar. Alternativ ist es förderlich, den Hund auch in den Pausen zwischen den Trainingssequenzen in Bewegung zu halten. Hier muss natürlich besonders darauf geachtet werden, dass Ihr Hund dennoch eine Trainingspause einlegt. Dies ist nicht immer ganz so einfach. Um gerade bei kälteren Temperaturen zu verhindern, dass insbesondere die Rückenmuskulatur kalt wird, empfiehlt es sich, den Hund in den Pausen einen Mantel tragen zu lassen. Achten Sie auch darauf, dass er bei kaltem Boden die Möglichkeit hat, auf einer isolierenden Decke zu liegen.

Da die Belastung beim Hoopers zum Großteil auf der Vorhand des Hundes liegt, sollte man ebenfalls darüber nachdenken, die Karpalgelenke warm zu halten. Hierfür eignen sich Socken, Kinderstulpen oder auch eigens dafür vorgesehenen Bandagen.

Bei kälteren Temperaturen empfiehlt sich, den Hund in den Pausen einen Mantel tragen zu lassen. Bandagen halten die Karpalgelenke des Hundes warm.

2. Allgemeine Trainingstipps

Das Markerwort und der Clicker

Sicher ist Ihnen der Einsatz des Clickers oder eines Markerwortes wie beispielsweise „Prima" oder „Klasse" aus dem Training bereits bekannt. Der Hund hat gelernt, dass nach dem „Click" oder Markerwort immer eine Belohnung folgt.

Vermutlich hat hier jeder seine persönlichen Vorlieben und viele Wege sind zielführend. Ich persönliche verwende den Clicker nur selten, sondern ziehe gerade beim Hoopers Training mein Markerwort vor. Wenn Sie den Einsatz des Clickers bevorzugen, können Sie diesen natürlich beim Aufbau der Geräte einsetzen. Da ich Ihnen einen Trainingsweg aufzeigen werde, bei welchem wir die Hunde zum gewünschten Verhalten hinführen und kein Ausprobieren des Hundes notwendig ist, haben Sie aber die Wahl, ob Sie das gewünschte Verhalten mit „Click" oder Ihrem Markerwort bestätigen. Sollte Ihr Hund also bisher nicht auf den Clicker konditioniert worden sein, so müssen Sie dies nicht tun, um mit dem Training starten zu können.

Hilfreich ist es jedoch, wenn Ihr Hund bereits ein Markerwort wie „Klasse" oder „Prima" kennt und damit das Versprechen auf eine Belohnung verknüpft hat. Sie sollten die Variante wählen, mit der Sie sich sicher und wohl fühlen.

Das Wichtigste beim Einsatz beider Varianten ist, dass Sie ein gutes Timing besitzen und das gewünschte Verhalten Ihres Hundes in dem Moment einfangen, indem er es zeigt. Stellen Sie sich hierzu vor, Ihr Markerwort oder der Clicker sei der Auslöser eines Fotoapparates. Mit diesem wollen Sie vom gewünschten Verhalten ein Foto machen. Damit dies gelingt, drücken Sie den Auslöser immer dann, wenn Ihr Hund das gewünschte Verhalten zeigt. Das bedeutet: Immer, wenn Ihr Hund das gewünschte Verhalten zeigt, sagen Sie Ihr Markerwort oder lösen das Clickgeräusch aus. Achtung: Diese Vorgehensweise bezieht sich auf das Erlernen neuer Verhaltensweisen wie beispielsweise das Umlaufen einer Pylone. Hat der Hund die neue Verhaltensweise erlernt und verstanden, muss nicht mehr jede Ausführung verstärkt werden.

Mit dem Click-Geräusch bestätigen Sie die gewünschten Verhaltensweisen.

Die Belohnung

Die Belohnung ist gerade beim Hoopers enorm wichtig. Der Hund soll schließlich lernen, sich auch auf weite Distanzen von seinem Menschen zu entfernen und von dort aus dennoch mit ihm zusammenzuarbeiten. Nun werde ich keine Empfehlung für eine bestimmte Form der Belohnung aussprechen, denn diese muss unbedingt individuell ausgewählt werden. Das wichtigste Kriterium bei der Auswahl der Belohnung ist, dass diese vom Hund auch als solche wahrgenommen wird. Schließlich soll der Hund mit dieser für sein gezeigtes Verhalten belohnt werden, damit er dieses in Zukunft häufiger anbietet.

Ein Hund, der nicht verfressen ist, aber das Spiel mit Beute liebt, wird ein Spielzeug besser finden. Bei einem verfressenen Hund eignet sich hingegen Futter besser, um ihn zu bestätigen. Aufpassen muss man, wenn das Futter oder das Spielzeug einen zu großen Reiz für den Hund darstellt. Dies kann dazu führen, dass der Hund in der Erwartungshaltung darauf überdreht und sich nicht mehr konzentrieren kann. In einem solchen Fall sollte man eine weniger reizvolle Belohnung einsetzen, also beispielsweise trockene Leckerchen, wenn die Käsewürfel zu spannend sind oder einen Ball anstelle eines Zergels. Auch gibt es Hunde, die erst lernen müssen, mit ihrem Menschen zusammenzuarbeiten. Bei diesen Hundetypen eignet sich der Aufbau eines Apportierspiels mit dem Futterbeutel. Hier gilt das Motto: „Probieren geht über Studieren". Beobachten Sie Ihren Hund und finden Sie heraus, welche Belohnung sich für sie beide eignet. Die Belohnung ist dann genau richtig, wenn Sie Ihren Hund damit motivieren können, konzentriert und gerne mit Ihnen zusammenzuarbeiten.

Ideal ist es natürlich, wenn Sie Ihren Hund sowohl mit Futter als auch mit Spielzeug belohnen können. Warum dies sinnvoll ist, möchte ich Ihnen gerne erklären: Beim

Das verwendete Spielzeug sollte ein Highlight für Ihren Hund darstellen. Es kann hilfreich sein, unterschiedliche Spielzeuge auszuprobieren.

Gerade beim Aufbau der Distanz kann es hilfreich sein, die Belohnung nach vorne in Laufrichtung des Hundes zu werfen.

Aufbau der einzelnen Geräte nutze ich gerne Futter in Form von kleinen Leckerchen. Damit kann ich den Hund mehrfach schnell belohnen. Ich kann mehrere Durchgänge hintereinander durchführen, ohne dass die Übungen durch ein Apportierspiel unterbrochen werden. Die Leckerchen sollten klein, weich und rund sein, damit der Hund sie schnell und einfach aufnehmen und herunterschlucken kann, ohne sich dabei zu verschlucken.

Für den Aufbau der Distanzarbeit hingegen nutze ich gerne Spielzeug oder auch einen Futterbeutel. Damit ist es möglich, den Hund auch auf eine größere Entfernung von mir weg zu belohnen, was beim Aufbau von mehr Distanz eine große Hilfe sein kann. Wie ich die unterschiedlichen Belohnungen einsetzen kann, werde ich beim Trainingsaufbau der Geräte erklären.

Die Trainingsdauer

Die Trainingsdauer sollte gerade zu Beginn sehr kurz sein. Aber was bedeutet eigentlich kurz? Die Dauer einer Trainingseinheit muss individuell an den Hund angepasst werden.

So können junge Hunde sich häufig nicht so lange konzentrieren wie erwachsene, die meist schon gelernt haben, über einen längeren Zeitraum mit ihrem Menschen zusammenzuarbeiten. Ältere Hunde hingegen benötigen häufig etwas länger, um neue Dinge zu begreifen. Sie brauchen mehrere Wiederholungen, bis sie eine neue Übung verstehen.

Dann gibt es aber auch Hunde, die sich schnell langweilen, wenn eine Übung zu häufig wiederholt wird. All dies muss der Mensch natürlich beachten. Dennoch empfehle ich für jeden Hund im Aufbau des Hoopers-Trainings: Trainieren Sie immer nur wenige Durchgänge, bei welchen Sie die Schwierigkeit kontinuierlich, aber in kleinen Schritten steigern und schließen Sie die Übung immer mit einer korrekten Ausführung ab. Trainieren Sie maximal drei bis fünf Minuten am Stück und legen dann eine Pause ein. Zu Beginn empfiehlt es sich sogar, die Trainingseinheiten noch kürzer zu gestalten.

Arbeiten Sie mit einer Stoppuhr oder einem Timer, um die Dauer der Trainingseinheiten im Blick zu behalten.

Mit zunehmenden Trainings kann man so im Laufe der Zeit die Anzahl der Durchgänge und damit auch die Trainingsdauer langsam steigern. Um ein Zeitgefühl dafür

Beim Hoopers-Training sollten Spaß und gemeinsames Tun immer an erster Stelle stehen.

zu bekommen, kann es hilfreich sein, wenn eine Hilfsperson oder Ihr Trainer die Uhr im Auge behält. Alternativ können Sie eine Stoppuhr verwenden oder Sie stellen sich einen Timer.

Ich selbst filme mich beim Training gerne, insbesondere dann, wenn ich alleine trainiere. So kann ich im Anschluss eine Fehleranalyse betreiben und die Trainingsdauer anhand des Videos kontrollieren. Die größte Gefahr ist es, nicht rechtzeitig eine Pause einzulegen – nämlich dann, wenn die Übung am besten war. Als Mensch neigt man dazu, die Schwierigkeit im Training immer weiter zu steigern. Dies kann dazu führen, dass der Hund dieser noch nicht gewachsen ist und Fehler macht. Infolgedessen bleibt die Belohnung aus. Schnell sinkt dadurch die Motivation des Hundes und so ist es manchmal kaum mehr möglich, einen guten Abschluss zu finden. Häufig muss man dann gleich mehrere Trainingsschritte zurückgehen und bei Hund und Mensch kommt Frust auf. Es kann sogar passieren, dass Ihr Hund gar nicht mehr starten möchte.

Ihr oberstes Ziel sollte daher immer sein: Fordern Sie Ihren Hund, indem Sie die Schwierigkeit der Übung nach jedem erfolgreichen Durchgang steigern und belohnen Sie ihn nach jedem richtigen Durchgang, um seine Motivation aufrecht zu erhalten. Aber überfordern Sie ihn nicht, indem Sie zu schnell zu viel verlangen. Halten Sie die Trainingseinheiten immer kurz und legen Sie ausreichend Pausen ein, denn gerade diese sind für den Lernprozess besonders wichtig. Trainieren Sie getreu dem Motto „Weniger ist mehr" und geben Sie sich und Ihrem Hund Zeit, die Grundlagen zu erlernen. Seien Sie geduldig mit Ihrem Hund, aber auch mit sich selbst und haben Sie gemeinsam Spaß. Stellen Sie die Freude am Training in den Vordergrund und die kleinen Erfolge kommen wie von selbst!

Distanz von Beginn an

Um dem Hund beizubringen, einen Parcours eigenständig zu durchlaufen, gibt es unterschiedliche Möglichkeiten, die zielführend sein können. Das Wichtigste ist, die Motivation des Hundes im Training hoch zu halten, ganz gleich, für welchen Trainingsweg man sich entscheidet.

Eine Variante ist das Mitlaufen. Hierbei begleitet der Mensch seinen Hund, indem er neben diesem herläuft und die Geräte anzeigt. Die Hilfestellung des Mitlaufens soll dann mit der Zeit schrittweise abgebaut werden, indem der Mensch immer weniger mitläuft. Bei dieser Form des Trainings ist es in kurzer Zeit möglich, einige Geräte hintereinander zu absolvieren. Allerdings liegt der Fokus des Hundes sehr stark beim Menschen und wenig auf den Geräten. Dadurch lernt der Hund nur sehr schwer, mit der Zeit eigenständig auf Distanz zu arbeiten.

Ebenso fällt es vielen Menschen unfassbar schwer, die eigene Bewegung abzubauen und nach einigen Wiederholungen nicht mehr mitzulaufen.

Eine weitere Möglichkeit ist es, die einzelnen Geräte zunächst in einem geringen Abstand zueinander aufzustellen. Man stellt die Geräte also zunächst nur zwei bis drei Meter auseinander und erhöht die Abstände zwischen den Geräten erst im weiteren Verlauf des Trainings. Aufgrund der geringen Abstände zwischen den Hindernissen kommen Mensch und Hund schnell voran und meist lässt sich so in recht kurzer Zeit ein ganzer Parcours absolvieren. Bedingt durch die geringen Geräteabstände sind aber auch die Distanzen im Parcours zwischen Mensch und Hund geringer. Der Hund lernt hierbei zunächst, nah beim Menschen zu arbeiten. Der später angestrebte Aufbau größerer Distanzen gestaltet sich dann meist nicht einfach.

Genau dies war auch bei Jimmy und mir eingetreten. Unseren Start ins Hoopers-Training hatten wir mit den eben beschriebenen Varianten gemacht. Wir hatten von Beginn an viel Spaß und schnell stellten sich erste Erfolge ein. Als wir uns dann jedoch mit dem Training von ganzen Parcours befassten, kamen wir schnell an unsere Grenzen. Auf eine Distanz bis zu zehn Metern ließ sich Jimmy gut führen, aber alles, was darüber hinausging, stellte eine sehr große Hürde für uns dar. So lernten wir eine weitere Vorgehensweise kennen: Der Mensch läuft weder mit noch werden die Geräte näher zusammengestellt. Der Mensch bleibt von Beginn an stehen. Der Hund lernt bereits im Trainingsaufbau, die einzelnen Geräte auch auf große Distanzen eigenständig zu absolvieren.

Diese Vorgehensweise bedarf natürlich vieler Wiederholungen und einer soliden Arbeit an den Basics. Das Wichtigste dabei ist, sich ausreichend Zeit zum Aufbau der einzelnen Hindernisse zu nehmen. Wie dies erfolgen sollte, werde ich bei den jeweiligen Geräten detailliert beschreiben.

Das Schöne an dieser Vorgehensweise ist, dass die Hunde zum eigenständigen Arbeiten aufgefordert werden. Hunde, die bereits gerne eigenständig sind, können so ihrer Leidenschaft nachgehen, allerdings in Zusammenarbeit mit dem Menschen. Hunde, die eher zurückhaltend sind und sich ungern von ihrem Menschen entfernen, brauchen zu Beginn meist häufigere Wiederholungen, wachsen dann aber am Training und ihr Selbstbewusstsein nimmt sichtbar zu.

Das Führen des Hundes

Auf die unterschiedlichen Möglichkeiten, seinen Hund durch den Parcours zu führen, bin ich auf S.19 „Wie führe ich den Hund durch den Parcours?" bereits näher eingegangen. Aber was gibt es zu beachten, wenn ich meinen Hund mit wenigen Hörzeichen und minimalem Einsatz der Körpersprache führen und lenken möchte?

Zunächst gilt als Grundlage, dass Ihr Hund lernt, die Geräte eigenständig zu absolvieren. Er muss eine korrekte Verknüpfung zu den verwendeten Hörzeichen haben und diese auf verbales Signal hin sicher ausfüh-

ren. Dies gilt sowohl für das Absolvieren der einzelnen Geräte als auch für richtungsweisende Signale. Nur dann kann das Führen nach diesem Prinzip darauf aufbauen.
Hierbei lässt der Mensch seine Arme nah am Körper und gibt dem Hund das verbale Signal zu starten und die bevorstehenden Geräte zu absolvieren. Sobald der Hund seinen Lauf startet, beginnt der Mensch, sich mit dem Hund mitzudrehen, und zwar so, dass seine Front immer auf den Hund, nicht auf das nächste Gerät ausgerichtet ist.

Der gedachte Lichtkegel

Ein kleines Beispiel zur Verdeutlichung: Stellen Sie sich vor, an Ihrem Bauchnabel ist eine Lampe angebracht. Vom Führkreis aus richten Sie nun Ihren Bauchnabel und damit Ihre Lampe auf den Hund aus, der am Start wartet. Ihr Hund wird nun von einem Lichtkegel erfasst. Sobald er startet, bewegen Sie sich im Führbereich so mit, dass er sich während seines Laufes immer im Lichtkegel befindet. So haben Sie eine ideale Verbindung zu Ihrem Hund und können diese durch den Einsatz von Hörzeichen ergänzen. Drehen Sie sich einmal zu schnell, gerät Ihr Hund ins Dunkle. Befindet er sich hinter dem Lichtkegel, wird er die Lauflinie verlassen und zu Ihnen nach Innen abkürzen. Merken Sie sich daher am besten: Lassen Sie Ihren Hund immer im Licht und niemals im Dunkeln laufen!

Um das Führen des Hundes nach oben beschriebenem Prinzip umzusetzen, bedarf es einiger Übung. Hierfür kann es sinnvoll sein, dies auch ohne Hund mit einem anderen Menschen zu trainieren. Insbesondere Menschen, die mit ihrem Hund schon Agility ausüben, werden einige Wiederholungen benötigen, um diese Umstellung zu verinnerlichen. Beim Agility begleitet der Mensch seinen Hund weitestgehend durch den Parcours und führt ihn mit der Führhand, also der Hand, auf deren Seite sich der Hund befindet. Die Körperfront des Menschen ist hierbei nicht auf den Hund, sondern nach vorne, in Laufrichtung von Mensch und Hund ausgerichtet. Die Umstellung auf den anderen Führstil ist daher für viele Agility-Sportler nicht ganz so einfach. Seien Sie hier besonders geduldig mit sich selbst.
Wichtig ist, dass Sie sich immer ruhig mitdrehen. Jede zusätzliche Körperbewegung sowie der Einsatz der Hände und Arme zieht die Aufmerksamkeit des Hundes auf den Menschen. Das wiederum bedeutet, dass der Hund zu Ihnen schauen wird. Ist der Blick des Hundes erst einmal zu Ihnen ausgerichtet, läuft man schnell Gefahr, dass der Hund seine Lauflinie verlässt und auf Sie zukommt.
Hat man das Führen nach diesem Prinzip erlernt, bietet es enorme Vorteile für den Hund: Er kann selbständiger arbeiten, da er sich auf die Lauflinie und die Hindernisse konzentrieren kann und nimmt zusätzliche Signale besser war. Auch der Mensch kann

sich durch das ruhige Führen besser auf die zu gebenden Hörzeichen und den Parcoursverlauf konzentrieren. Hinzu kommt, dass dieses Führen insbesondere Hunden entgegenkommt, die schnell hochfahren. Je ruhiger der Mensch ist, desto ruhiger und konzentrierter können diese Hunde arbeiten.

Gute Basics vorab

Vor jedem spezifischen Training ist es sinnvoll, dass der Hund zuvor bestimmte Basics erlernt hat. Gerade wenn Sie einen jungen Hund ans Hoopers heranführen möchten, bedenken Sie, dass es zunächst viel wichtiger ist, ihn auf das Leben im Alltag vorzubereiten. Weder Mensch noch Hund haben etwas davon, wenn der Hund einen Parcours erfolgreich absolviert, auf dem Spaziergang aber nicht abrufbar ist und sich außerhalb des Trainingsgeländes nur schwer auf seinen Menschen konzentrieren kann. Wichtig ist auch, dass Ihr Hund bereits mental und körperlich in der Lage dazu ist, mit dem Gerätetraining zu starten.

Nicht nur im Parcours, sondern auch im Alltag orientiert sich Jimmy an seinem Frauchen.

Um mit dem Hoopers Training zu starten, finde ich ein gut trainiertes „Bleib"-Signal sehr wichtig und hilfreich. Der Hund muss später am Start so lange warten, bis Ihr Startsignal erfolgt. Die Entfernung zu Ihnen kann dabei sehr groß sein.
Aber auch bereits bei der Arbeit mit drei Hoops ist ein gutes Bleib notwendig. Alternativ kann natürlich eine Hilfsperson Ihren Hund am Start festhalten, solange er das Bleib noch nicht ausreichend beherrscht. Für viele Hunde ist diese Situation jedoch häufig mit Stress verbunden, weshalb Sie dies mit einem gut trainierten Bleib komplett umgehen können. Trainieren Sie das Bleiben in einer Position mit unterschiedlicher Dauer, auf unterschiedliche Entfernungen und an verschiedenen Orten. Denken Sie daran, dass Sie Ihren Hund für das Bleiben immer in der Ausgangsposition belohnen. Gehen Sie dazu immer zu Ihrem Hund zurück und belohnen Sie ihn an Ort und Stelle, bevor Sie das Signal auflösen.

Ein sicheres Bleib ist sehr wichtig. Der Hund muss am Start warten, bis der Mensch sich in den Führkreis begeben hat und von dort aus den Start einleitet.

Ebenfalls von großem Vorteil ist es, wenn Ihr Hund bereits gelernt hat, gemeinsam Spaß mit Ihnen zu haben. Erleben Sie gemeinsam tolle Dinge. Spielen Sie nicht nur im Haus, sondern auch auf dem Spaziergang. Machen Sie Tricks, Futtersuchspiele, lassen Sie Ihren Hund apportieren, seien Sie kreativ. Ein Hund, der bereits eine positive Erwartungshaltung an das gemeinsame Tun mit Ihnen besitzt, wird sich schneller für neue Dinge begeistern lassen.
Sollte Ihr Hund noch nicht so weit sein, verzweifeln Sie nicht. Probieren Sie aus, was Ihnen gemeinsam Freude bereitet. Sollten Sie sich unsicher sein, dann holen Sie sich den Rat eines Trainers ein. Sicher kann dieser Ihnen behilflich sein.

Lupin lernt, auch unter Ablenkung eines anderen Hundes zu bleiben.

3. Die Hilfsmittel

Als Basisübung zum Umlaufen einer Tonne und eines Gates dient das Umrunden einer Pylone. Diese Übung kann ebenfalls als Grundlage zum Erlernen des Hoops eingesetzt werden. Weil die Pylone so vielseitig einsetzbar ist, nutze ich sie als bevorzugtes Hilfsmittel zum Erlernen des Hoops.

Die Pylone

Das Signal „Außen“

Die Pylone stellt beim Aufbau von Hoopers unser wichtigstes Hilfsmittel dar. Das Umlaufen der Pylone wird als Basisübung zum späteren Umlaufen von Tonne und Gate benötigt und kann auch zum Erlernen des Durchlaufens von Hoops verwendet werden. Damit die Pylonen auch von großen Hunden gut wahrgenommen werden können, sollten sie mindestens 40 Zentimeter hoch sein. Ich persönlich nutze am liebsten Pylonen mit einer Höhe von 50 Zentimetern.

Zum Umlaufen einer Pylone verwende ich das Signal: „Außen“.

Die Pylone sollte mindestens 40 Zentimeter oder höher sein.

Das Trainingsziel:

Im ersten Trainingsschritt soll Ihr Hund lernen, die Pylone auf ein Hörzeichen von beiden Seiten zu umlaufen.
Startet Ihr Hund links von Ihnen, soll er die Pylone im Uhrzeigersinn, also von links nach rechts umlaufen. Startet Ihr Hund auf Ihrer rechten Seite, soll er die Pylone von rechts nach links, also gegen den Uhrzeigersinn umlaufen. Das Hörzeichen ist für beide Seiten identisch, denn die Pylone kommt später im Parcours nicht mehr vor bzw. die Richtung ergibt sich dann aus der Laufrichtung.

Im nächsten Schritt soll Ihr Hund lernen, diese Übung auch auf Distanz auszuführen.
Hierzu befinden Sie sich gemeinsam mit Ihrem Hund in einiger Entfernung zur Pylone. Von dort aus wird er über das erlernte Hörzeichen losgeschickt, um eigenständig die Pylone anzulaufen und zu umrunden. Auch diese Übung soll der Hund von beiden Seiten gleichermaßen beherrschen. Die gewünschte Distanz beträgt sieben Schritte und mehr.

Der Trainingsaufbau:

Das Umlaufen der Pylone auf das Hörzeichen „Außen“

Erster Trainingsschritt:

Zu Trainingsbeginn starten Sie ganz nah an der Pylone – stehen Sie nur wenige Zentimeter von ihr entfernt. Am besten stehen Sie seitlich zur Pylone, sodass diese sich rechts von Ihnen befindet. Locken Sie Ihren Hund vor sich und lassen ihn vor sich stehen. Richten Sie ihn so aus, dass er mit seinem Körper und seinem Kopf Richtung Pylone, also in Laufrichtung ausgerichtet ist. Aus der Vogelperspektive sieht die Ausgangsposition dann so aus, als bilde Ihr Hund vor Ihnen den Balken eines T's. Nun locken Sie Ihren Hund mit der rechten Hand um die Pylone herum. Sobald er sich hinter der Pylone befindet, geben Sie Ihr Markerwort und belohnen ihn, sobald er in Ihre Richtung läuft. Wenn Sie in der rechten Hand ein Futterstück halten, können Sie dieses zur Belohnung einsetzen. Werfen Sie das Futterstück am besten aus der rechten Hand mit einer seitlichen Armbewegung aus, sodass Ihr Hund an Ihnen vorbeilaufen muss, um an das Futterstück zu gelangen. Während Ihr Hund einen Bogen um die Pylone läuft, können Sie sich mitdrehen und so der Bewegung des Hundes folgen. Nun können Sie Ihren Hund nach der Aufnahme des Futterstückes wieder vor sich positionieren und die Übung von der anderen Seite starten.
Führen Sie Ihren Hund hierzu mit der linken Hand in einem Bogen nach links um die Pylone. Das Markerwort sprechen Sie wieder aus, sobald sich Ihr Hund genau hinter der Pylone befindet. Während Ihr Hund die Pylone umläuft, drehen Sie sich mit und belohnen diesmal aus der linken Hand. So können Sie das Umlaufen von beiden Seiten im gleichmäßigen Wech-

sel trainieren. Achten Sie darauf, dass Sie bei den ersten Durchgängen kein Hörsignal aussprechen. Dieses fügen Sie erst hinzu, wenn Ihr Hund die gewünschte Verhaltensweise sicher ausführt.

Zweiter Trainingsschritt:

Können Sie Ihren Hund zuverlässig mit Futter um die Pylone locken, bauen Sie das Futter in der Hand ab. Führen Sie die Übung aus, wie im ersten Trainingsschritt beschrieben, nehmen Sie nun aber kein Futter mehr in die Hand. Nutzen Sie Ihre Hand dennoch als Wegweiser für Ihren Hund und führen Sie ihn wie zuvor auch um die Pylone, sodass Ihr Hund diese umläuft.

Sobald sich Ihr Hund in Bewegung setzt, führen Sie das Hörzeichen „Außen" ein. Befindet sich Ihr Hund hinter der Pylone, sagen Sie Ihr Markerwort, woraufhin die Belohnung erfolgt. Trainieren Sie dies mehrfach von beiden Seiten.

Dritter Trainingsschritt:

Nun ist es an der Zeit, Ihre Sichthilfe durch die Hand nach und nach zu verringern. Schicken Sie Ihren Hund mit dem zuvor verknüpften Hörzeichen um die Pylone und reduzieren Sie Ihre Körperhilfen bei jedem Durchgang ein klein wenig, indem Sie zunächst nur noch eine kleine Kreisbewegung mit der Hand zeigen. Im nächsten Schritt zeigen Sie nur noch auf die Pylone, zuerst mit der Handfläche, danach nur noch mit einem Finger. Bauen Sie die Sichtzeichen mit der Hand so weit ab, dass es genügt, wenn Sie Ihren Blick auf die Pylone ausgerichtet haben und Ihren Hund mit dem Hörzeichen um diese schicken können.

Daemon folgt der Futterhand und wird so um die Pylone herum gelockt.

Die leere Hand zeigt Daemon den Laufweg um die Pylone.

Bei Hunden, die hierbei wenig dynamisch sind, kann es hilfreich sein, das Futter zur Belohnung zu werfen, wie weiter oben beschrieben. Alternativ kann natürlich auch ein Spielzeug oder Ball zum Einsatz kommen. Dies kann allerdings den Nachteil haben, dass die Übung nicht so oft hintereinander wiederholt werden kann, weil der Hund sich durch das Apportieren zusätzlich verausgabt. Bei Hunden, die in der Erwartungshaltung von Spielzeug oder durch die entstehende Dynamik beim Umlaufen schnell hochfahren, empfiehlt es sich, ruhig, also am besten durch die Gabe von Futter aus der Hand zu belohnen. Richten Sie das Training individuell nach Ihrem Hund aus und holen Sie sich im Zweifel den Rat eines Trainers ein. Denken Sie daran, beide Seiten gleichermaßen zu trainieren.

Caros Blick zur Pylone und das Hörzeichen „Außen" genügen, um Daemon herumzuschicken.

Das Umlaufen der Pylone auf Distanz

Hat Ihr Hund gelernt, eine Pylone auf Ihr Hörzeichen hin zu umlaufen, können Sie mit dem Distanzaufbau beginnen.

Positionieren Sie sich mit Ihrem Hund in einem Abstand von etwa einem Schritt zur Pylone und schicken Sie ihn mit Ihrem Hörzeichen herum. Geben Sie Ihr Markerwort in dem Moment, in dem sich Ihr Hund hinter der Pylone befindet und belohnen Sie ihn. Führen Sie dies auf jeder Seite durch. Waren beide Durchgänge erfolgreich, vergrößern Sie die Distanz zur Pylone auf zwei Schritte. Gehen Sie nun wieder genauso vor. Hat auch dies geklappt, erweitern Sie die Distanz auf drei Schritte. Wie schnell Sie die Distanz erhöhen können, hängt stark von Ihrem Hund ab. Lassen Sie sich bei der Übung auf jeden Fall Zeit.

Vergrößern Sie die Distanz zur Pylone nur dann um einen weiteren Schritt, wenn Ihr Hund die vorherige Entfernung sicher gelaufen ist. Wird Ihr Hund unsicher, gehen Sie lieber wieder einen Schritt zurück. Das Ziel sollte sein, dass Sie Ihren Hund aus einer Entfernung von mindestens sieben Schritten auf Ihr Hörzeichen hin von beiden Seiten um die Pylone schicken können.

Mit diesem Ziel vor Augen neigen viele Menschen dazu, Ihrem Hund helfen zu wollen. Häufig erhöht man die Distanz zu schnell und hilft dann mit einem Sichtzeichen nach. Was gut gemeint ist und dem

Caro steigert die Distanz zur Pylone schrittweise. Hier schickt sie Fay aus etwa drei Metern Entfernung mit dem Signal „Außen" um die Pylone.

Hund im ersten Moment hilft, ist längerfristig leider nicht zielführend, sondern wirkt sich ganz im Gegenteil eher zum Nachteil aus – der Hund lernt nämlich so, bei Fragen oder Unsicherheiten Hilfestellung von seinem Menschen zu erhalten. Dadurch wird jedoch das Nachfragen gefördert, nicht hingegen das gewünschte eigenständige Arbeiten des Hundes.

Die Geduld und die Zeit für die kleinen Trainingsschritte sind es, die sich später auszahlen.

Die beschriebene Vorgehensweise im Aufbau ist diejenige, mit der ich selbst die besten Erfahrungen gesammelt habe. Das Ausrichten des Hundes von Beginn an erleichtert später einige Übungen. Dies bedeutet aber nicht, dass nicht auch andere Herangehensweisen geeignet sind. Wichtig ist auch hier, dass das Training zielführend und passend für Mensch und Hund ist.

Es funktioniert also auch, wenn der Mensch frontal zur Pylone ausgerichtet ist und seinen Hund mit der Führhand, also der Hand, die zum Hund zeigt, um die Pylone lockt und später schickt. Bei dieser Variante muss der Mensch sich nach der Einführung des Hörzeichens und nach dem Abbau des Sichtzeichens zum Hund eindrehen, um in die oben beschriebene Ausgangsposition zu gelangen.

Bei Hunden, die das Signal „Außen" vom Umlaufen anderer Gegenstände oder Bäume bereits kennen, bietet es sich an, das bereits bekannte Signal zu übernehmen. Beachten Sie hierbei, dass Hunde lernen müssen, zu generalisieren: Wenn ein Hund auf ein Signal hin einen Baum umläuft, heißt dies noch lange nicht, dass er das Verhalten auch bei einer Pylone ausführen kann. Fangen Sie also auch hier wie oben beschrieben an und gehen Sie in kleinen Schritten vor. Vermutlich wird Ihr Hund die Übung schneller verstehen, sodass Sie beim Distanzaufbau weniger Durchgänge durchlaufen müssen.

Fay beherrscht die Übung und umläuft die Pylone auch aus einer großen Distanz heraus.

Das Bodentarget

Das Signal „Touch“

Alternativ zur Pylone kann zum Aufbau der ersten Übungen am Hoop auch ein Bodentarget verwendet werden. Mittlerweile kann man bei einigen Anbietern spezielle Targets für das Hundetraining erwerben. Ebenfalls geeignet sind aber auch Mousepads, Korkuntersetzer, zurechtgeschnittene Teppichstücke, Platz-Sets oder auch Matten oder Scheiben aus Schaumstoff.
Zum Anlaufen des Bodentargets verwende ich das Signal: „Touch“.

Anstelle einer Pylone können Bodentargets zum Aufbau der Distanzarbeit eingesetzt werden.

Das Trainingsziel:

Für den Einsatz im Hoopers-Training soll der Hund das Bodentarget als Pfotentarget kennenlernen. Im ersten Trainingsschritt lernt Ihr Hund, das Target mit einer Pfote zu berühren, später dann, eigenständig zum Bodentarget zu laufen und seine Pfote darauf zu setzen. Ziel ist es, dass Sie Ihren Hund auf eine Distanz von mindestens sieben Metern auf ein Hörzeichen, z.B. „Touch“, zum Bodentarget schicken können.

Der Trainingsaufbau:

Um das beschriebene Trainingsziel zu erreichen, ist es auch hier wichtig, den Trainingsaufbau kleinschrittig zu gestalten.

Erster Trainingsschritt:

Legen Sie das Bodentarget nah vor Ihren Fußspitzen auf den Boden. Locken Sie nun Ihren Hund zu sich heran und loben und belohnen ihn, sobald er mit mindestens einer Pfote das Bodentarget berührt. Belohnen Sie ihn in dieser Position gerne mehrfach, so verstärken Sie zeitgleich das Bleiben auf dem Target.
Werfen Sie dann ein Leckerchen über den Kopf des Hundes nach hinten, sodass Ihr Hund sich von Ihnen und dem Target entfernt, um an das Futterstück zu gelangen. Nun können Sie Ihren Hund wieder zu sich locken, sodass er das Target erneut anläuft und mit einer Pfote berührt. Sobald Ihr Hund die Pfote auf das Target setzt, loben Sie Ihren Hund und belohnen ihn. Wiederholen Sie diese Vorgehensweise mehrmals,

Diana lockt Liv mit den Vorderpfoten auf das Target und füttert sie dort.

Diana wirft ein Futterstück weg vom Target, damit Liv die Position verlässt.

sodass Ihr Hund sich im Idealfall nach der Aufnahme des geworfenen Futterstücks schon eigenständig auf den Weg zu Ihnen und dem Target macht.

Führt Ihr Hund dieses Verhalten zuverlässig aus, führen Sie ein Hörzeichen, z. B. „Touch" ein.

Ist Ihr Hund verunsichert und möchte das Target nicht berühren, lassen Sie Ihn zunächst ein paar Leckerchen vom Target fressen. Führen Sie ihn langsam an die Übung heran und geben Sie ihm Zeit, Vertrauen in den neuen Untergrund zu fassen.

Zweiter Trainingsschritt:

Starten Sie die nächste Übung wie oben beschrieben. Wenn Sie nun ein Leckerchen weg vom Target werfen, verändern Sie Ihre Position zum Target. Stellen Sie sich beispielsweise etwas seitlich gedreht zum Target und beobachten Sie, ob Ihr Hund das Target auch in dieser Position zuverlässig anläuft. Belohnen Sie Ihn, wenn er das Target mit der Pfote berührt. Belohnen Sie auch bei diesen Durchgängen mehrfach, während der Hund mit mindestens einer Pfote auf dem Target ist. Werfen Sie dann wieder ein Leckerchen weg vom Target und verändern Sie erneut Ihre Position. Durch den häufigen Positionswechsel lernt Ihr Hund das Target auch dann anzulaufen, wenn Sie nicht frontal davorstehen. Um das neue Hörzeichen zu konditionieren, sagen Sie dies jetzt immer kurz bevor Ihr Hund das Target mit der Pfote berührt. Ist Ihr Hund durch den häufigen Wechsel verunsichert, gehen Sie noch einmal zum ersten Trainingsschritt zurück.

Dritter Trainingsschritt:

Führt Ihr Hund die vorherigen Trainingsschritte sicher aus, ändern Sie die Ausgangsposition. Legen Sie das Target etwa einen Schritt entfernt vor sich auf den Boden und locken Sie Ihren Hund neben sich, sodass sein Blick Richtung Target ausgerichtet ist. Schicken Sie ihn nun auf diese geringe Entfernung mit Ihrem Hörzeichen hin zum Bodentarget. Sobald er dieses mit der Pfote berührt, loben und belohnen Sie ihn, am besten, während er weiterhin auf dem Target steht. Wiederholen Sie dies einige Male. Verändern Sie nun die Ausgangsposition, indem Sie Ihren Hund von einer anderen Seite zum Target schicken. Ihr Hund startet dabei wieder seitlich neben Ihnen, mit Blickrichtung zum Target.

Vierter Trainingsschritt:

Hat der Hund das Schicken zum Target auf eine geringe Entfernung verinnerlicht, können Sie beginnen, die Distanz zu steigern. Entfernen Sie sich dazu zunächst zwei Schritte vom Target und schicken Sie Ihren Hund mit Hilfe Ihres Hörzeichens zum Target. Läuft er dieses an und berührt es mit der Pfote, loben Sie Ihn in diesem Moment und belohnen Sie am besten auf dem Target. Gehen Sie hierzu langsam zu Ihrem Hund, stellen Sie sich neben ihn und belohnen ihn mehrfach. Klappt dies, entfernen Sie sich einen weiteren Schritt und schicken ihn aus drei Metern Distanz. Nach jedem erfolgreichen Durchgang können Sie die Distanz schrittweise steigern.

Das Anlaufen des Targets lässt sich auch über das freie Formen (Shaping) erarbeiten. Ebenfalls ist es möglich, dem Hund zunächst beizubringen, die Pfote in die Hand zu geben. Im weiteren Training wird die Hand dann durch das Target ersetzt, welches schrittweise dem Boden angenähert wird. Auch hier gilt: „Viele Wege führen nach Rom". Ich bin mir sicher, Sie finden die geeignete Vorgehensweise für sich und Ihren Hund.

Wer bisher nicht mit dem Bodentarget gearbeitet hat, muss dieses nicht einführen. Für den Aufbau der Geräte bietet es gegenüber der Pylone keine Vorteile.

Liv hat in kleinen Trainingsschritten gelernt, sich auch auf Distanz zum Bodentarget schicken zu lassen.

Der Jackpot – die Ankündigung der Super-Belohnung

Bei der Ankündigung der Super-Belohnung handelt es sich zwar nicht um ein spezielles Hilfsmittel, dennoch ist es hilfreich, diese Übung bereits vor dem eigentlichen Training aufzubauen.
Auf ein Markerwort hin soll Ihr Hund lernen, dass er eine dynamische Belohnung erwarten darf. Hierfür eignen sich das Lieblingsspielzeug wie ein Ball, ein Futterbeutel oder ein Zergel, aber auch ein Puppingtons Pod (siehe Kasten S. 49). Das gewählte Spielzeug sollte eines sein, mit dem man zergeln kann oder das gut geworfen werden kann. Probieren Sie gerne aus, was Ihr Hund bevorzugt. Für Hunde, die sich eher weniger für einen geworfenen Ball begeistern lassen, ist ein Futterbeutel besser geeignet. Für Hunde, die noch nicht gelernt haben zu apportieren, kann ein Puppingtons Pod hilfreich sein. Wählen Sie das Spielzeug so, dass Ihr Hund motiviert ist, wenn er in Erwartungshaltung dessen ist, aber auch so, dass Ihr Hund nicht völlig überdreht, wenn er das Spielzeug erwartet.
Halten Sie das Spielzeug hinter Ihrem Rücken. Sprechen Sie nun Ihr Markerwort, z. B. „Jackpot" aus, welches das Spielzeug ankündigen soll und starten Sie ein Apportier- oder Zerrspiel mit Ihrem Hund. Wiederholen Sie dies mehrmals in unterschiedlichen Situationen und an unterschiedlichen Orten.
Um zu überprüfen, ob Ihr Hund das Markerwort verknüpft hat, halten Sie Ihr Spielzeug

Hugo liebt es, wenn er zur Belohnung seinen Futterbeutel apportieren darf.

Für Lotta sind Zerrspiele mit Frauchen das Größte. Dennoch sind sie nicht für jeden Hund geeignet und sollten nur durchgeführt werden, wenn der Hund gelernt hat, die Beute auf Signal wieder auszugeben.

versteckt und sprechen Sie das Markerwort aus. Präsentieren Sie das Spielzeug nicht sofort, sondern beobachten Sie, wie sich Ihr Hund verhält. Spitzt er sofort die Ohren, ist aufmerksam, schließt den Fang und schaut erwartungsvoll zu Ihnen, dann sehen Sie förmlich, dass er das Spielzeug erwartet. Auch dann erfolgt natürlich wieder ein Spiel damit. Nutzen Sie Ihr Markerwort wie ein Versprechen: Immer dann, wenn Sie es aussprechen, erfolgt das versprochene Apportier- oder Zerrspiel für Ihren Hund.

Puppingtons Pod oder Lotusball

Der Puppingtons Pod hat die Form eines Balls.

Bei einem Puppingtons Pod (auch als Lotusball bekannt) handelt es sich um einen Snackball aus Australien. Dieser besteht aus Neopren und ist schwimmfähig. Er besteht aus drei Klappen, die mit Klett verbunden sind. Aufgeklappt sieht er aus wie eine Lotusblüte. Der Snackball kann mit Futter befüllt und mit Hilfe der Klettstreifen geschlossen werden. Wirft man ihn aus, bleibt er zunächst geschlossen. Der Hund muss den Ball mit Hilfe seines Fangs öffnen, um so an die Futterbelohnung zu gelangen. Hierfür muss er weder die Pfoten noch die Zähne verwenden, sondern kann die Klappen durch Druck mit dem Maul öffnen. Dies sollten Sie im Vorfeld jedoch separat trainieren, bevor Sie den Puppingtons Pod für das Training verwenden.

Durch Klettstreifen können die drei Klappen geschlossen werden. Das Futter im Inneren muss vom Hund herausgeholt werden.

Jimmy schiebt seinen Fang in den Ball, um so an das Futter zu gelangen.

4. Die Geräte

Ganz klar: Für Hoopers benötigt man Geräte. Der Vorteil gegenüber dem klassischen Agility liegt aber ganz eindeutig in ihrer Beschaffenheit und damit auch im Anschaffungspreis. Große und teure Kontaktzonengeräte wie A-Wand, Steg und Wippe gibt es beim Hoopers nicht.

Stattdessen benötigt man für einen Parcours Hoops, Tonnen, Tunnel, Gates sowie einen Führkreis. Dies sind alles Geräte, die deutlich platzsparender und je nach Ausführung auch gut zu transportieren und in der Anschaffung dadurch wesentlich günstiger sind.

Für das Training in Hundeschulen und Vereinen empfiehlt es sich, auf Geräte aus langlebigen Materialien wie Aluminium zuzugreifen.

Wer sich zahlreiche Trainingsmöglichkeiten offenhalten und gegebenenfalls auch einmal ein Turnier durchführen möchte, sollte sich Geräte in folgender Anzahl anschaffen: Zwölf Hoops, sechs Tonnen, drei Gates, zwei Tunnel. Außerdem werden eine Kennzeichnung für den Führbereich sowie Parcoursnummern mit den Zahlen 1 – 25 benötigt.

Aber auch wer nicht mit einem kompletten Turniersatz an Geräten starten kann und möchte, kann mit dem Hoopers-Training beginnen. Für den privaten Einstieg empfehle ich die folgende Anzahl an Geräten: acht Hoops, vier Tonnen, ein Gate, einen Tunnel und einen Führkreis. Findet man Spaß an dieser Beschäftigungsform, so kann man die Anzahl der Geräte mit der Zeit aufstocken.

Wer etwas handwerkliches Geschick hat, kann sich viele Geräte mit Anleitungen aus dem Internet für wenig Geld selbst bauen. Dies gilt insbesondere für die Hoops und das Gate. Als Tonnen eignen sich Pop-Up Gartenabfallsäcke, die ebenfalls einen geringen Anschaffungspreis haben. Es gibt auch Hoops aus Kunststoff, die weniger als die Hälfte eines Hoops aus Aluminium

Für das Training werden Hoops, Tonnen, Gates, Tunnel, ein Führkreis sowie Parcoursnummern benötigt.

kosten. Sie haben den Vorteil, dass Sie sich schnell auseinander- und zusammenbauen lassen und somit wenig Platz in Anspruch nehmen. Hier sollten Sie abwägen, wo Sie trainieren, ob Sie alleine oder mit Gleichgesinnten üben und welche Mittel Ihnen zur Verfügung stehen.
Am Buchende finden Sie im Serviceteil Bezugsquellen für Geräte von unterschiedlichen Herstellern.

Der Hoop

Was ist ein Hoop?

Der Hoop ist das namensgebende und damit wichtigste Gerät dieser Hundesportart. In einem Turnierparcours befindet sich sowohl am Start als auch am Ziel immer ein Hoop.
Das Wort Hoop kommt aus dem Englischen und bedeutet Reifen. Betrachtet man dieses Hindernis, erinnert es optisch an einen Hula-Hoop-Reifen. Es besteht aber aus zwei Stangen mit Standfüßen im Abstand von 85 – 95 cm, die auf der Oberseite durch einen Bogen miteinander verbunden sind. Der Bogen kann fürs Training flexibel sein, fürs Turnier muss er jedoch laut Prüfungsordnung aus festem Kunststoff oder Alu gefertigt sein. Die seitlichen Stangen des Hoops sollten aus für den Hund sichtbarem Material bestehen, das sich deutlich von den Farben der Umgebung abhebt. Der Hoop sollte sicher ste-

Maße eines Hoops
Breite: 90 +/- 5 cm lichte Weite
Höhe: mindestens 100 cm
Ausleger: 55 +/- 5 cm
Seitenhöhe: mindestens 55 cm

Hoops gibt es aus sowohl aus Aluminium als auch aus Kunststoff.

hen und darf keine Bodenstrebe besitzen, also keine am Boden liegende Stange, welche die Standfüße miteinander verbindet. Mittlerweile gibt es zahlreiche Hoops, die keine Bodenstrebe für einen stabilen Stand benötigen. Bei Modellen mit Bodenstreben handelt es sich um ältere Modelle, bei welchen sich teilweise die Bodenstrebe nachträglich entfernen lässt. Diese Bodenstrebe birgt nämlich ein hohes Verletzungsrisiko: Insbesondere schnelle Hunde bleiben gerne mit den Ballen oder auch Krallen daran hängen, kleine Hunde hingegen überspringen diese Stange häufig wie eine Hürde. Aus diesem Grund sollten nur Hoops ohne Mittelstrebe verwendet werden.

Hoops gibt es aus unterschiedlichen Materialien. Für den regelmäßigen Einsatz in Hundeschulen oder Vereinen empfiehlt sich die Anschaffung von teureren Hoops aus Aluminium. Diese stehen stabil und sind zeitgleich sehr leicht, sodass der Aufbau eines Parcours auch für eine Person problemlos möglich ist. Es muss dann jedoch ausreichend Stauraum zur Lagerung vorhanden sein, da es nur wenige Modelle gibt, die sich in kurzer Zeit in kleine Teile zerlegen lassen. Für den Privatgebrauch oder insbesondere dann, wenn man die Hoops häufiger im Auto transportieren muss, gibt es günstigere Modelle aus Kunststoff. Diese lassen sich schnell auseinander- und zusammenbauen oder bestehen aus so schmalen Rohren, dass sie auch zusammengebaut nur wenig Platz einnehmen und sich gut in einem Pkw transportieren lassen. Wer gerne selbst handwerklich tätig ist, findet im Internet gute Bauanleitungen. Damit lassen sich Hoops für wenig Geld auch selbst herstellen. Wer erst einmal weder etwas kaufen noch basteln möchte, kann auch bereits vorhandene Steckstangen, beispielsweise aus einem Agility-Slalom, verwenden. Um einen Hoop nachzustellen, steckt man zwei Stangen im Abstand von etwa 90 Zentimetern in den Boden. Der Bogen über den Stangen entfällt. Viele meiner Teams, die ich im Training begleite, trainieren bei mir an den Hoops und im privaten Bereich mit Steckstangen. Für die Hunde stellt dies erfahrungsgemäß kein Problem dar.

Wer mit seinem Hund auf einem Turnier starten möchte, sollte ihn aber unbedingt an die korrekten Geräte unter den vorgegebenen Maßen gewöhnen.

Zum Durchlaufen eines Hoops verwende ich das Signal: „Go".

Wer mobil trainiert oder keine Hoops besitzt, kann diese mit zwei Steckstangen nachbilden.

Das Trainingsziel:

Um mit dem Training am Hoop zu starten, sollte Ihr Hund bereits das Umlaufen einer Pylone oder das Anlaufen eines Bodentargets kennengelernt haben. Im ersten Schritt soll er nun lernen, auf ein Hörsignal hin einen Hoop eigenständig zu durchlaufen. Hat er diese Übung verstanden, wird die Entfernung zum Gerät schrittweise gesteigert. Das Ziel ist es, dass Ihr Hund auf eine Distanz von bis zu 15 Metern auf Ihr Hörsignal hin eigenständig den Hoop durchläuft. Zu Beginn erfolgt dies in einer geraden Linie, später auch aus unterschiedlichen Anlaufwinkeln.

Der Trainingsaufbau:

Für das Training benötigen Sie einen Hoop sowie eine Pylone oder alternativ ein Bodentarget. Ich werde den Übungsaufbau vorrangig unter Einsatz der Pylone erklären. Möchten Sie lieber mit dem Bodentarget trainieren, ersetzen Sie das Wort Pylone durch Target. Lediglich bei der Positionierung des jeweiligen Hilfsmittels gibt es einen Unterschied, welchen ich gerne vorweg erkläre.

Steht der Hoop rechts von Ihnen, steht die Pylone rechts im Hoop, steht der Hoop zu Ihrer Linken, steht die Pylone links im Hoop.

Das Bodentarget hingegen wird immer mittig vom Hoop platziert.

Beide Hilfsmittel befinden sich immer hinter dem Hoop. Da die Hilfsmittel dem Hund als Anlaufziel dienen, muss er den Hoop durchlaufen, um diese zu erreichen.

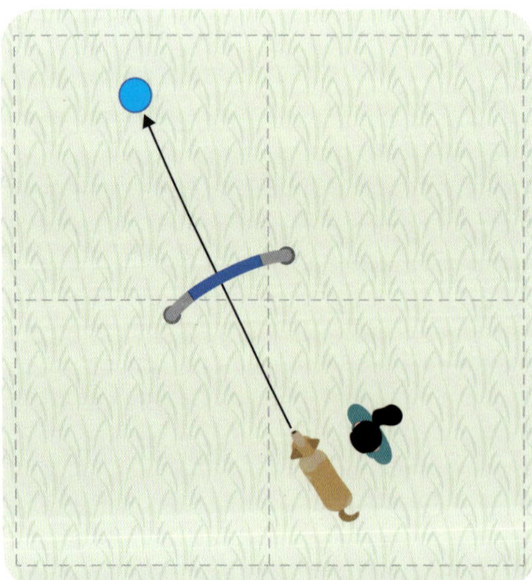

Platzierung des Bodentargets

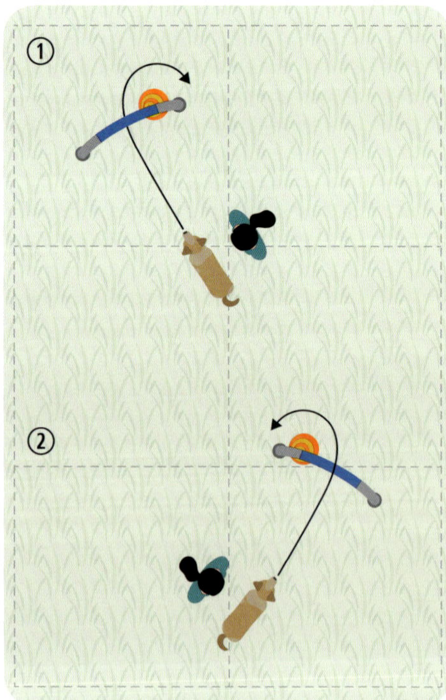

Platzierung der Pylone
1) rechts im Hoop, 2) links im Hoop

Wenn Sie mit einer Pylone arbeiten, empfehle ich Ihnen, diese ganz nah hinter den Hoop zu stellen. Ein Bodentarget hingegen sollte sich etwa zwei Hundelängen hinter dem Hoop befinden, sodass Ihr Hund den Hoop auf jeden Fall vollständig durchlaufen hat, bevor er mit der Pfote das Target berührt.

Erster Trainingsschritt:

Um Ihren Hund an den Hoop heranzuführen, locken Sie ihn einmal von jeder Seite hindurch. So kann er sich an das Durchlaufen gewöhnen und Sie sehen gleich, ob es zu einer Verunsicherung kommt oder nicht. Für die meisten Hunde stellt das Laufen durch den Hoop kein Problem dar, sodass direkt mit dem Training gestartet werden kann.

Stellen Sie sich mit Ihrem Hund etwa eine Hundelänge vor den Hoop. Der Hoop ist rechts von Ihnen, Ihr Hund steht vor Ihnen, ausgerichtet zum Hindernis. Die Pylone befindet sich hinter der Mittellinie im Hoop auf der rechten Seite. Die Ausgangsposition ist damit dieselbe wie bereits bei der Übung an der Pylone. Stehen Sie auf der Höhe des rechten Auslegers, so kann Ihr Hund den Hoop mittig in gerader Linie durchlaufen. Schicken Sie Ihren Hund nun mit Ihrem Signal „Außen" um die Pylone. Um diese zu umlaufen, wird Ihr Hund zunächst den Hoop durchlaufen und dann die Pylone umlaufen. Sobald sich Ihr Hund hinter der Pylone befindet, sagen Sie Ihr Markerwort für die außergewöhnliche Super-Belohnung (z.B. „Jackpot") und belohnen Ihren Hund mit dem versprochenen Spielzeug. Wiederholen Sie diesen Durch-

Regina schickt Hugo mit dem bekannten Signal „Außen" um die Pylone. Hierbei durchläuft er den Hoop.

Hugo lernt schnell und kann bereits nach wenigen Wiederholungen auch ohne Handzeichen um die Pylone und damit durch den Hoop geschickt werden.

Aus drei Metern Entfernung durchläuft Hugo sicher den Hoop. Die Pylone dient weiterhin als Hilfsmittel.

gang einige Male, bevor Sie die Seite wechseln. Achten Sie beim Seitenwechsel darauf, dass Sie auch die Position der Pylone verändern. Trainieren Sie beide Seiten immer gleich häufig.

Sollten Sie diese Übung mit einem Bodentarget ausführen, schicken Sie Ihren Hund mit Ihrem Signal „Touch" zum Target. Sprechen Sie Ihr Markerwort dann aus, wenn Ihr Hund mit einer Pfote das Target berührt und belohnen Sie ihn gleich im Anschluss. Achten Sie darauf, dass Ihr Spiel immer erst nach dem ausgesprochenen Markerwort beginnt.

Bei Hunden, denen es schwerfällt, sich von Ihrem Menschen zu lösen, kann es hilfreich sein, wenn Sie die Belohnung nach dem Markerwort nach vorne, nämlich in Laufrichtung des Hundes, werfen.

Ist die Pylone noch nicht so gut gefestigt, dass Ihr Hund diese ausschließlich auf Ihr Hörzeichen hin umläuft, können Sie in den beiden ersten Durchgängen auch noch mit einem Sichtzeichen helfen. Dieses sollten Sie nach jedem erfolgreichen Durchlaufen schrittweise abbauen, bis es nicht mehr notwendig ist.

Zweiter Trainingsschritt:

Klappt die vorherige Übung auf beide Seiten, beginnen Sie nun, Distanz zum Hoop aufzubauen. Positionieren Sie sich mit Ihrem Hund zwei Schritte vom Hoop entfernt. Schicken Sie Ihn auf Ihr Hörzeichen um die Pylone. Wiederholen Sie die Übung auf der anderen Seite. Klappt dies ebenfalls, ist es an der Zeit, ein neues Signal einzuführen.

Dritter Trainingsschritt:

Ihr Hund soll lernen, auf ein neues Signal wie z.B. „Go" den Hoop zu durchlaufen. Dies ist notwendig, da die Pylone nur als Hilfsmittel dient und im weiteren Trainingsverlauf wieder abgebaut wird.

Stellen Sie sich wieder etwa zwei Hundelängen vor dem Hoop auf. Ihr Hund wird nun bereits den Fokus nach vorne ausgerichtet haben und darauf warten, von Ihnen losgeschickt zu werden. Schicken Sie ihn nun mit dem neuen Signal „Go" gefolgt von dem bekannten Signal „Außen". Durchläuft er den Hoop, sagen Sie Ihr Markerwort und belohnen Ihren Hund. Trainieren Sie dies auf beiden Seiten mehrmals. Klappt das gut, können Sie die Entfernung zum Hoop nach und nach steigern. Nach jedem erfolgreichen Durchgang auf beiden Seiten können Sie einen Schritt weiter vom Hoop entfernt starten. Das Ziel ist, dass Ihr Hund den Hoop auch auf eine Distanz von bis zu 15 Metern eigenständig durchläuft. Läuft Ihr Hund nach einigen Durchgängen sicher auf das Signal „Go" los, können Sie das alte Hörzeichen „Außen" weglassen.

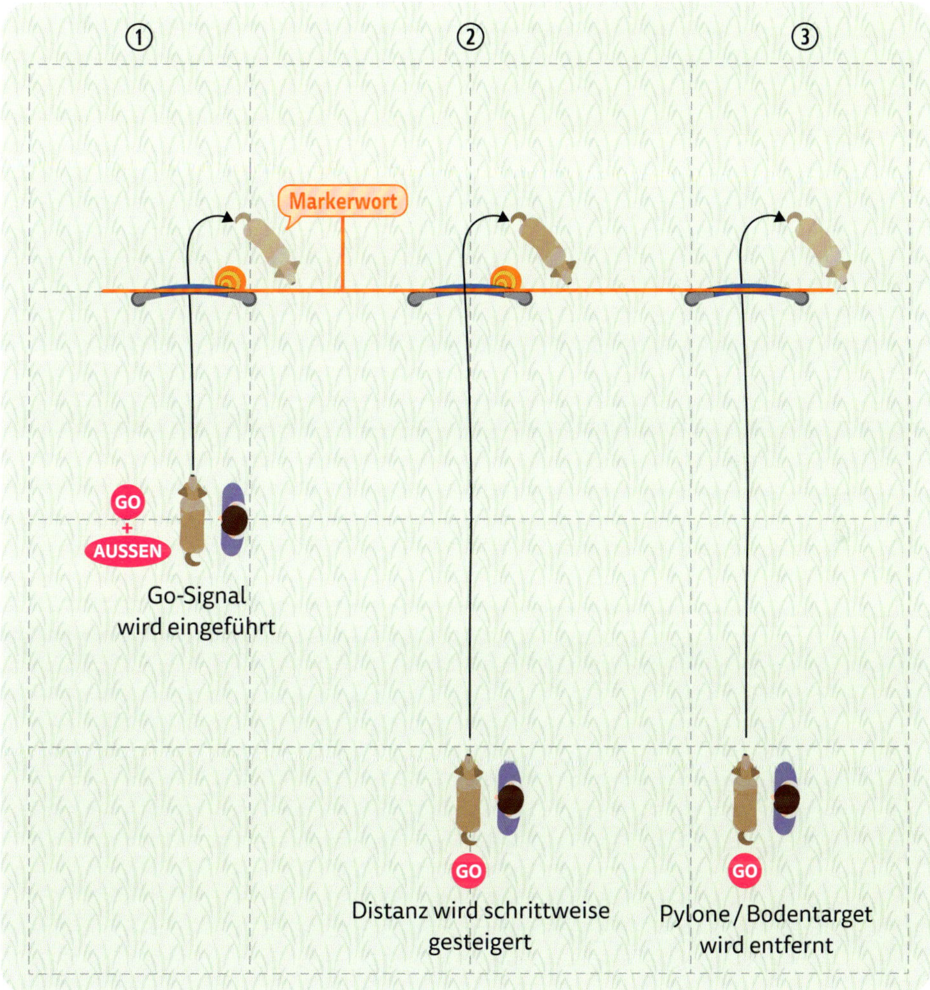

Die Distanz zum Hoop wird schrittweise gesteigert.

Hugo beherrscht das neue Signal „Go“ und lässt sich damit auch ohne das Hilfsmittel Pylone durch den Hoop schicken.

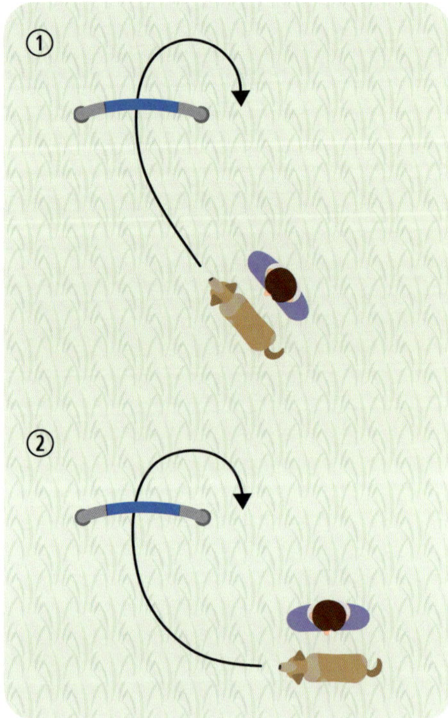

Der Anlaufwinkel zum Hoop wird in kleinen Schritten verändert.

Geben Sie sich und Ihrem Hund Zeit. Nicht jeder Hund traut sich von Beginn an, sich weit von seinem Menschen zu entfernen. Hat Ihr Hund diese Übung verinnerlicht und durchläuft den Hoop sicher auf beiden Seiten, ist es Zeit, die Pylone / das Bodentarget zu entfernen. Um zu überprüfen, ob Ihr Hund den Hoop auch ohne Hilfsmittel durchläuft, gehen Sie zum Start wieder näher an den Hoop heran. Durchläuft Ihr Hund den Hoop zuverlässig, lassen Sie das Hilfsmittel ab sofort weg.

Vierter Trainingsschritt:

Können Sie Ihren Hund aus zehn bis 15 Metern durch einen Hoop schicken, ist es Zeit für eine weitere Übung. Ihr Hund soll nun lernen, den Hoop nicht nur auf einer geraden Strecke, sondern auch aus unterschiedlichen Anlaufwinkeln zu durchlaufen. Um dies zu trainieren, verringern Sie

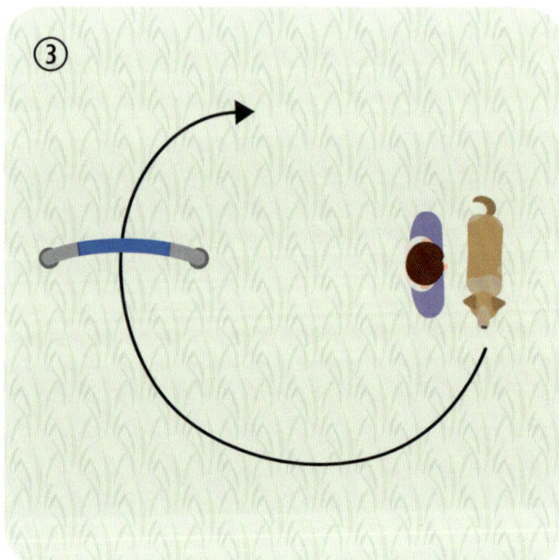

Der Hund durchläuft den Hoop im Rücken des Menschen.

die Distanz zum Hoop und stellen Sie sich mit Ihrem Hund etwa zwei Schritte entfernt davor auf. Starten Sie wieder mit dem Hoop zu Ihrer rechten Seite. Drehen Sie sich nun etwas vom Hoop weg, sodass nicht mehr beide Schultern eine Linie mit dem Ausleger bilden, sondern so, dass Ihre rechte Schulter zum Hund zeigt und Ihr Rücken damit etwas vom Hoop weggedreht ist. Ihr Hund muss nun in einem leichten Bogen durch den Hoop laufen. Zum Start ist Ihr Hund immer vor Ihnen, Richtung Hoop ausgerichtet, wie zu Beginn des ersten Trainingsschrittes beschrieben. Nur ist die Lauflinie nicht mehr gerade. Nach jedem erfolgreichen Durchgang können Sie sich etwas weiter eindrehen, bis Sie den Hoop ganz in Ihrem Rücken haben.
Trainieren Sie dies ebenfalls von beiden Seiten.

Fünfter Trainingsschritt:

Klappt auch die vorausgegangene Übung, können Sie auch hier die Distanz erhöhen. Drehen Sie sich leicht vom Hoop weg und starten Sie Ihren Hund aus einer Entfernung von etwa drei Metern. Klappt dies, steigern Sie nach und nach die Entfernung. Verändern Sie immer nur eine Schwierigkeit. Steigern Sie die Distanz oder drehen Sie sich weiter ein. Ziel ist, dass Ihr Hund den Hoop aus allen Anlaufwinkeln an- und durchläuft, auch auf eine Distanz von 15 Metern und mehr.

Auf das Signal „Go" durchläuft Miley den Hoop auch dann, wenn er in Andreas Rücken steht.

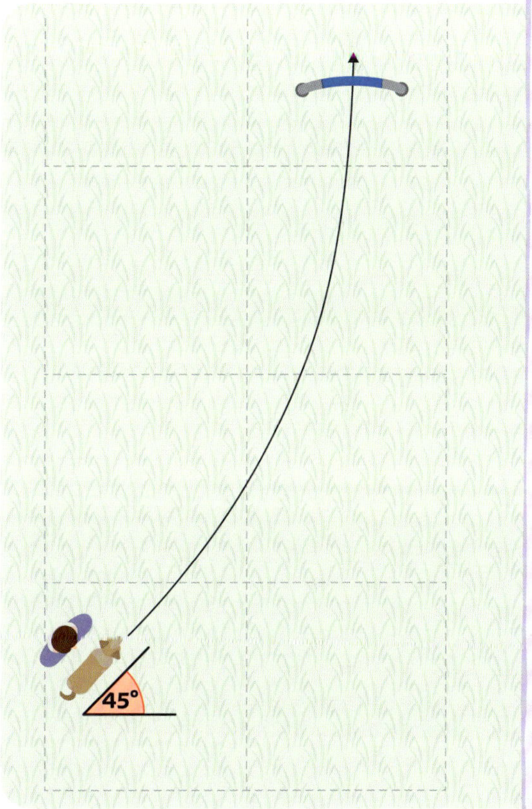

Der Hund durchläuft einen Hoop aus unterschiedlichen Anlaufwinkeln aus einer Distanz von 15 Metern und mehr.

Tipps und Tricks: Was kann ich tun, wenn es nicht klappt?

Mögliche Schwierigkeit: Ihr Hund läuft am Hoop vorbei

Tipp 1: Stellen Sie sich näher an den Hoop heran und starten Sie mit einer geringen Distanz. Helfen Sie Ihrem Hund, den Hoop zu durchlaufen, indem Sie ihn einige Male mit der Hand hindurchlocken. Bauen Sie diese Hilfestellung dann wieder schrittweise ab.

Tipp 2: Stellen Sie den Hoop entlang eines Zauns oder einer Wand auf, sodass Ihr Hund nicht seitlich daran vorbeilaufen kann

Mögliche Schwierigkeit: Ihr Hund startet nicht

Tipp 1: Möchte Ihr Hund nicht loslaufen, kann es daran liegen, dass Sie sich zu sehr anspannen und dadurch Druck auf ihn ausüben. Am besten legen Sie eine kurze Pause ein und starten die Übung dann erneut.

Tipp 2: Eventuell haben Sie zu lange trainiert. Legen Sie eine Pause ein.

Tipp 3: War die vorherige Übung zu schwer und für Ihren Hund nicht machbar? Dann gehen Sie einen Trainingsschritt zurück und gestalten die Übung leichter, sodass er schnell zum Erfolg kommt.

Tipp 4: Ist die Motivation nicht groß genug? Denken Sie darüber nach, wie Sie die Belohnung steigern können, um die Motivation Ihres Hundes zu erhöhen.

Mögliche Schwierigkeit: Ihrem Hund fällt es schwer, sich von Ihnen zu entfernen

Tipp 1: Werfen Sie die Belohnung über den Kopf des Hundes in Laufrichtung nach vorn. Vermeiden Sie es, Ihren Hund bei sich zu belohnen. Holen Sie sich gegebenenfalls eine Hilfsperson hinzu, welche die Belohnung für Sie werfen kann. Haben Sie keine Hilfsperson, kann es hilfreich sein, das Werfen zunächst ohne Hund zu trainieren.

Tipp 2: Trainieren Sie ohne Hoop, dass sich Ihr Hund sicher von Ihnen entfernt, indem Sie ihn zu einer Futterschüssel oder zu seinem Apportiergegenstand schicken. Steigern und festigen Sie die Distanz zunächst bei dieser Übung, bevor Sie die Entfernung wieder am Hoop trainieren.

Mögliche Schwierigkeit: Ihr Hund dreht sich zu Ihnen um, bevor er den Hoop durchläuft

Tipp 1: Achten Sie darauf, nicht zu früh nach der Belohnung zu greifen. Viele Hunde reagieren auf die Handbewegung des Menschen und drehen sich in Erwartung des Spielzeuges um. Lassen Sie sich von einem Trainer beobachten oder filmen Sie sich beim Training. So können Sie einen solchen Fehler schnell ausfindig machen.

Tipp 2: Möglicherweise haben Sie die Distanz zum Gerät zu schnell gesteigert. Gehen Sie wieder ein bis zwei Schritte näher an das Gerät. Belohnen Sie einen erfolgreichen Durchgang und beenden die Übung mit einem Erfolgserlebnis.

Tipp 3: Bleibt Ihr Hund stehen und dreht seinen Kopf zu Ihnen, ohne direkt auf Sie zuzulaufen, warten Sie einige Sekunden. Sehen Sie dabei zum Hoop und geben Sie Ihr Hörzeichen nicht noch einmal. Einige Hunde benötigen eine kleine Denkpause, um dann doch noch die Übung zu absolvieren und den Hoop zu durchlaufen. Sollte Ihr Hund dies anbieten, dann loben Sie ihn im Anschluss ausgiebig. Trainieren Sie die nächsten Durchgänge in gleichbleibender Entfernung, bis Ihr Hund sicher ist und nicht mehr nachfragt und steigern Sie die Distanz erst dann.

Mögliche Schwierigkeit: Ihr Hund bellt, während er losläuft

Tipp 1: Versuchen Sie herauszufinden, weshalb Ihr Hund bellt. Ist die Übung zu schwer, ist es möglich, dass Frust die Ursache für das Bellen ist. Dies passiert häufig, wenn der vorherige Trainingsdurchgang nicht belohnt wurde.

Tipp 2: Ist das Bellen eher fordernd? Dann starten Sie Ihren Hund erst, wenn er ruhig ist und nie, wenn er das Starten durch Bellen einfordern möchte. Achten Sie auch im Alltag darauf, dass Sie forderndes Bellen nicht unbewusst verstärken, indem Sie beispielsweise den Ball werfen, wenn Ihr Hund Sie anbellt.

Tipp 3: Einige Hunde bellen auch, weil Sie stark erregt sind und dieser Aufregung beim Loslaufen einmal Luft machen müssen. Versuchen Sie mehr Ruhe in das Training zu bringen. Legen Sie kleine Pausen ein, in welchen Sie Ihren Hund Futter suchen lassen und starten Sie aus der Futtersuche heraus.

Tipp 4: Ebenso kann es sein, dass die Belohnung für Ihren Hund so hochwertig ist, dass es er es kaum aushält, bis er die Übung absolvieren darf. In diesem Fall verändern Sie die Belohnung. Nutzen Sie anstelle des Lieblingsballs zum Beispiel Futter als Belohnung oder umgekehrt.

Tipp 5: Sind Sie unsicher, was die Ursache des Bellens ist? Holen Sie sich einen Trainer zu Hilfe, der Ihnen eine Einschätzung geben kann.

Auch und gerade beim Aufbau des Trainings an einem Hoop gilt es wieder, in kleinen Schritten zu trainieren. Fordern Sie Ihren Hund, aber überfordern Sie ihn nicht.

Tipp

Ich empfehle Ihnen, ein Trainingstagebuch zu führen. Am besten legen Sie sich noch vor dem ersten Training ein kleines Heft zu, vorzugsweise mit karierten Seiten.
Machen Sie sich darin nach jedem Training kleine Skizzen und vermerken Sie mit Hilfe der Karos, wie weit die Distanz zum Gerät war.
So haben Sie die Möglichkeit, beim nächsten Training an einem anderen Tag direkt an den letzten Trainingsschritt anzuknüpfen und darauf aufzubauen. So können Sie verhindern, dass die Übung beim nächsten Training zu leicht ist oder auch zu schwer wird. Mit Hilfe eines Trainingstagebuches verhindern Sie, dass Sie Ihren Hund überfordern und können das Training kontinuierlich steigern.
Außerdem können Sie so die Fortschritte Ihres Hundes festhtalten, mögliche Fehlerquellen leichter aufspüren und haben rückblickend auch noch eine schöne Erinnerung.

Die Tonne

Was ist eine Tonne?

Die Tonne ist ein weiteres Gerät im Hoopers-Parcours und soll vom Hund umlaufen werden. Die Schwierigkeit für den Hund liegt darin, dass er nie weiß, von welcher Seite er die Tonne anlaufen soll. Ebenfalls weiß er nicht, wie es nach der Tonne weitergeht. Soll er gerade weiterlaufen, in Richtung des Menschen abbiegen oder an der Tonne wenden? Im Sequenztraining ist es deshalb wichtig, dass Sie Ihrem Hund an jeder Tonne ein weiteres Signal geben, um ihn zu informieren, in welche Richtung er weiterlaufen darf.

Die Tonne sollte aus flexiblem Material, aber dennoch formstabil sein. Die Farbe sollte sich gut von der Umgebung abheben. Ist dies nicht gegeben, sollten Kontraststreifen angebracht werden. Hierzu kann beispielsweise farbiges Gewebeklebeband verwendet werden.

Bei der Farbwahl sollte weniger darauf geachtet werden, dass es dem Menschen gefällt, sondern vielmehr darauf, dass die gewählte Farbe vom Hund gut wahrgenommen werden kann. Die Farben Blau und Lila können insbesondere auf grauen oder auch grünen Hintergründen von Hunden gut wahrgenommen werden.

Damit die Tonnen nicht verrutschen, sollten sie beschwert werden. Dazu nehmen Sie am besten Sandsäcke, weil der Hund sich nicht daran verletzen kann, sollte er einmal an der Tonne hängen bleiben. Viele Hunde umlaufen die Tonne so eng, dass sie diese dabei touchieren – diese sollte dann an Ort und Stelle stehen bleiben. Auch bei Wind ist eine Beschwerung unbedingt notwendig.

Als Tonne eignen sich Pop-Up-Gartenabfallsäcke. Diese lassen sich mit Hilfe der angebrachten Klettbänder an den Griffen optimal zusammenfalten und benötigen so nur wenig Platz zur Aufbewahrung und zum Transport. Bei der Auswahl sollten Sie auf relativ festes Material achten, damit die Tonnen stabil stehen. Achten Sie auch unbedingt darauf, dass die Tonnen die Mindesthöhe besitzen, damit auch große Hunde diese gut wahrnehmen können.

Zum Umlaufen einer Tonne verwende ich das Signal: „Außen".

Maße einer Tonne
Durchmesser: 45 – 70 cm
Höhe: 65 – 100 cm

Die Tonne sollte vom Hund gut wahrgenommen werden können.

Das Trainingsziel:

Ihr Hund soll lernen, die Tonne auf ein Hörzeichen hin von beiden Seiten zu umlaufen. Im zweiten Schritt soll die Distanz zur Tonne aufgebaut werden, sodass Ihr Hund sich auch aus einer Entfernung von sieben Metern und mehr um die Tonne schicken lässt.

Der Trainingsaufbau:

Erster Trainingsschritt:

Ihr Hund sollte zuvor das Signal „Außen" an der Pylone erlernt haben und diese sicher von beiden Seiten umlaufen. Diese bereits bekannte Übung soll Ihr Hund nun auf die Tonne übertragen.

Stellen Sie sich seitlich neben die Tonne. Ihr Abstand zur Tonne sollte zu Beginn nicht größer als ein Meter sein. Die Tonne befindet sich rechts neben Ihnen. Positionieren Sie Ihren Hund so vor sich, dass er mit dem Blick zur Tonne ausgerichtet ist. Geben Sie nun das bereits bekannte Hörzeichen „Außen" und lassen Sie Ihren Hund die Tonne umlaufen. Während Ihr Hund die Tonne umläuft, drehen Sie sich mit Ihrem Körper mit. Dies sollte immer so geschehen, dass Ihre Körperfront auf Ihren Hund zeigt. Ihr Markerwort sprechen Sie in dem Moment aus, in dem sich Ihr Hund direkt hinter der Tonne befindet. Direkt danach erfolgt die Belohnung. Um Ihren Hund zu belohnen,

Sybille schickt Lili aus geringer Distanz um die Tonne.

können Sie Futter werfen. Am besten werfen Sie dieses seitlich von sich weg, sodass Ihr Hund an Ihnen vorbeilaufen muss, um an sein Futter zu gelangen. Sobald er dieses aufgenommen hat, können Sie dann gleich das Umlaufen von der anderen Seite trainieren. Drehen Sie sich auch hierbei immer mit Ihrem Hund mit. So trainieren Sie automatisch jede Seite gleichermaßen und Ihr Hund entwickelt keine bevorzugte Laufrichtung.

Zweiter Trainingsschritt:

Lässt sich Ihr Hund auf Ihr Hörzeichen hin gut um die Tonne schicken, können Sie nach und nach Distanz aufbauen. Begeben Sie sich dafür zwei Schritte entfernt von der Tonne in die Ausgangsposition. Schicken Sie Ihren Hund nun aus dieser Distanz um das Gerät und führen die Übung von beiden Seiten aus. Sind beide Durchgänge erfolgreich, erweitern Sie die Distanz um einen weiteren Schritt. Erarbeiten Sie sich so Schritt für Schritt eine Distanz von mindestens sieben Metern bis zur Tonne.

Auf das Signal „Außen" umläuft Lili die Tonne auch auf Distanz.

Tipps und Tricks: Was kann ich tun, wenn es nicht klappt?

Mögliche Schwierigkeit: Ihr Hund umläuft die Tonne von der falschen Seite.

Tipp: Stellen Sie sich so, dass Sie in einer gedachten Linie auf der Höhe der Tonne oder davor stehen. Ihr Hund muss beim Loslaufen die Tonne gut sehen können. Befinden Sie sich räumlich hinter der Tonne, geben Sie Ihrem Hund den Raum, die Tonne auch von der falschen Seite zu umlaufen.

Mögliche Schwierigkeit: Ihr Hund dreht sich vor der Tonne zu Ihnen um.

Tipp 1: Bleibt Ihr Hund auf dem Weg zur Tonne stehen und fragt bei Ihnen nach, warten Sie zunächst einige Sekunden, ohne zu reagieren. Richten Sie Ihren Blick zur Tonne und warten Sie. Einige Hunde bieten nach einer kurzen Denkpause das gewünschte Verhalten an. In diesem Fall loben Sie Ihren Hund ausgiebig.

Tipp 2: Schafft Ihr Hund es nicht, das gewünschte Verhalten ohne erneutes Schicken auszuführen, verringern Sie die Distanz zur Tonne und starten Sie die Übung erneut. Gehen Sie einen oder mehrere Trainingsschritte zurück und starten Sie Ihren Hund aus einer geringeren Entfernung. Wählen Sie die Distanz so, dass die Übung für Ihren Hund gut machbar ist. Steigern Sie dann den Abstand zur Tonne in kleineren Schritten und legen Sie früher eine Pause ein.

Das Gate

Was ist ein Gate?

Maße eines Gates
Breite: 100 – 130 cm
Höhe: 90 – 110 cm

Die Bezeichnung Gate kommt aus dem Englischen und bedeutet Tor. Das Gate hat die Optik eines Gatters. Es hat einen Außenrahmen, aus möglichst leichtem, bruchfestem Material ohne scharfe Kanten. Zwischen dem Außenrahmen befindet sich ein Netz, welches so beschaffen ist, dass der Hund es nicht durchlaufen kann, aber Blickkontakt zwischen Hund und Mensch möglich ist. Für einen sicheren Stand des Gates sorgen seitliche Ausleger.

Gates gibt es ebenfalls aus unterschiedlichen Materialien wie Aluminium oder Kunststoff.

Wer mobil trainiert, kann sich ein Gate aus zwei Steckstangen und einem Zaunelement relativ leicht selbst bauen.

Zum Umlaufen eines Gates verwende ich das Signal: „Außen".

Ein selbstgebautes Gate eignet sich für alle, die mobil trainieren oder wenig Stauraum besitzen.

Auch Gates gibt es in unterschiedlichen Materialien.

Das Trainingsziel:

Das Gate wird genau wie die Tonne vom Hund umlaufen. Er soll lernen, das Gate von beiden Seiten aus unterschiedlichen Anlaufwinkeln und einer Distanz von mindestens sieben Metern zu umlaufen. Die Voraussetzung zum Erlernen des Gates ist das Beherrschen des Signals „Außen" an der Pylone.

Der Trainingsaufbau:

Der Trainingsaufbau beim Gate ist identisch mit der Vorgehensweise bei der Tonne. Den detaillierten Aufbau finden Sie daher auf S. 63 – 66 „Die Tonne".

Beim ersten Umlaufen hilft Andrea ihrer Hündin, indem sie nah am Gate steht. Nach einigen Wiederholungen schickt sie Miley dann ohne Sichtzeichen auf Distanz zum Gate.

Bevor Sie Ihren Hund das erste Mal um das Gate herumschicken, führen Sie ihn einmal mit Ihrer Hand um das Gate herum und bleiben Sie hierbei ganz nah am Gate stehen. So zeigen Sie Ihrem Hund, dass man das Gerät umlaufen kann. Schicken Sie Ihren Hund direkt aus einer größeren Distanz um das Gate herum, kann es passieren, dass er hinter dem Gate plötzlich auf Sie zulaufen möchte und versucht, durch den Zaun zu laufen. Das sollte in jedem Fall vermieden werden.

Starten Sie zunächst wieder ganz nah am

Gerät und richten Sie sich zunächst etwas am seitlichen Ausleger des Gates aus. Startet Ihr Hund links von Ihnen, stehen Sie auf Höhe des linken Auslegers. Startet Ihr Hund rechts von Ihnen, stehen Sie auf Höhe des rechten Auslegers. Gehen Sie nun schrittweise so vor, wie beim Trainingsweg der Tonne beschrieben. Ihr Markerwort sagen Sie immer dann, wenn Ihr Hund sich mittig hinter dem Gate befindet. Die Belohnung erhält er, sobald er das Gerät vollständig umlaufen hat. Sobald Sie die seitliche Distanz zum Gate aufbauen, können Sie auch mittig zu diesem ausgerichtet sein.

Steigern Sie auch beim Gate die Distanz, bis Sie mindestens sieben Meter entfernt stehen können. Klappt dies, können Sie auch die Anlaufwinkel zum Gate verändern, indem Sie Ihre Startposition in einem Winkel über 100 Grad zum Gate wählen. Trainieren Sie auch bei diesem Gerät beide Seiten gleichmäßig.

Tipps und Tricks: Was kann ich tun, wenn es nicht klappt?

Mögliche Schwierigkeit: Ihr Hund umläuft das Gate von der falschen Seite.

Tipp: Wenn Ihr Hund das Gate von links nach rechts umlaufen soll, stellen Sie sich nah an den linken Ausleger des Gates, sodass er nur die richtige Seite anlaufen kann. Für die rechte Seite gehen Sie gleichermaßen vor.

Verringern Sie auf jeden Fall die Distanz, um die Übung so einfach wie möglich zu gestalten.

Mögliche Schwierigkeit: Ihr Hund dreht sich vor dem Gate zu Ihnen um.

Tipp: Bleibt Ihr Hund auf dem Weg zum Gate stehen und fragt bei Ihnen nach, warten Sie zunächst einige Sekunden, ohne zu reagieren. Schauen Sie zum Gate und warten Sie, ob Ihr Hund das gewünschte Verhalten noch anbietet. Sollte er dies tun, loben Sie ihn und belohnen ihn ausgiebig. Kommt Ihr Hund zu Ihnen oder entfernt sich, brechen Sie die Übung ab. Starten Sie die Übung dann erneut aus einer deutlich geringeren Distanz.

Der Tunnel

Was ist ein Tunnel?

Der Tunnel ist als Gerät beim Hoopers deutlich kürzer als ein Agility-Tunnel. Er hat eine Maximallänge von 105 Zentimetern und einen größeren Durchmesser von mindestens 75 Zentimetern, sodass auch große Hunde ihn gut durchlaufen können. Der Tunnel kann ein gewöhnlicher Röhrentunnel sein, der mit oder ohne rutschhemmende Lauffläche ausgestattet sein kann. Die Röhrentunnel müssen unbedingt mit Tunnel-Bags, also eigens dafür vorgesehenen Sandtaschen befestigt werden, damit sie beim Durchlaufen nicht verrutschen oder wegrollen. Alternativ zu den gewöhnlichen Röhrentunneln gibt es seit einiger Zeit auch einen bodenlosen Tunnel. Dieser ist, wie der Name bereits sagt, ohne Boden gefertigt. Er besteht aus zwei Bögen, die mit LKW-Plane oder ähnlichem Material überzogen sind. Die Eingänge sind auf beiden Seiten gepolstert.

Für den mobilen Einsatz und den Privatgebrauch ist ein Röhrentunnel deutlich platzsparender und auch in den Anschaffungskosten günstiger. Dennoch kann ich den bodenlosen Tunnel nur wärmstens empfehlen – in meinen Trainings nutze ich nur noch diesen. Durch die Kürze des Hoopers-Tunnels neigen viele Hunde dazu, den Röhrentunnel nicht zu durchlaufen, sondern springen hindurch, indem sie die Lauffläche überspringen. Hierbei kann es bei Hunden ab einer mittleren Größe dazu kommen, dass sie sich beim Springen am Ausgang des Tunnels den Rücken anschlagen. Ein Verletzungsrisiko, das von vornhe-

Maße eines Tunnels
Durchmesser: 75 – 85 cm
Länge: 95 – 105 cm

Der Röhrentunnel ist maximal 105 Zentimeter lang und hat einen Durchmesser von mindestens 75 Zentimetern. Viele Hunde neigen dazu, durch diesen Tunnel zu springen.

Der bodenlose Tunnel begünstigt das Durchlaufen des Tunnels, ohne zu springen. Durch den fehlenden Boden überwinden sich auch unsichere Hunde schneller zum Durchlaufen.

rein vermieden werden kann, weshalb bei mir nur noch der bodenlose Tunnel zum Einsatz kommt.
Möchten Sie mit Ihrem Hund auf Turnieren starten, sollten Sie ihn aber dennoch an das Durchlaufen beider Tunneltypen gewöhnen. Zum Glück schaffen sich mittlerweile immer mehr Vereine bodenlose Tunnel an, sodass diese auch auf Turnieren immer häufiger zum Einsatz kommen.
Zum Durchlaufen eines Tunnels verwende ich das Signal: „Tunnel".

Das Trainingsziel:

Der Hund soll lernen, den Tunnel auf ein Hörzeichen hin zu durchlaufen. Im weiteren Trainingsverlauf soll er lernen, den Tunnel aus mindestens sieben Metern aus unterschiedlichen Anlaufwinkeln zu durchlaufen.

Der Trainingsaufbau:

Kennt Ihr Hund den Tunnel bereits aus dem Agility-Training, können Sie das bereits bekannte Signal für den Tunnel übernehmen. Bauen Sie lediglich die Sichtzeichen ab, um Ihren Hund durch den Tunnel zu schicken. Kennt Ihr Hund den Tunnel noch nicht, gehen Sie wie in den Trainingsschritten beschrieben vor.

Erster Trainingsschritt:

Im ersten Schritt sollten Sie Ihren Hund mit dem Tunnel vertraut machen. Setzen Sie ihn dazu vor dem Tunnel ab. Begeben Sie sich auf die andere Seite des Tunnels. Machen Sie sich nun klein und sehen Sie durch den Tunnel hindurch. Sobald Ihr Hund durch den Tunnel Blickkontakt zu Ihnen aufnimmt, können Sie ihn durch den Tunnel locken. Sollte er hierbei sehr unsicher sein und sich nicht trauen, den Tunnel zu durchlaufen, gehen Sie in kleinen Schritten vor. Locken Sie ihn zunächst nur ein Stück in den Tunnel. Sobald er nur die Nase hineinsteckt, loben und belohnen Sie ihn. Klappt dies, belohnen Sie Ihren Hund, sobald er eine Pfote in den Tunnel stellt. Steigern Sie dies schrittweise, bis er sich hindurchlocken lässt.
Da der Tunnel recht kurz ist, trauen sich erfahrungsgemäß auch unsichere Hunde relativ schnell, hindurchzulaufen. Sehr kleine Hunde kann ein Röhrentunnel jedoch Überwindung kosten, da die Lauffläche sich je nach Tunnel gerne etwas nach oben aufwölbt.

Zweiter Trainingsschritt:

Lässt sich Ihr Hund durch den Tunnel locken und zeigt dabei keine Unsicherheiten, ist es Zeit für den nächsten Trainingsschritt. Setzen Sie Ihren Hund etwa eine Hundelängen vor dem Tunnel ab und locken ihn erneut von der gegenüberliegenden Seite durch den Tunnel. Sobald Ihr Hund sich in Bewegung setzt, führen Sie das Hörzeichen „Tunnel" für das Durchlau-

Jorah wartet vor dem Tunnel, bis Nathalie sich am Tunnelausgang positioniert hat.

Nathalie lockt Jorah durch den Tunnel hindurch und belohnt ihn mit Futter.

Nach einigen Wiederholungen kann Nathalie Jorah mit dem Signal „Tunnel" durch diesen hindurch schicken.

fen des Tunnels ein. Sagen Sie Ihr Markerwort, sobald Ihr Hund sich im Tunnel befindet und belohnen Sie ihn, sobald er aus dem Tunnel kommt. Idealerweise werfen Sie das Spielzeug oder Futter in Laufrichtung, sodass Ihr Hund gerne schnell aus dem Tunnel herauskommen möchte. Wiederholen Sie diesen Trainingsschritt mehrmals von beiden Seiten.

Dritter Trainingsschritt:

Verändern Sie nun die Ausgangsposition, indem Sie Ihren Hund vor sich ausrichten wie bei den vorherigen Übungen an Hoop, Tonne und Gate. Stellen Sie sich mit Ihrem Hund nah vor den Tunnel, maximal einen Schritt entfernt, sodass sich der Tunnel seitlich neben Ihnen befindet. Schicken Sie Ihren Hund durch den Tunnel. Sagen Sie Ihr Markerwort, sobald er sich am Ende des Tunnels befindet und belohnen Sie ihn, sobald er den Tunnel durchlaufen hat. Ich empfehle Ihnen, die Belohnung über den Tunnel nach vorne in Laufrichtung zu werfen.

Vierter Trainingsschritt:

Lässt sich Ihr Hund auf Ihr Hörzeichen durch den Tunnel schicken, beginnen Sie, nach und nach die Distanz zum Tunnel zu vergrößern. Stellen Sie sich im nächsten Schritt zwei Meter vom Tunnel entfernt auf. Schicken Sie Ihren Hund nun auf diese Distanz hindurch. Vergessen Sie nicht, das Anlaufen des Tunnels von beiden Seiten zu trainieren. Der Tunnel sollte sich zum Start des Hundes dafür einmal links, einmal rechts von Ihnen befinden. Lässt sich Ihr Hund auf die Distanz gut schicken, starten Sie beim nächsten Durchgang einen Meter weiter weg. Steigern Sie so die Distanz, bis Sie Ihren Hund aus einer Entfernung von sieben Metern und mehr durch den Tunnel schicken können.

Fünfter Trainingsschritt:

Können Sie Ihren Hund auf gerader Linie aus einer Entfernung von sieben Metern auf Ihr Hörzeichen „Tunnel" durch diesen schicken, verändern Sie nun den Anlaufwinkel Ihres Hundes. Gehen Sie zum Start wieder näher an den Tunnel heran. Stehen Sie seitlich zum Tunnel, drehen Sie sich diesmal jedoch etwas vom Tunnel weg. Ihr Hund befindet sich in der gewohnten Ausgangsposition vor Ihnen, mit Blick zum Tunnel. Schicken Sie ihn nun auf Ihr Hörzeichen hindurch. Ihr Markerwort kommt wie gewohnt, wenn sich Ihr Hund im Tunnel befindet. Die Belohnung erfolgt direkt nach dem Durchlaufen in Laufrichtung nach vorn. Klappt dies, drehen Sie sich immer etwas weiter ein, sodass Ihr Hund in einem Bogen zum Tunneleingang laufen muss. Trainieren Sie auch dies von beiden Seiten und steigern nach und nach die Distanz, bis Sie Ihren Hund auch aus einer Entfernung von mindestens sieben Metern aus unterschiedlichen Anlaufwinkeln durch den Tunnel schicken können.

Bei diesem Gerät hat Ihr Hund Sie für eine Sekunde nicht mehr im Blick, sodass die Hunde nach dem Herauslaufen aus dem Tunnel gerne den direkten Weg zu ihrem Menschen einschlagen. Um bereits im Aufbau des Gerätes etwas entgegenzuwirken, ist es daher ratsam, die Belohnung nach vorne zu werfen.

Tipps und Tricks: Was kann ich tun, wenn es nicht klappt?

Mögliche Schwierigkeit: Ihr Hund lässt sich nicht durch den Tunnel locken.

Tipp: Achten Sie darauf, dass Sie beim Locken Ihres Hundes nicht bedrohlich wirken. Gehen Sie am besten in die Hocke und drehen sich seitlich von Ihrem Hund weg, um ihn dann zu locken.

Mögliche Schwierigkeit: Ihr Hund läuft auf Ihr Hörzeichen auf kurze Distanz nicht durch den Tunnel

Tipp 1: Vermutlich hat Ihr Hund Ihr verbales Signal „Tunnel" noch nicht richtig verknüpft. Gehen Sie einen Trainingsschritt zurück.

Tipp 2: Alternativ können Sie Ihrem Hund helfen, indem Sie ein Ziel nach dem Tunnel schaffen. Legen Sie etwa zwei Hundelängen nach dem Tunnelausgang ein Spielzeug oder das Bodentarget aus. Stellen Sie sich mit Ihrem Hund vor den Tunnel und schicken Sie ihn zum Spielzeug oder Bodentarget. Sobald Ihr Hund in den Tunnel eintaucht, sagen Sie Ihr Hörzeichen „Tunnel", um dies weiter zu festigen.
Legen Sie das Ziel nun nach jedem erfolgreichen Durchgang weiter weg vom Tunnelausgang. Idealerweise gestalten Sie dies so, dass Sie Ihren Hund belohnen können, noch bevor er beim Spielzeug oder Bodentarget angelangt ist.
Schicken Sie hierzu Ihren Hund durch den Tunnel, sagen Sie Ihr Markerwort, sobald er sich im Tunnel befindet und werfen die Belohnung dann aus, sobald er aus dem Tunnel herauskommt. Sobald Sie beobachten, dass Ihr Hund es kaum noch erwarten kann, durch den Tunnel laufen zu dürfen, bauen Sie das Hilfsmittel am Ziel wieder ab.

Die größte Schwierigkeit beim Absolvieren des Tunnels im Parcours liegt darin, dass der Hund seinen Menschen im Tunnel für kurze Zeit nicht sieht. Dies führt dazu, dass die Hunde nach dem Tunnel gerne zum Menschen sehen und damit auch Ihre Laufrichtung in Richtung des Menschen einschlagen. Häufig geht es in einem Parcoursverlauf nach dem Tunnel jedoch geradeaus weiter und nicht in Richtung Mensch. Hier muss der Hund durch ein frühzeitiges Signal die Information erhalten, wohin er nach dem Tunnel laufen soll. Um dies sicher abrufen zu können, ist ein Sequenztraining mit dem Tunnel äußerst wichtig, denn nur durch ein solches kann der Hund das Weiterarbeiten nach dem Tunnel erlernen.

Der Führbereich

Der Führbereich besteht aus einem Kreis mit einem Außendurchmesser von zwei Metern und wird gekennzeichnet durch ein Kunststoffrohr/-schlauch mit einer Dicke von mind. 20 mm und max. 50 mm. Alternativ kann der Führbereich auch quadratisch sein und durch ein Gurtband gekennzeichnet werden. Das Gurtband muss eine Breite von min. 50 mm und max. 80 mm aufweisen und Außenmaße von 2 x 2 m haben.

Um in einem Parcours den Führbereich zu kennzeichnen, benötigt man einen Führkreis oder Gurtband zur Kennzeichnung eines Quadrats. Die Farbe der Kennzeichnung sollte sich deutlich vom Untergrund abheben und damit insbesondere für den Menschen gut erkennbar sein. Beim Training in Sequenzen wird zunächst noch kein Führbereich benötigt, spätestens aber, wenn man mit dem Parcourstraining beginnt. Je früher der Mensch sich an das Führen seines Hundes aus dem Führbereich gewöhnt, desto besser. Dadurch lernt der Mensch von Beginn an, sich im Führbereich aufzuhalten und nicht mit seinem Hund mitzulaufen.

Als Führkreis eignen sich Hula-Hoop-Reifen im Sondermaß oder auch ein langer Gartenschlauch, welcher mit einem Schlauchverbinder zusammengesteckt wird.

Ebenfalls einsetzbar ist am Boden befestigtes Absperrband oder eigens dafür vorgesehenes Gurtband. Wichtig ist, dass die Kennzeichnung deutlich ist, aber keine Stolperfalle für den Menschen darstellt. Ein Band sollte daher immer mit Erdnägeln direkt am Boden befestigt werden. Das Übertreten der Abgrenzung sollte immer problemlos möglich sein.

Wer das Training anspruchsvoller und abwechslungsreich gestalten möchte, kann den Führbereich auf einen handelsüblichen Hula-Hoop-Reifen mit deutlich geringerem Durchmesser begrenzen. Steht dem Mensch ein minimierter Führbereich zur Verfügung, muss er noch klarer führen, wodurch die Körpersprache immer feiner wird.

Fortgeschrittene Teams können den Radius des Führkreises verringern und dadurch die Schwierigkeit steigern. Der äußere Ring ist ein Hula-Hoop-Reifen im Sondermaß mit einem Durchmesser von 1,50 m.

5. Die Startübung

Wozu benötige ich die Startübung?

Um den Hund am Start eines Parcours ideal vor dem ersten Hoop platzieren zu können, ist es sinnvoll, dass er lernt, eine bestimmte Position einzunehmen. So hat man die Möglichkeit, den Hund immer gerade ausrichten zu können. Zeitgleich dient das Abrufen der Startposition auch als Ritual, um den Hund mental auf das Arbeiten an den Geräten einzustimmen.

Das Ziel dieser Übung ist es, dass der Hund auf Signal hin die Position Sitz, Steh oder Platz zwischen den Beinen des Menschen einnimmt. Der Mensch kann seinen Hund so etwa drei Hundelängen vor dem ersten Hoop in diese Warteposition bringen. Idealerweise ist der Hund so platziert, dass er mittig zum Hoop ausgerichtet ist, sodass er eine gerade Anlauflinie zu diesem hat. Der Hund soll nun so lange in dieser Warteposition bleiben, bis sein Mensch sich in den Führbereich begeben hat und dem Hund das Signal zum Loslaufen gibt.

Für das Starttraining sollte der Hund das Signal Bleib gut beherrschen. Kann er dies noch nicht, empfehle ich Ihnen, dies vorab separat zu trainieren und erst dann mit den beschriebenen Trainingsschritten zu starten.

Strolchi hat gelernt, die Startposition im Sitz zwischen den Beinen seines Menschen einzunehmen. So kann er am Start gut mittig vom Hoop ausgerichtet werden.

Das Einnehmen der Startposition – das Signal „Mitte“

In den nachfolgenden Trainingsschritten ist aufgezeigt, wie Sie Ihrem Hund beibringen können, die Startposition einzunehmen.

Erster Trainingsschritt:

Stellen Sie sich frontal vor Ihren Hund, die Beine hüftbreit aufgestellt. Locken Sie Ihren Hund nun mit Ihrer rechten Hand in einem Bogen um Ihr rechtes Bein herum. Sobald er sich mit der Nase hinter Ihnen befindet, locken Sie ihn von vorne durch Ihre Beine hindurch. Füttern Sie Ihren Hund in dieser Position. Dann werfen Sie ein Leckerchen nach vorn, sodass Ihr Hund gerade unter Ihren Beinen weglaufen kann. So kann Ihr Hund schnell die Hemmungen verlieren, sich zwischen Ihren Beinen aufzuhalten. Hat Ihr Hund das Leckerchen aufgesammelt, beginnen Sie die Übung erneut und führen so mehrere Wiederholungen durch.

Zweiter Trainingsschritt:

Zeigt Ihr Hund keine Hemmungen mehr, zwischen Ihre Beine zu laufen, ist es Zeit für den nächsten Schritt. Ihr Hund soll zwischen Ihren Beinen die Position Sitz, Platz oder Steh einnehmen. Auf welche Position die Wahl fällt, sollte von Hund zu Hund entschieden werden. Für sehr große Hunde eignet sich das Liegen. So kann der

Der Hund wird zwischen den Beinen des Menschen gefüttert.

Danach wird ein Futterstück nach vorne geworfen, damit er sich aus der Position entfernt.

Mensch ein Bein seitlich über den Hund schwingen oder nach vorne vom Hund weglaufen. Aber auch wenn der Hund sitzt, kann der Mensch sich gut zur Seite oder nach hinten weg vom Hund entfernen. Die stehende Startposition eignet sich eher für mittelgroße bis kleine Hunde. Ganz gleich, auf welche Position die Entscheidung fällt: Es ist wichtig, dass der Hund das Einnehmen der Position bereits zuvor erlernt hat.

Dritter Trainingsschritt:

Locken Sie Ihren Hund nun wieder wie oben beschrieben zwischen Ihre Beine. Belohnen Sie ihn diesmal nicht sofort für das Einnehmen der Stelle zwischen Ihren Beinen, sondern locken Sie ihn nun in die gewünschte Position. Dies kann mit Hilfe von Futter in der Hand oder aber auch über ein verbales Signal, wie beispielsweise „Platz" geschehen. Hat Ihr Hund die gewünschte Position eingenommen, belohnen Sie ihn. Die Belohnung sollte auch hier in der gewünschten Position erfolgen. Um diese aufzulösen, werfen Sie erneut ein Leckerchen nach vorn, sodass Ihr Hund die Stellung verlassen kann. Wiederholen Sie diesen Trainingsschritt ebenfalls einige Male.

Vierter Trainingsschritt:

Können Sie Ihren Hund zuverlässig in die gewünschte Position locken, ist es an der Zeit, ein Hörzeichen wie z.B. „Mitte" oder „Einparken" einzuführen.

Sprechen Sie hierzu das Wortsignal immer aus, kurz bevor Ihr Hund die gewünschte Position zwischen Ihren Beinen einnimmt. So schaffen Sie eine optimale Verknüpfung mit dem neuen Signal.

Fünfter Trainingsschritt:

Bauen Sie im weiteren Trainingsverlauf Ihre Sichtzeichen für die Übung immer weiter ab.

Da Jimmy sehr groß ist, soll er die Startposition im Liegen lernen. Der Mensch gibt deshalb das Sichtzeichen zum Einnehmen der Platzposition.

Jimmy hat gelernt, sich auf das Signal „Mitte" zwischen den Beinen seines Menschen abzulegen.

Das Bleiben in der Startposition

Hat der Hund gelernt, die Startposition auf Signal hin einzunehmen, kann das Bleiben in dieser Stellung trainiert werden. Das Ziel der Übung ist es, dass Sie sich bis zu 20 Meter von Ihrem Hund entfernen können und dieser ruhig in der zuvor eingenommenen Position wartet.

Erster Trainingsschritt:

Bringen Sie Ihren Hund in die Startposition. Nun steigen Sie vorsichtig und ohne Ihren Hund zu berühren mit einem Bein zur Seite weg, sodass Sie sich neben ihm befinden. Alternativ können Sie sich auch nach vorne oder hinten entfernen, je nach Position des Hundes und sich dann seitlich neben ihn stellen. Belohnen Sie Ihren Hund umgehend, wenn er die Position trotz Ihrer Bewegung beibehalten halt. Gerne können Sie ihn hier auch mehrfach belohnen, um zeitgleich das längere Bleiben zu verstärken. Wichtig ist, dass Sie immer konsequent ein Freigabesignal nutzen, um das „Bleib" aufzulösen!

Wiederholen Sie diesen Trainingsschritt mehrere Male, bis Ihr Hund auch dann sicher in der Startposition bleibt, wenn Sie Ihre Position verändern, indem Sie sich vor oder neben ihn begeben.

Zweiter Trainingsschritt:

Ist der vorherige Trainingsschritt gefestigt, können Sie zum nächsten übergehen. Bringen Sie Ihren Hund in Startposition und begeben sich dann seitlich neben ihn. Nun geben Sie ihm das Signal „Bleib" und ent-

Jimmy hat gelernt, entspannt in der Position zu bleiben, während Ramona über ihn hinweg steigt.

Lili wartet in der Startposition, während Sybille sich gerade nach vorne weg entfernt.

Lili bleibt in der Startposition, auch wenn Sybille sich zur Seite entfernt. Sie folgt Sybille lediglich mit dem Kopf, der Körper bleibt gerade ausgerichtet.

fernen sich zunächst gerade nach vorn, wenige Schritte von Ihrem Hund weg. Warten Sie einen Moment und gehen dann wieder ruhig zu Ihrem Hund zurück und stellen sich seitlich neben ihn in die Ausgangssituation. Hat Ihr Hund die zuvor eingenommene Stellung beibehalten, belohnen Sie ihn in der Position und lösen die Übung danach auf. Führen Sie mehrere Wiederholungen durch, bevor Sie beginnen, die Entfernung zu Ihrem Hund zu steigern.

Dritter Trainingsschritt:

Können Sie sich in gerader Linie auf eine Distanz von bis zu 20 Metern von Ihrem Hund weg entfernen, fangen Sie an, sich auch seitlich zu entfernen. Kennt Ihr Hund dies noch nicht, empfehle ich Ihnen, erst einige Schritte gerade nach vorne zu gehen und dann zu einer Seite. So kann Ihr Hund gut mit dem Kopf folgen, ohne dass sein Körper sich mitdreht und er so die Position verlässt. Verharren Sie auch hier für kurze Zeit und gehen dann wieder von vorne gerade zu Ihrem Hund zurück. Stellen Sie sich wieder seitlich neben ihn und belohnen ihn ruhig, am besten mit einem Futterstück, bevor Sie die Übung auflösen.

Vierter Trainingsschritt:

Trainieren Sie im letzten Schritt, dass Sie sich in alle Richtungen von Ihrem Hund entfernen können – zuletzt sogar auch hinter Ihren Hund. Um Letzteres zu üben, entfernen Sie sich immer zuerst nach vorn. Von hier aus laufen Sie einen großen Halbkreis Richtung Hinterhand des Hundes, allerdings immer nur so weit, dass Ihr Hund zwar mit dem Kopf folgt, nicht aber nachrückt und dadurch die Position nicht mehr korrekt einhält. Wenn Sie Ihren Hund belohnen möchten, gehen Sie immer wieder von vorne zu ihm zurück. So können Sie das Nachrücken ebenfalls verhindern. Vergessen Sie nicht, immer beide Seiten zu trainieren, sodass Sie sich seitlich sowohl nach links als auch nach rechts von Ihrem Hund entfernen können.

Fünfter Trainingsschritt:

Bleibt Ihr Hund in der Startposition, ganz gleich, wie weit und wohin Sie sich entfernen, können Sie dieselbe Übung auch durchführen, indem Sie Ihren Hund vor einem Hoop in Startposition bringen. Entfernen Sie sich ebenfalls in unterschiedliche Richtungen und auf unterschiedlichen Entfernungen. Gehen Sie jedes Mal zu Ihrem Hund zurück und belohnen ihn in der Startposition. Lösen Sie die Übung danach auf und schicken Sie Ihren Hund nicht durch den Hoop. So lernt er, dass er auch vor einem aufgestellten Hoop immer wieder einmal ausschließlich warten und nicht hindurchlaufen soll.

Das Loslaufen aus der Startposition

Beherrscht der Hund das Einnehmen der Startposition und kann sich der Mensch von seinem Hund entfernen, kann mit der Vorübung des Starts begonnen werden. Als Hilfsmittel für diesen Trainingsschritt eignen sich ein Spielzeug, ein Apportiergegenstand, ein Bodentarget oder auch ein Futterteller. Bei dieser Übung soll der Hund lernen, aus der Startposition geradeaus nach vorne zu starten, unabhängig davon, wo sich der Mensch währenddessen befindet.

Erster Trainingsschritt:

Bringen Sie Ihren Hund in die Startposition und entfernen Sie sich in gerader Linie nach vorne weg. Legen Sie nun das Spielzeug oder Futter auf einem Teller aus. Gehen Sie zurück zu Ihrem Hund und belohnen Sie ihn für das Bleiben. Achten Sie darauf, dass Sie Ihren Hund direkt nach der Belohnung erneut auffordern, in der Position zu bleiben, damit er diese auch weiterhin nicht verlässt. Entfernen Sie sich nun von Ihrem Hund – zunächst drei bis vier Schritte nach vorn Richtung Spielzeug und dann drei bis vier Schritte zur Seite, sodass Sie mit Ihrem Hund und dem Spielzeug oder Futterteller ein Dreieck bilden. Schicken Sie ihn nun nach vorne zur Belohnung. Dies kann über ein zuvor erlerntes Freigabesignal, wie „Okay" oder „Bring" erfolgen. Wiederholen Sie diese Übung mehrmals und entfernen sich sowohl zur linken als auch zur rechten Seite.

Zweiter Trainingsschritt:

Klappt der vorherige Trainingsschritt, können Sie beginnen, die seitliche Distanz zum Hund nach und nach zu erhöhen. Die Belohnung des Hundes für das Verweilen in der Warteposition sollte häufig erfolgen, sodass es für ihn auch weiterhin lohnenswert ist, zu warten.

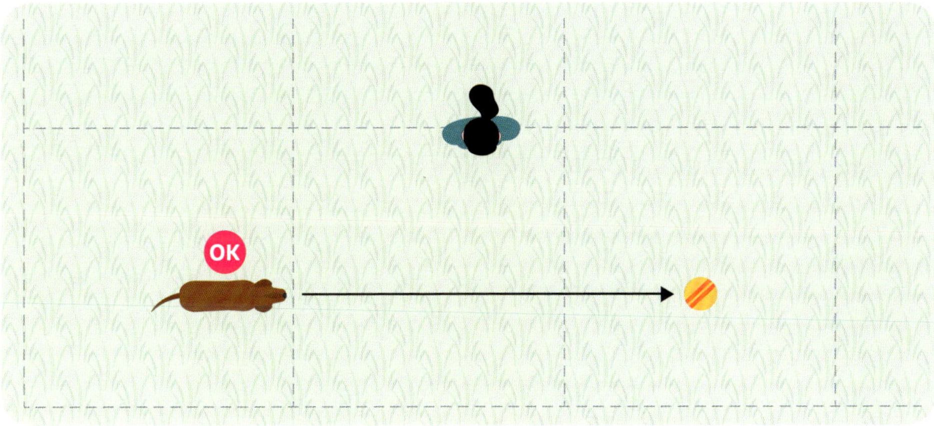

Hund, Mensch und Spielzeug bilden ein Dreieck. Aus dieser Ausgangsposition wird der Hund zum Spielzeug geschickt.

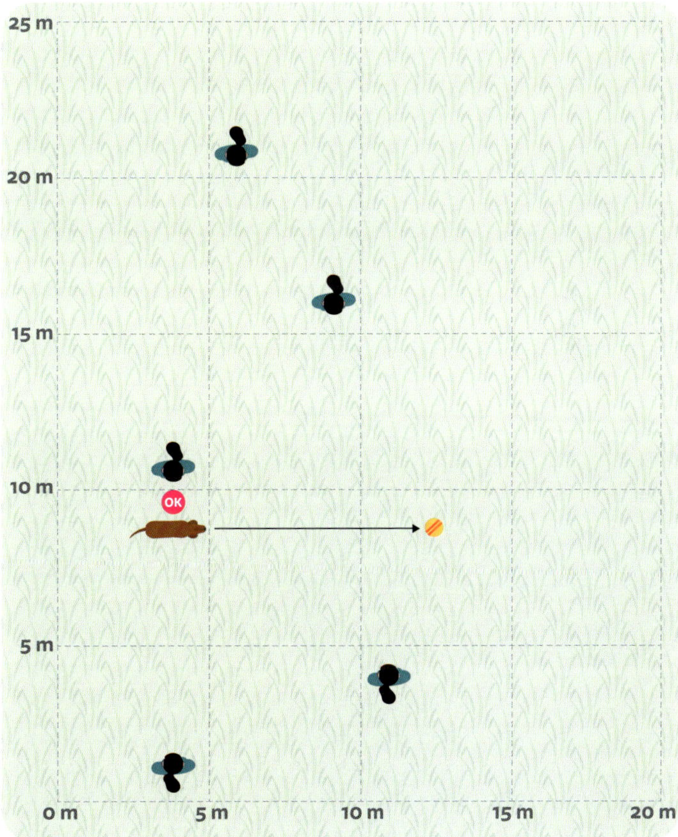

Der Mensch schickt den Hund aus unterschiedlichen Positionen zum Spielzeug.

Dritter Trainingsschritt:

Klappt das gerade Loslaufen bei einer seitlichen Distanz von zehn bis 15 Metern, kann man nun beginnen, auch einmal auf Höhe des Hundes zu stehen. Hierzu geht man am besten wieder drei Schritte nach vorne vom Hund weg und läuft dann zurück Richtung Hund, bis man räumlich auf dessen Höhe steht. Auch aus dieser Position schickt man den Hund wieder nach vorn zum Futterteller oder Spielzeug. Klappt dies ebenfalls von beiden Seiten, erhöht man auch hier wieder die seitliche Distanz zum Hund, bevor man zum letzten Trainingsschritt übergeht.

Lili wartet in der Startposition auf die Freigabe von Sybille, ohne ihre Position zu verändern.

Erst nach der Freigabe läuft sie in gerader Linie zu ihrem Spielzeug.

Vierter Trainingsschritt:

Nun kann man sich auch einmal räumlich hinter seinen Hund begeben. Hierzu entfernt man sich wieder zunächst zwei bis drei Schritte nach vorn und geht dann in einem Bogen seitlich am Hund vorbei und hinter ihn. Es ist hilfreich, diese Übung zuvor separat zu trainieren, sodass es nichts Unbekanntes für den Hund ist, wenn man sich hinter seinem Rücken aufhält.

Von dieser Position startet man seinen Hund ebenfalls nach vorn. Dieser Trainingsschritt sollte so oft wiederholt werden, bis der Hund nicht mehr zögert. Dann kann die Distanz auch hier schrittweise ausgebaut werden.

Der Mensch befindet sich im Rücken des Hundes und schickt ihn von dort aus nach vorn zum Spielzeug.

Die Startübung an einem Hoop

Um mit dieser Übung zu starten, muss Ihr Hund die vorherigen Startübungen beherrschen und einen Hoop sicher durchlaufen können. Für die Durchführung dieser Trainingsschritte benötigen Sie einen Hoop.

Das Ziel dieser Übung ist es, dass Ihr Hund in der Startposition vor einem Hoop wartet, bis er über ein Hörzeichen die Freigabe bekommt, den Hoop zu durchlaufen. Diesen soll er sicher an- und durchlaufen, ganz gleich, wo sich der Mensch dabei befindet.

Nachdem Angelika sich zur Seite entfernt hat, lässt sie Strolchi zunächst warten. Erst dann schickt sie ihn durch den Hoop.

Erster Trainingsschritt:

Bringen Sie Ihren Hund ungefähr drei Hundelängen vor dem Hoop in die Startposition. Richten Sie sich mittig zum Hoop aus, sodass auch Ihr Hund mittig ausgerichtet ist. Hund und Mensch blicken in Richtung Hoop. Entfernen Sie sich nun wie in der vorherigen Übung nach vorn bis auf Höhe des Hoops und dann zwei bis drei Schritte zur Seite. Starten Sie nun Ihren Hund mit Ihrem verbalen Signal zum Durchlaufen des Hoops. Hat Ihr Hund den Hoop durchlaufen, belohnen Sie ihn umgehend. Wichtig hierbei ist, dass Sie Ihr Markerwort sagen, sobald er den Hoop durchläuft. Für ein selbständiges Arbeiten auf Distanz kann es hilfreich sein, die Belohnung nach vorn in Laufrichtung zu werfen.

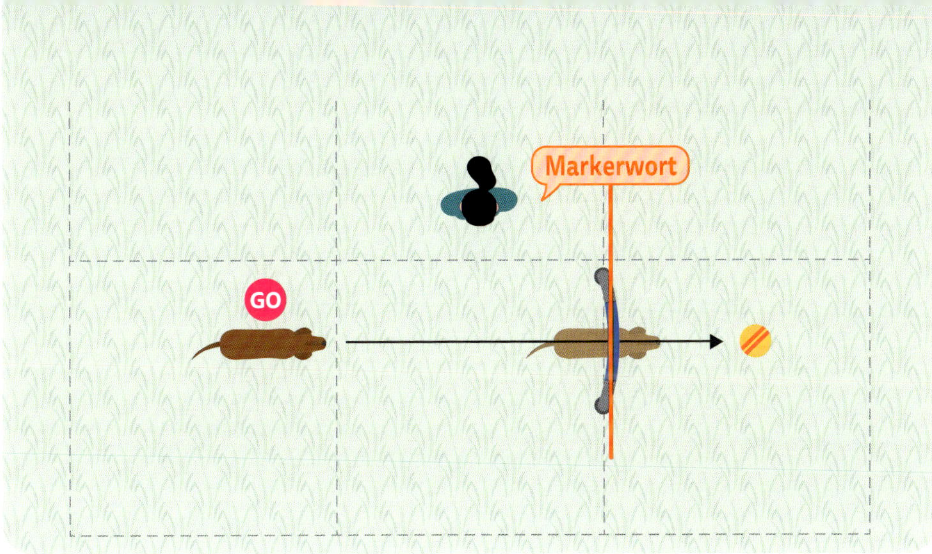

Nachdem der Hund in Startposition gebracht wurde, entfernt sich der Mensch zur Seite und startet den Hund durch einen Hoop.

Zweiter Trainingsschritt: Wiederholen Sie diesen Trainingsschritt mehrfach, bevor Sie die Distanz steigern. Gehen Sie dann vor wie in der vorherigen Übung „Das Loslaufen aus der Startposition". Denken Sie daran, Ihren Hund immer wieder einmal für das Bleiben am Start zu belohnen.

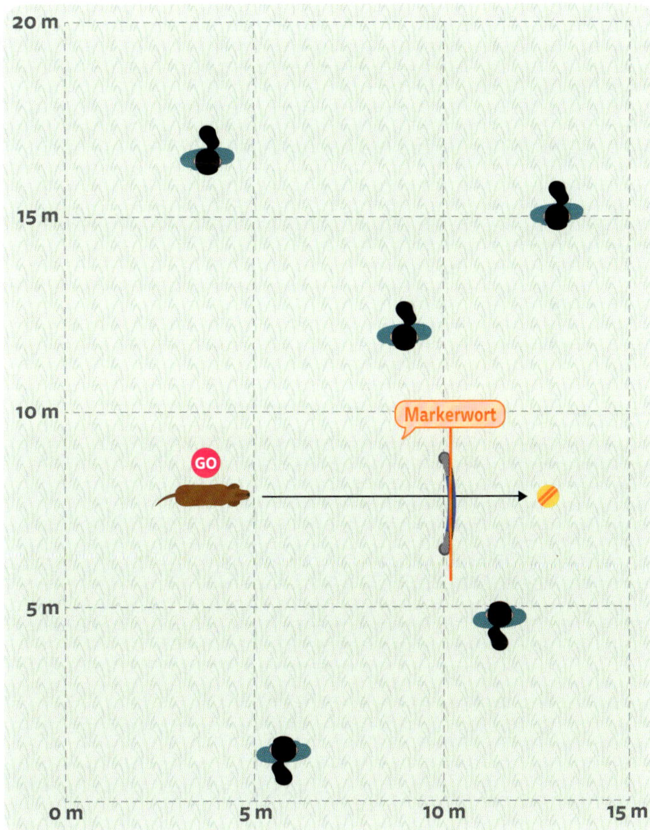

Der Mensch startet den Hund aus unterschiedlichen Positionen.

Die Startübung an zwei Hoops

Um diese Übung durchzuführen, sollte Ihr Hund die vorherigen Übungen am Start sehr gut beherrschen und sicher zwei Hoops auch mit großer seitlicher Distanz zum Mensch durchlaufen.
Das Ziel dieser Übung ist es, dass Ihr Hund in der Startposition vor den Hoops wartet und sie erst auf Ihr Hörzeichen hin sicher durchläuft. Zusätzlich lernt Ihr Hund bei diesem Training, den ersten Hoop auch aus unterschiedlichen Anlaufwinkeln anzulaufen. Schrittweise wird die Ausgangsposition Ihres Hundes so verändert, dass er auch um 180 Grad gedreht und mit dem Rücken dem Hoop zugewandt richtig startet. Er lernt dabei, immer an dem Hoop zu starten, der am nächsten zu ihm steht, ganz gleich, wo sich der Mensch befindet. Um dieses Ziel zu erreichen, sind viele kleine Trainingsschritte notwendig.

Erster Trainingsschritt:

Bringen Sie Ihren Hund etwa drei Hundelängen vor dem ersten Hoop in Startposition. Dies ist die Ausgangsposition für alle weiteren Trainingsschritte. Stellen Sie sich nun zwischen dem ersten und zweiten Hoop etwa ein bis zwei Schritte seitlich zur Lauflinie Ihres Hundes versetzt auf. Drehen Sie sich mit Ihrer Front einschließlich Fußspitzen zum Hund. Starten Sie ihn mit Ihrem Hörzeichen und begleiten Sie ihn, während er die beiden Hoops durchläuft, mit Ihrer Körperfront, indem Sie sich mitdrehen. Sobald Ihr Hund den zweiten Hoop durchläuft, sprechen Sie Ihr Markerwort aus und belohnen ihn. Führen Sie diese Übung auf beiden Seiten, also sowohl links als auch rechts von Ihrem Hund aus.

Zweiter Trainingsschritt:

Können Sie Ihren Hund auf Höhe der Mitte der beiden Hoops von beiden Seiten zuverlässig starten, beginnen Sie nun bei jedem Durchgang, Ihre Position beim Start zu verändern. Vergrößern Sie die Distanz nach vorn und verändern Sie die seitliche Distanz. Die Startposition Ihres Hundes verändert sich dabei nicht. Achten Sie darauf, dass Ihre Position sich zunächst immer räumlich vor dem Hund befindet. Ihr Hund sollte Sie immer sehen können und Sie nicht im Rücken haben. Stellen Sie sich daher höchstens auf die Höhe Ihres Hundes, nicht dahinter. Können Sie Ihren Hund so aus unterschiedlichsten Positionen sicher starten, ist es Zeit für den nächsten Trainingsschritt.

Dritter Trainingsschritt:

Begeben Sie sich nun etwas hinter Ihren Hund. Stehen Sie zu Beginn nicht direkt im Rücken Ihres Hundes, sondern eher seitlich, auf Höhe des Rutenansatzes. So kann er Sie noch sehen, was bei ihm für Sicherheit sorgen wird. Starten Sie ihn nun aus dieser Position heraus. Orientiert er sich ohne zu zögern nach vorne und durchläuft die beiden Hoops, wiederholen Sie die Übung von der anderen Seite Ihres Hundes. Führt dies nicht zu einem Zögern bei Ihrem Hund, verändern Sie bei jedem Durchgang Ihre Position. Vergrößern Sie sowohl die seitliche

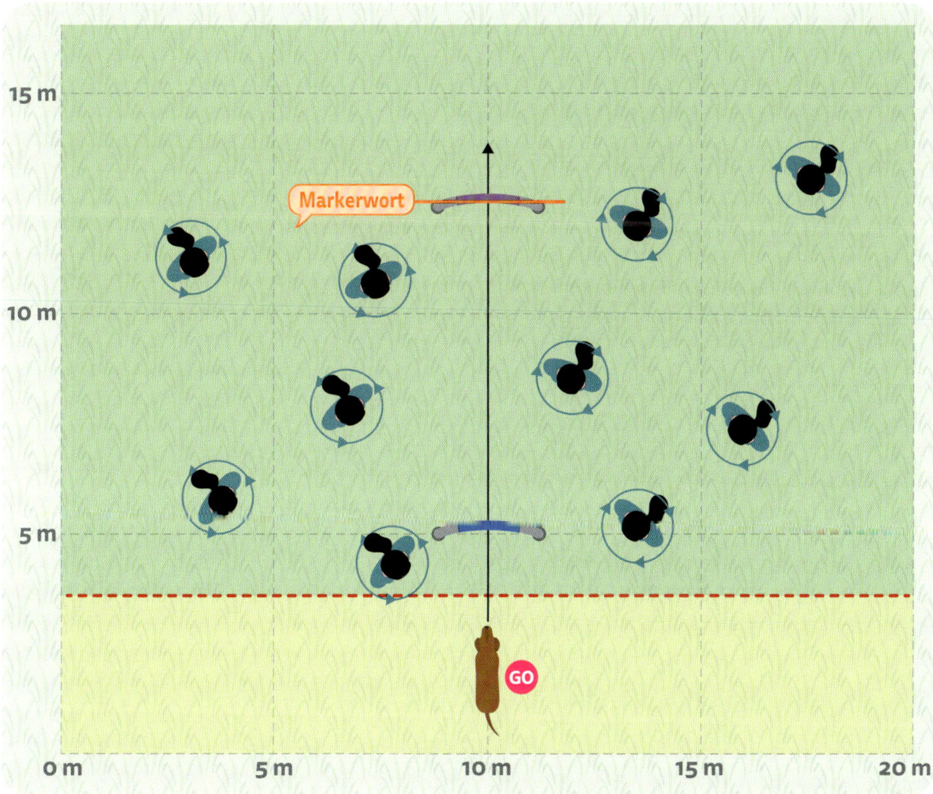

Zweiter Trainingsschritt: Der Mensch befindet sich räumlich vor dem Hund. Er startet den Hund aus unterschiedlichen Positionen. Hierbei befindet der Mensch sich immer im grünen Bereich.

Distanz als auch die Distanz nach hinten. Ziel dieses Trainingsschrittes ist es, dass Sie Ihren Hund auch dann starten können, wenn Sie einige Meter von ihm entfernt in seinem Rücken stehen. (Siehe Grafik S. 90)

Vierter Trainingsschritt:

Lässt sich Ihr Hund aus allen Positionen gut starten, ist es Zeit für den nächsten Trainingsschritt. Bringen Sie Ihren Hund etwa drei Hundelängen vor dem ersten Hoop in Startposition. Positionieren Sie sich und Ihren Hund dabei jedoch nicht mittig zum Hoop ausgerichtet, sondern stattdessen in einem 45-Grad-Winkel zur Außenseite des Hoops ausgerichtet. Lassen Sie Ihren Hund so warten und begeben Sie sich seitlich neben Ihren Hund, um ihn von hier aus zu starten. (Siehe Grafik S. 91)

Fünfter Trainingsschritt:

War der Durchgang erfolgreich, bringen Sie Ihren Hund erneut in die Startposition, richten ihn aber diesmal so aus, dass er sich im

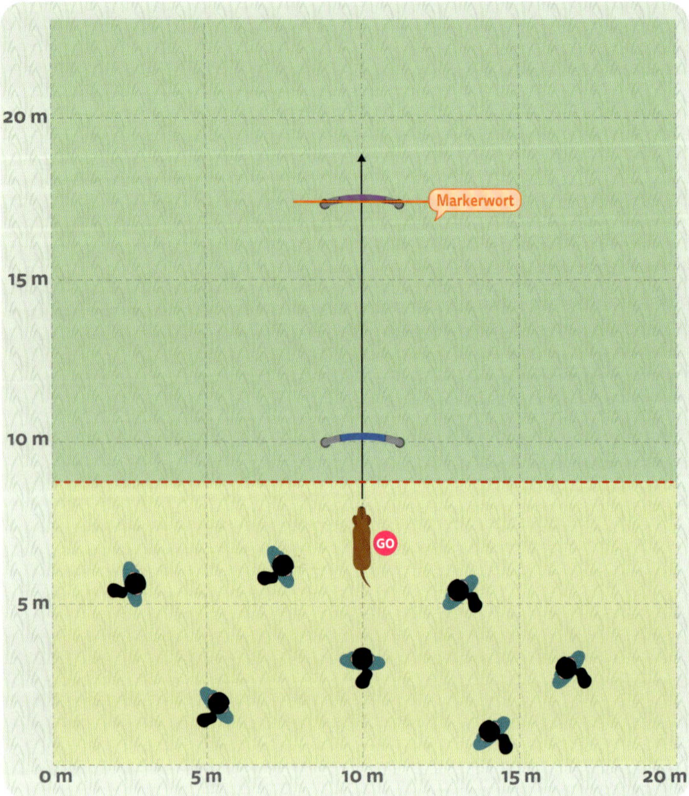

Dritter Trainingsschritt: Der Mensch befindet sich im gelben Bereich im Rücken des Hundes. Er startet den Hund aus unterschiedlichen Positionen.

90-Grad-Winkel zum ersten Hoop befindet. Stellen Sie sich nun Ihrem Hund gegenüber auf, sodass er Sie gut sehen kann. Wichtig ist, dass der Abstand zwischen Ihrem Hund und dem ersten Hoop groß genug ist, damit er trotz der gebogenen Lauflinie genug Platz hat, um den Hoop zu durchlaufen. Starten Sie nun Ihren Hund, der sich nun um 90 Grad von Ihnen wegdrehen muss, um den Hoop anzulaufen.

Sechster Trainingsschritt:

Bringen Sie Ihren Hund in die Startposition und drehen ihn nun noch weiter ein, nämlich so weit, dass er um 120 Grad gedreht ist. Die Hoops befinden sich somit seitlich hinter Ihrem Hund. Lassen Sie Ihren Hund warten und stellen Sie sich ihm gegenüber. Starten Sie ihn nun über Ihr Hörzeichen. Jetzt muss er sich um 120 Grad ein- und somit von Ihnen wegdrehen, um die Hoops zu durchlaufen. Klappt auch dieser Trainingsschritt, können Sie zum nächsten übergehen.

Siebter Trainingsschritt:

Bringen Sie Ihren Hund in die Startposition, drehen ihn dieses Mal allerdings um

180 Grad, sodass er mit dem Rücken zum Hoop die Startposition einnimmt. Stellen Sie sich nun Ihrem Hund gegenüber. Ihr Hund muss sich nun um 180 Grad von Ihnen wegdrehen, um die beiden Hoops zu durchlaufen. Hierbei soll er zunächst den ersten Hoop durchlaufen, zu dem er die geringste Distanz hat.

Achter Trainingsschritt:

Beherrscht Ihr Hund die vorherigen Übungen, trainieren Sie auch, wenn Sie Ihren Hund zur anderen Seite drehen. Trainieren Sie ergänzend dazu, dass Sie Ihre Position bei einem eingedrehten Hund ebenfalls verändern, indem Sie sowohl die seitliche Distanz als auch die Distanz nach vorn und hinten zu Ihrem Hund verändern. So bereiten Sie ihn darauf vor, aus allen denkbaren Positionen zu starten.

Bitte beachten Sie, dass es sich hierbei um eine sehr anspruchsvolle Übung handelt. Die einzelnen Trainingsschritte sollten keinesfalls innerhalb einer Trainingseinheit aneinandergereiht werden. Vielmehr ist dies ein Training, dass sich immer wieder einmal einschieben lässt.

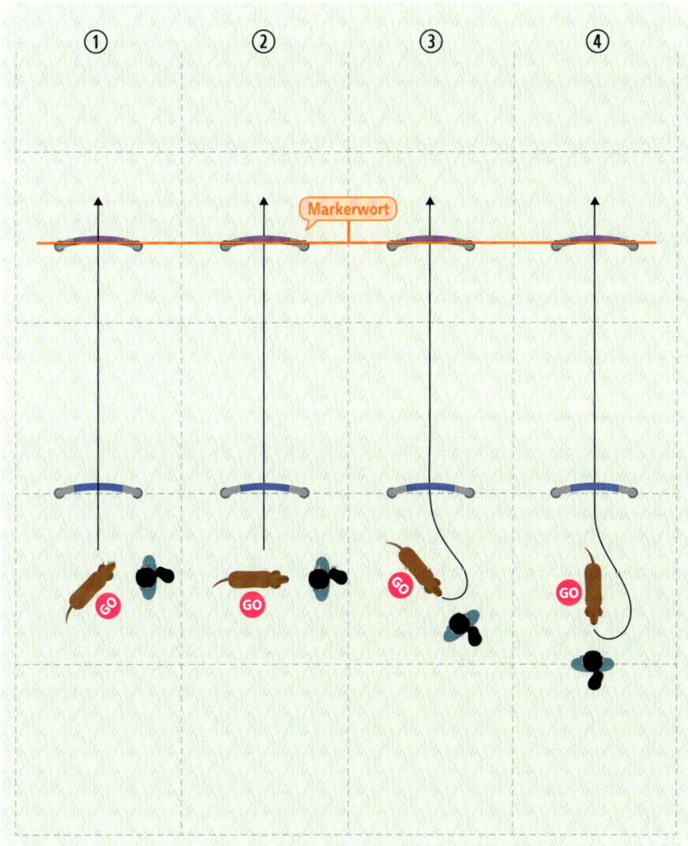

Letzter Trainingsschritt: Der Hund wird am Start schrittweise vom ersten Hoop weggedreht, bis er um 180 Grad gedreht starten kann.

Liv beherrscht das Starttraining bereits und kann auf das Signal „Go" durch die Hoops in ihrem Rücken geschickt werden.

Die Startübung erfordert viel Fleiß und verlangt etliche Wiederholungen. Durch die unterschiedlichsten Positionen von Mensch und Hund sind zahlreiche Durchgänge notwendig, damit Ihr Hund lernt, aus jeder möglichen Position zu starten. Wiederholen Sie das Starttraining daher immer wieder, denken Sie aber auch hierbei an kurze Trainingseinheiten mit ausreichenden Pausen.

Tipps und Tricks: Was kann ich tun, wenn es nicht klappt?

Mögliche Schwierigkeit: Ihr Hund ist gerade zum ersten Hoop ausgerichtet, startet aber nicht durch diesen hindurch, sondern läuft direkt auf Sie zu.

Tipp: Dies passiert häufig, wenn die seitliche Distanz zu Ihrem Hund zu groß ist. Bringen Sie Ihren Hund erneut in die Startposition und verringern Sie die seitliche Distanz zu ihm. Wählen Sie die Entfernung so, dass Ihr Hund die Übung auf jeden Fall erfolgreich absolvieren kann. Steigern Sie die Distanz dann in kleineren Schritten.

Mögliche Schwierigkeit: Ihr Hund ist weggedreht vom ersten Hoop. Beim Start dreht er sich Richtung Hoop, läuft allerdings am ersten Hoop vorbei und durchläuft erst den zweiten Hoop.

Tipp: Drehen Sie Ihren Hund weniger weit weg vom Hoop. Befindet er sich beispielsweise in einem 90-Grad-Winkel zum ersten Hoop, verringern Sie den Winkel auf 45 Grad, bevor Sie Ihren Hund starten. Wiederholen Sie dies mehrmals, bis Ihr Hund sicher aus diesem Anlaufwinkel startet, bevor sie ihn wieder vergrößern.

Mögliche Schwierigkeit: Ihr Hund ist weggedreht vom ersten Hoop in einem Winkel von 90 Grad oder mehr. Selbst wenn Sie diesen Winkel verringern, läuft Ihr Hund dennoch in Ihre Richtung und nicht durch den ersten Hoop.

Tipp: In diesem Fall kann es sein, dass Sie zu weit von Ihrem Hund wegstehen. Je weiter Sie sich von Ihrem Hund am Start entfernen, desto eher sieht er zu Ihnen und hat somit den ersten Hoop nicht mehr in seinem Blickfeld. Verringern Sie die seitliche Distanz deutlich. Es kann an dieser Stelle hilfreich sein, wenn Sie Ihrem Hund einen kleinen Impuls beim Start geben, indem Sie zeitgleich mit Ihrem ausgesprochenen Hörzeichen einen Schritt in Richtung Ihres Hundes machen, um ihn so auf die gewünschte Lauflinie zu bringen. Sollten Sie auf diese Hilfestellung zugreifen, bauen Sie sie in den weiteren Durchgängen wieder ab.

6. Der Distanzaufbau an den Hoops

Da der Mensch seinen Hund im Parcours aus dem vorgegebenen Führbereich heraus führt, ist es notwendig, dass der Hund von Beginn an lernt, mehrere Geräte auf Distanz zu seinem Menschen zu absolvieren. Im Trainingsaufbau lernt Ihr Hund dies zunächst an einer Geraden aus drei Hoops. Zunächst lernt er, sich auf Distanz nach vorne von Ihnen zu entfernen, im Anschluss daran, die Geräte auch dann zu absolvieren, wenn Sie seitlich von ihm entfernt stehen. Manche Hunde bieten das Arbeiten auf Distanz gut an und lösen sich schnell von ihrem Menschen, andere dagegen müssen dies in kleinen Schritten erlernen. Wichtig bei den folgenden Trainingsschritten ist, dass Sie die Trainingseinheiten kurz wählen und Ihren Hund motiviert halten. Gestalten Sie das Training unbedingt so, dass Ihr Hund häufig zum Erfolg kommt und dadurch seine Belohnung erhält. Der Aufbau der Distanz ist Fleißarbeit und nur mit einem motivierten Hund möglich. Achten Sie daher darauf, die Weichen für eine hohe Motivation Ihres Hundes zu stellen. Um diese zu erhalten, legen Sie ausreichend Pausen zwischen den Trainings ein.

Die Distanz nach vorne

Das Trainingsziel:

Hat Ihr Hund einen Hoop kennengelernt und durchläuft diesen sicher aus unterschiedlichen Anlaufwinkeln und aus mindestens sieben Metern Entfernung, ist es an der Zeit, zwei weitere Hoops einzuführen. Mit einer Geraden aus drei Hoops soll Ihr Hund den Distanzaufbau nach vorne erlernen. Das Ziel dieser Übung ist es, dass Ihr Hund drei Hoops auf einer Strecke von etwa 15 Metern eigenständig durchläuft. Die Hoops stehen in einer geraden Linie und jeweils im Abstand von circa sieben Metern zueinander. Der Mensch steht in geringer seitlicher Entfernung zur Lauflinie des Hundes. Neben dem Durchlaufen eines einzelnen Hoops sollte Ihr Hund ebenfalls die Startübung an einem Hoop kennen. So beherrscht er alle Grundlagen, die für den Aufbau dieses Trainings notwendig sind.

Der Trainingsaufbau:

Erster Trainingsschritt:

Bringen Sie Ihren Hund vor dem dritten Hoop in Startposition. Positionieren Sie sich räumlich etwa einen Schritt vor Ihrem Hund, sodass Sie etwas näher zu Hoop Nummer drei stehen. Die seitliche Distanz sollte bei jedem Durchgang dieses Trainings sehr gering gewählt werden. Stehen Sie deshalb immer maximal ein bis zwei Schritte seitlich von Ihrem Hund entfernt, mindestens aber auf Höhe des seitlichen Auslegers des Hoops. Starten Sie nun Ihren Hund mit Ihrem Hörzeichen, wie z.B. „Go!" zum Durchlaufen eines Hoops. Sagen Sie Ihr Markerwort beim Durchlaufen des Hoops und belohnen Sie Ihren Hund im Anschluss. Nach einem erfolgreichen Durchgang ist es Zeit für den nächsten Trainingsschritt.

Zweiter Trainingsschritt:

Bringen Sie Ihren Hund nun kurz hinter dem zweiten Hoop in die Startposition. Somit muss er weiterhin nur einen Hoop absolvieren, die Anlaufstrecke zum dritten Hoop vergrößert sich aber. Sie positionieren sich wie in der vorherigen Übung in der Mitte zwischen Hoop Nummer zwei und drei. Die seitliche Distanz von Ihnen zur Lauflinie beträgt wieder ein bis zwei Schritte und bleibt für alle weiteren Trainingsschritte zum Aufbau der Distanz nach vorne gleich. Drehen Sie sich nun mit Körperfront einschließlich Fußspitzen zu Ihrem Hund. Starten Sie Ihren Hund mit Ihrem Hörzeichen und drehen Sie sich mit ihm mit, während er an Ihnen vorbeiläuft. Denken Sie an den Lichtkegel, den Sie auf Ihren Hund werfen und drehen Sie so, dass Ihr Hund sich immer darin befindet.

Nach jedem erfolgreichen Durchgang arbeiten Sie sich in kleinen Schritten in Richtung Ihres Hundes, sodass Sie am Ende zum Start auf Höhe Ihres Hundes stehen können, um ihn von hier durch den Hoop zu schicken.

Dritter Trainingsschritt:

Positionieren Sie Ihren Hund nun zum Start mittig zwischen dem ersten und dem zweiten Hoop. Sie stehen auf Höhe von Hoop Nummer zwei. Drehen Sie sich zu Ihrem Hund und starten Sie ihn. Ihr Hund muss nun zunächst auf Sie zulaufen und dann zum ersten Mal einen Hoop in Ihre Richtung durchlaufen und anschließend auf Distanz zum nächsten Hoop weiterlaufen. Für das Durchlaufen des zweiten Hoops geben Sie erneut Ihr Hörsignal „Go". Drehen Sie auch hier immer mit Ihrem Hund mit und begleiten Sie ihn so körpersprachlich. Sagen Sie Ihr Markerwort, wenn

Eine Hilfsperson wirft den Futterbeutel für Miley.

Ihr Hund den dritten Hoop durchläuft und belohnen Sie ihn dann. Fällt es Ihrem Hund schwer, sich nach vorne von Ihnen zu lösen, ist es hilfreich, die Belohnung nach vorne zu werfen. Dafür kann eine Hilfsperson von Vorteil sein.

Durchläuft Ihr Hund sicher beide Hoops, nähern Sie sich nach jedem erfolgreichen Durchgang in kleinen Schritten Ihrem Hund. Ziel ist es, dass Sie zum Start auf Höhe Ihres Hundes stehen, also zwischen Hoop Nummer eins und zwei und ihn von dort starten können. Gehen Sie sehr kleinschrittig vor. Die größte Hürde für Sie und Ihren Hund ist es, wenn Sie vor Hoop Nummer zwei stehen und Ihr Hund eigenständig zwei Hoops durchlaufen muss. Seien Sie hier unbedingt geduldig und geben Sie Ihrem Hund Zeit, die Übung zu verstehen.

Vierter Trainingsschritt:

Voraussetzung für diesen Trainingsschritt ist, dass Ihr Hund die vorherige Übung sicher beherrscht. Positionieren Sie Ihren Hund nun hinter dem ersten Hoop, sodass sich seine Anlaufstrecke zum zweiten Hoop deutlich verlängert. Sie selbst stellen sich mittig zwischen den ersten und zweiten Hoop und starten Ihren Hund von hier. Nach jedem erfolgreichen Durchgang arbeiten Sie sich in kleinen Schritten in Richtung Ihres Hundes, bis Sie beim Start neben ihm stehen können. Klappt auch dies, ist es an der Zeit für den letzten Trainingsschritt.

Fünfter Trainingsschritt:

Bringen Sie Ihren Hund etwa drei Hundelängen vor dem ersten Hoop in Startposition. Stellen Sie sich auf Höhe des ersten Hoops. Starten Sie Ihren Hund von hier mit Ihrem Hörzeichen. Ziel ist es, dass Ihr Hund nun eigenständig alle drei Hoops in gerader Linie durchläuft. Ihr Hörzeichen „Go" können Sie an jedem Hoop erneut ansagen.

Denken Sie auch bei dieser Übung daran, dass Sie das Führen von beiden Seiten trainieren. Hierzu können Sie die Seite zum Hund nach jedem Durchgang wechseln. Sie können aber auch erst alle Trainingsschritte auf einer Seite trainieren und erst danach das Führen des Hundes von der anderen Seite.

Miley durchläuft eigenständig alle drei Hoops, während Andrea sich auf Höhe des ersten Hoops befindet.

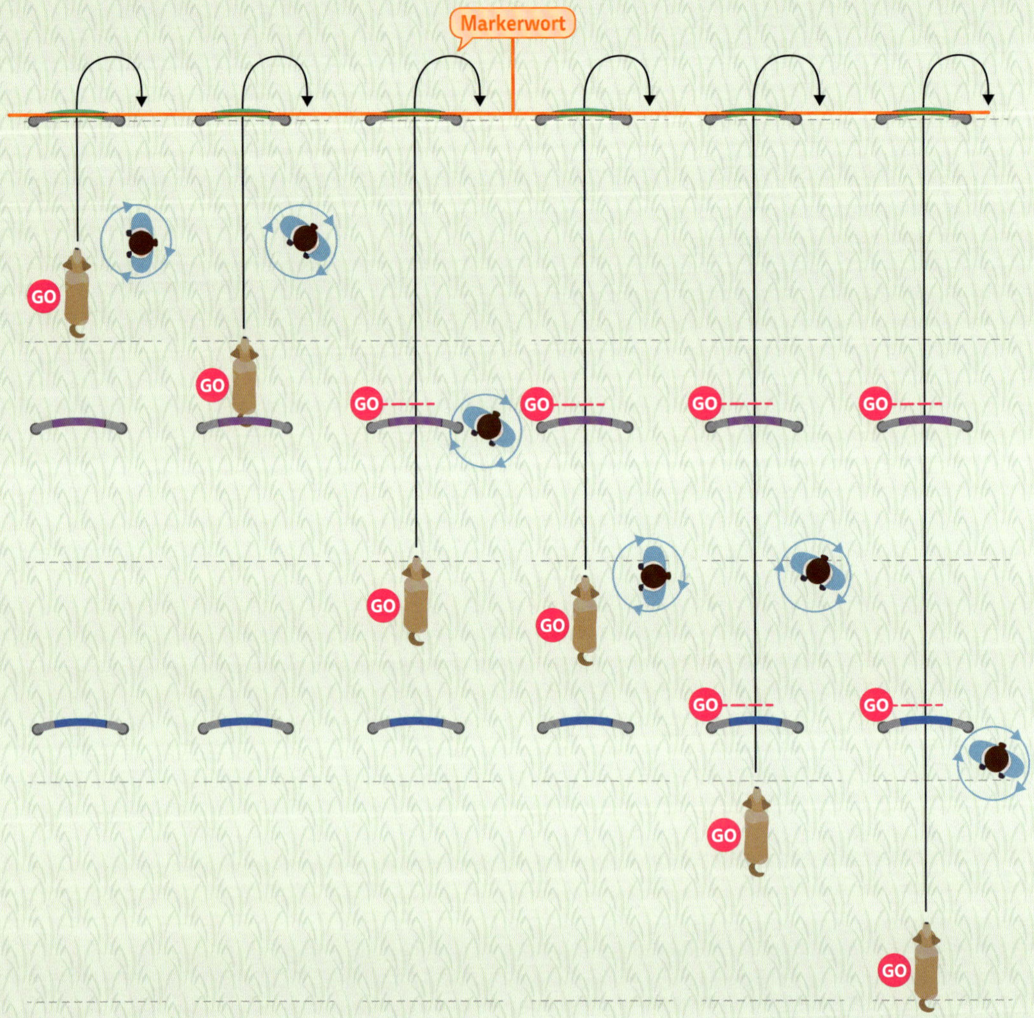

Der Hund lernt die Distanzarbeit nach vorne kennen. Der Trainingsaufbau erfolgt in kleinen Schritten. Die Distanz und die Anzahl der zu absolvierenden Geräte werden nach und nach gesteigert. Um dem Hund zu helfen, ist es hilfreich, das Signal „Go“ an jedem Hoop erneut auszusprechen.

Tipps und Tricks: Was kann ich tun, wenn es nicht klappt?

Mögliche Schwierigkeit: Beim zweiten Trainingsschritt hat Ihr Hund Startschwierigkeiten. Er läuft nicht in Ihre Richtung los.

Tipp: Es kann vorkommen, dass Ihr Hund gehemmt ist, in Ihre Richtung zu laufen. In diesem Fall empfehle ich Ihnen, die Übung „Das Loslaufen aus der Startposition" (S. 82 – 85), sowie die Übung „Die Startübung an einem Hoop" (S. 86 – 87) zu wiederholen. Erst wenn diese beiden Übungen gefestigt sind, gehen Sie wieder zur eigentlichen Übung über. Ist Ihr Hund weiterhin zögerlich, bringen Sie ihn in Startposition, legen Sie ein Spielzeug hinter dem Hoop aus und starten Sie Ihren Hund mit Ihrem Freigabesignal zum Spielzeug.

Mögliche Schwierigkeit: Im dritten Trainingsschritt durchläuft Ihr Hund Hoop Nummer zwei, dreht sich danach jedoch direkt zu Ihnen ein und läuft dadurch nicht weiter geradeaus durch den dritten Hoop.

Tipp 1: Kommt Ihr Hund nach dem zweiten Hoop direkt auf Sie zu, haben Sie die Trainingsschritte wahrscheinlich zu groß gewählt und Ihre Position zu schnell verändert. Stellen Sie sich zunächst wieder näher an den zweiten Hoop und ermöglichen Sie Ihrem Hund so einige erfolgreiche Durchgänge. Gehen Sie nun nur in kleinsten Schritten weiter nach hinten zu Ihrem Hund. Sie können ihm eine Hilfestellung bieten, indem Sie ihn mit „Go!" starten und kurz bevor er mit der Nase in den zweiten Hoop eintaucht, geben Sie Ihr Hörzeichen erneut und gehen einen Schritt auf ihn zu. Nutzen Sie den Schritt nicht dazu, um ihn mit der Schulter zum letzten Gerät drücken zu wollen. Vielmehr soll dieser Schritt in Richtung Ihres Hundes erfolgen, sodass dieser auf seiner Lauflinie bleibt. Benötigen Sie diesen Impuls beim Training, wiederholen Sie diese Übung mehrere Male und bauen die Hilfe schrittweise wieder ab.
Alternativ kann es Ihrem Hund helfen, wenn Sie eine Pylone oder ein Bodentarget am letzten Hoop platzieren. So hat Ihr Hund ein Ziel vor Augen und es fällt ihm leichter, von Ihnen weg zu arbeiten.

Tipp 2: Bleibt Ihr Hund nach dem zweiten Hoop stehen und kommt nicht direkt auf Sie zugelaufen, werden Sie zunächst nicht aktiv. Bleiben Sie auf Ihrer Position stehen und richten Ihren Blick zum letzten Hoop. Geben Sie Ihrem Hund Zeit, um eventuell noch selbst das gewünschte Verhalten anzubieten. Wiederholen Sie Ihr Hörzeichen dafür nicht.
Überlegt Ihr Hund einen Moment und durchläuft dann den dritten Hoop, belohnen Sie ihn ausgiebig. Bietet er das Verhalten nicht an und kommt stattdessen auf Sie zu oder schnüffelt am Boden, sprechen Sie ihn an, bringen ihn erneut in die Startposition und starten die Übung von vorne.

Wählen Sie nun eine Position, die Ihr Hund bereits beherrscht, sodass er einen erfolgreichen Durchgang absolvieren kann.

Mögliche Schwierigkeit: Beim dritten Trainingsschritt läuft Ihr Hund außen am zweiten Hoop vorbei.

Tipp: Es ist möglich, dass Ihre seitliche Distanz zum zweiten Hoop zu gering ist. Viele Hunde sind beim Aufbau des Trainings gehemmt, einen Hoop zu durchlaufen, wenn der Mensch zu nah daran steht. Entfernen Sie sich ein bis zwei Schritte zur Seite und starten Sie Ihren Hund erneut.

Mögliche Schwierigkeit: Im vierten und fünften Trainingsschritt durchläuft Ihr Hund die ersten beiden Hoops, nicht jedoch den dritten.

Tipp: Dies passiert, wenn die Trainingsschritte zu groß gewählt wurden. Gehen Sie noch einmal ein bis zwei Trainingsschritte zurück. Positionieren Sie sich näher am zweiten Hoop, um Ihrem Hund so die Distanz nach vorne zu erleichtern. Bleiben Sie für zwei bis drei Durchgänge in Ihrer Position, sodass Ihr Hund mehrmals zum Erfolg kommt und wieder motiviert ist. Steigern Sie die Distanz dann nur langsam.

Die seitliche Distanz

Das Trainingsziel:

Haben Sie mit Ihrem Hund den Distanzaufbau nach vorne trainiert und durchläuft er sicher drei Hoops, wenn Sie sich auf Höhe des ersten Hoops befinden, können Sie mit dem Aufbau der seitlichen Distanz beginnen.

Unter der seitlichen Distanz versteht man die Entfernung vom Menschen zum Hund zur Seite hin.

Das Ziel des Trainings ist es, dass Ihr Hund eigenständig drei Hoops in einer Linie durchläuft, während Sie bis zu 15 Meter zur Seite entfernt stehen. Dies sollte sowohl links als auch rechts vom Hund möglich sein.

Die Hoops stehen auch hier in einer geraden Linie, die Abstände zwischen den Hoops betragen etwa sieben Schritte.

Für den Aufbau der seitlichen Distanz sind viele kleine Trainingsschritte notwendig.

Bei den nachfolgenden Trainingsschritten soll Ihr Hund immer alle drei Hoops durchlaufen. Die Startposition Ihres Hundes befindet sich damit bei jedem Durchgang vor dem ersten Hoop.

Der Trainingsaufbau:

Erster Trainingsschritt:

Bringen Sie Ihren Hund etwa drei Hundelängen vor dem ersten Hoop in Startposition. Positionieren Sie sich mittig zwischen dem zweiten und dritten Hoop und gehen Sie von dort aus zwei Schritte zur Seite. Richten Sie sich mit Ihren Fußspitzen und Ihrer Körperfront zu Ihrem Hund aus. Starten Sie Ihren Hund und begleiten Sie Ihn mit Ihrem Körper, indem Sie sich mitdrehen. Stellen Sie sich wieder vor, Ihr Hund läuft in einem Lichtkegel, den Sie durch eine Lampe an Ihrem Bauch auf ihn richten. Dieses körpersprachliche Ausrichten und Führen Ihres Hundes ist ab dem Aufbau der Distanz zur Seite unabdingbar. Belohnen Sie Ihren Hund nach einem erfolgreichen Durchgang.

Verringern Sie nun die Distanz nach vorne und stellen Sie sich näher zum ersten Hoop auf, die seitliche Distanz von zwei Schritten bleibt gleich. Starten Sie Ihren Hund und belohnen Sie auch diesen Durchgang. Nach jedem erfolgreichen Absolvieren der drei Hoops gehen Sie beim Start näher in Richtung Ihres Hundes, die seitliche Distanz bleibt dabei immer gleich. Ziel dieses Trainingsschrittes ist es, dass Sie Ihren Hund auf Höhe des ersten Hoops mit der seitlichen Distanz von zwei Schritten starten können.

Zweiter Trainingsschritt:

Durchläuft Ihr Hund sicher drei Hoops in einer Linie, während Sie sich zwei Meter seitlich neben dem ersten Hoop befinden, können Sie die seitliche Distanz schrittweise weiter ausbauen. Bringen Sie Ihren Hund in Startposition und entfernen Sie sich wieder, bis Sie sich mittig von Hoop Nummer zwei und drei befinden. Auf dieser Höhe gehen Sie nun drei bis vier Schritte zur Seite. Starten Sie von hier aus Ihren Hund. Absolviert Ihr Hund diesen Trainingsschritt erfolgreich, können Sie schrittweise Ihre Position dem ersten Hoop annähern – so lange, bis Sie wieder auf Höhe des ersten Hoops stehen. Die seitliche Distanz bleibt hierbei immer gleich.

Dritter Trainingsschritt:

Um die seitliche Distanz bis auf eine gewünschte Entfernung von circa 15 Metern weiter auszubauen, gehen Sie erneut wie oben beschrieben vor. Starten Sie eine neue seitliche Distanz immer mittig zwischen Hoop zwei und drei. Dies führen Sie in vielen Durchgängen durch, solange, bis Sie die Zieldistanz erreicht haben.

Der Aufbau der seitlichen Distanz bedarf natürlich einiger Durchgänge und mehrerer Trainingseinheiten. Geben Sie Ihrem Hund Zeit, die Übung zu verstehen und die notwendige Sicherheit zu erlangen, um auf Distanz zu Ihnen zu arbeiten.

Auch der Aufbau der seitlichen Distanz muss natürlich von beiden Seiten trainiert werden.

Am besten machen Sie sich nach jedem Training Notizen zu den trainierten Positionen. So können Sie beim nächsten Training direkt auf Ihrem aktuellen Trainingsstand aufbauen.

Achten Sie darauf, die Trainingseinheiten kurz zu wählen und überfordern Sie Ihren Hund nicht. Da unsere Hunde ortsgebunden lernen, empfiehlt es sich, dass Sie die

Hoops einmal links auf Ihrer Fläche, einmal rechts und auch einmal mittig oder am Rand aufstellen. Lassen Sie Ihren Hund auch einmal am dritten Hoop starten und trainieren Sie von oben nach unten, also vom dritten zum ersten Hoop.

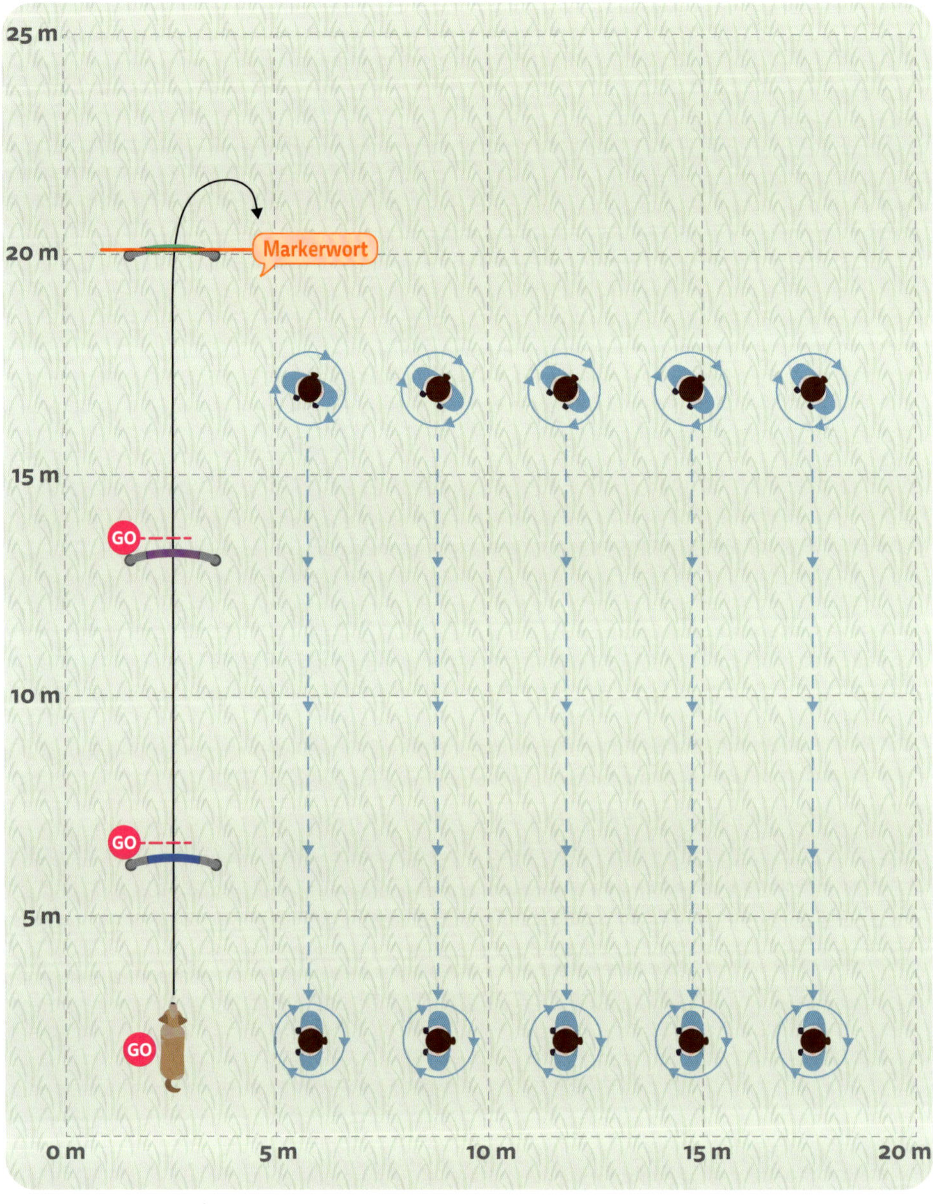

In vielen Durchgängen wird die seitliche Distanz schrittweise aufgebaut und vergrößert.

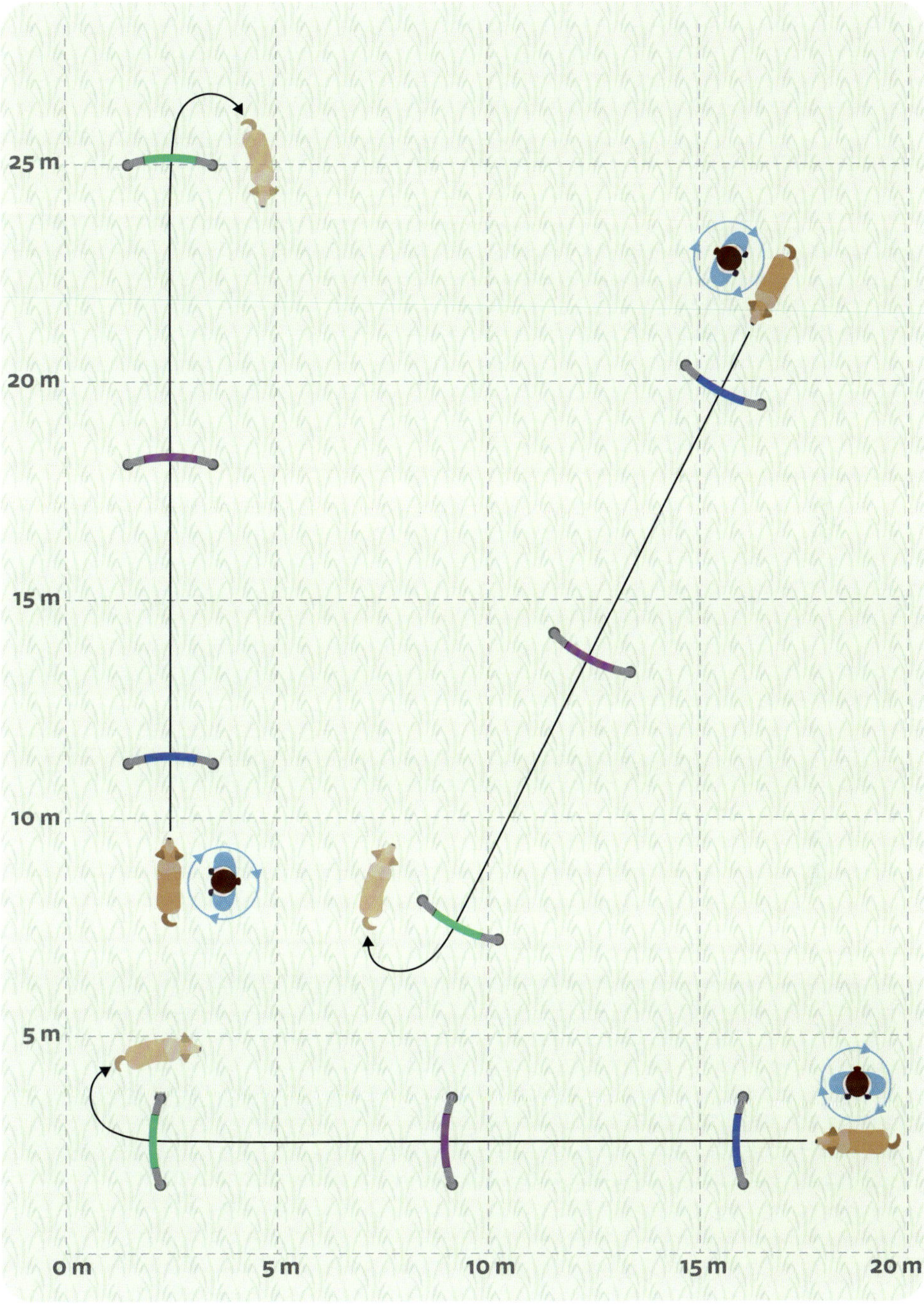

Verändern Sie immer wieder einmal die Position der drei Hoops. Stellen Sie diese auch einmal diagonal oder an der kurzen Seite der Trainingsfläche auf.

Tipps und Tricks: Was kann ich tun, wenn es nicht klappt?

Mögliche Schwierigkeit: Ihr Hund bleibt nicht auf der Geraden, sondern verlässt seine Laufinie und läuft nach dem zweiten Hoop zu Ihnen.

Tipp 1: Vielleicht haben Sie die Trainingsschritte zu groß gewählt. Gehen Sie noch einmal zu der Position zurück, von der aus Sie Ihren Hund sicher durch alle Hoops schicken können. Nach zwei erfolgreichen Durchgängen wählen Sie die Schritte kleiner, in denen Sie sich zum ersten Hoop vorarbeiten.

Tipp 2: Es kann durchaus möglich sein, dass Ihr Hund zu müde ist. Der Aufbau der Distanz nach vorn und zur Seite fordert ihn besonders mental. Auch wenn er sich noch lauffreudig zeigt, ist es möglich, dass er sich nicht mehr auf die Übung konzentrieren kann. Legen Sie eine Pause ein und wählen die folgenden Trainingseinheiten deutlich kürzer. Idealerweise machen Sie immer nach zwei bis drei erfolgreichen Durchgängen eine Pause.

Tipp 3: Eine weitere Möglichkeit ist es, dass Ihr Hund die drei Hoops noch nicht sicher genug durchläuft. Wiederholen Sie die Übungen zum Distanzaufbau nach vorne und festigen Sie diese.

Mögliche Schwierigkeit: Bei zunehmender seitlicher Distanz läuft Ihr Hund nach dem ersten oder zweiten Hoop zu Ihnen.

Tipp: Überprüfen Sie Ihre Körpersprache. Ist Ihre Körperfront immer zum Hund ausgerichtet? Wenn Sie sich zu schnell drehen und Ihr Oberkörper damit zum letzten Gerät und nicht auf Ihren Hund zeigt, ziehen Sie Ihren Hund körpersprachlich zu sich heran. In diesem Fall müssen Sie unbedingt an Ihrer Körpersprache arbeiten. Wenn Ihnen dies schwerfällt, filmen Sie sich, um danach eine Analyse durchzuführen oder lassen Sie sich von einer Hilfsperson / einem Trainer beobachten.

Mögliche Schwierigkeit: Bei zunehmender seitlicher Distanz läuft Ihr Hund nach dem ersten oder zweiten Hoop direkt zu Ihnen. Ihre Körpersprache haben Sie überprüft, hier ist alles stimmig.

Tipp: In diesem Fall können Sie Ihrem Hund über ein erneutes Hörzeichen sowie einen körpersprachlichen Impuls helfen. Starten Sie Ihren Hund und beobachten Sie ihn nun sehr genau. Sobald er ein Ohr in Ihre Richtung stellt, spätestens aber, wenn er seinen Blick und damit seinen Kopf auf Sie ausrichtet, müssen Sie ihm helfen. Sprechen Sie in diesem Moment erneut Ihr Hörzeichen (z.B. „Go!“) aus und machen Sie einen Schritt auf Ihren Hund zu. Wichtig ist, dass Ihr Schritt nicht auf das nächste Gerät, sondern zu Ihrem Hund hin ausgerichtet ist. Denken Sie hierbei immer daran, dass Sie Ihren Hund durch einen Impuls auf der angedachten Lauflinie halten möchten.

Mit Hilfe Ihres Impulses wird Ihr Hund seinen Blick wieder von Ihnen nehmen und gerade nach vorn ausrichten. Kommt zeitgleich dann Ihr Hörzeichen zum Anlaufen des nächsten Hoops, kann Ihr Hund diesen geradlinig ansteuern. Schafft Ihr Hund es, sich zu korrigieren und die korrekte Lauflinie einzuschlagen, belohnen Sie Ihn ausgiebig für den erfolgreichen Durchgang. Steigern Sie die Schwierigkeit beim nächsten Durchgang nicht, sondern wiederholen Sie den Trainingsschritt, bis Ihr Hund die seitliche Distanz sicher läuft und Sie Ihre Hilfestellung wieder abbauen können.

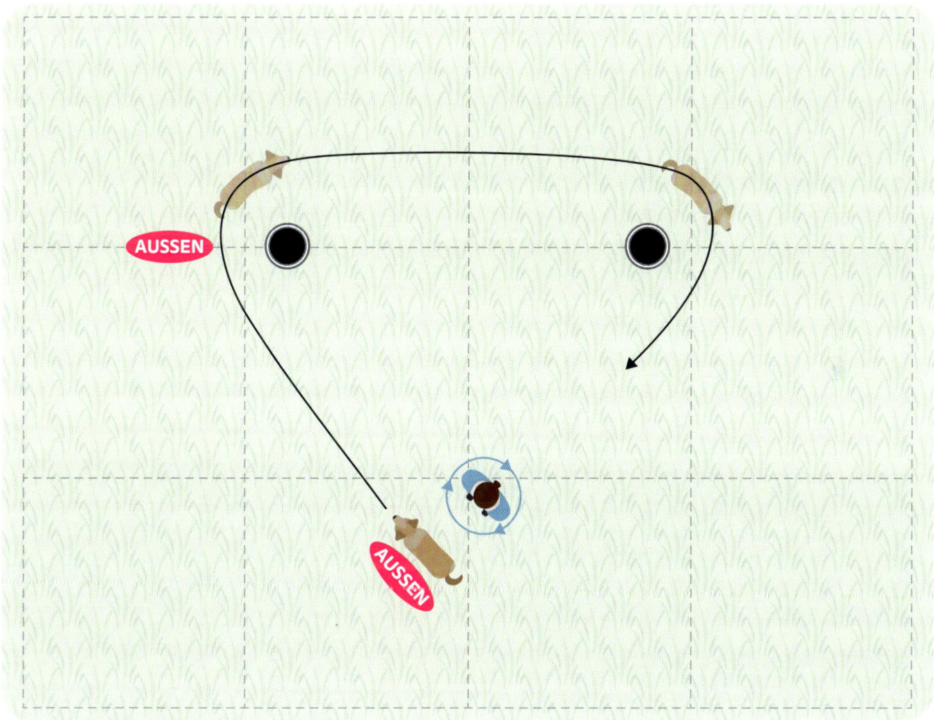

Die seitliche Distanz kann auch mit Hilfe von zwei Tonnen trainiert werden. Schicken Sie Ihren Hund mit dem Signal „Außen“ zur ersten Tonne und von dieser mit einem weiteren „Außen“-Signal weiter zur zweiten Tonne. Beginnen Sie in geringer Entfernung zu den Geräten und steigern Sie die Distanz nach und nach.

Der rechte Winkel

Das Trainingsziel:

Der rechte Winkel beschreibt den Aufbau von drei Hoops. Hierbei stehen wie bei den vorherigen Übungen drei Hoops hintereinander aufgestellt. Der erste Hoop wird schrittweise eingedreht, bis er in einem rechten Winkel zum zweiten Hoop steht. Ihr Hund soll lernen, aus einem Bogen in eine gerade Linie nach vorne zu laufen.

Der Trainingsaufbau:

Erster Trainingsschritt:

Für den ersten Trainingsschritt drehen Sie den ersten Hoop etwa um 30 Grad ein, sodass er nicht mehr ganz auf der Geraden steht, der Hund aber noch gut die nächsten beiden Hoops sehen kann. Bringen Sie Ihren Hund vor dem ersten Hoop in Startposition. Richten Sie ihn stets mittig zum ersten Hoop aus. Er soll immer einen geraden Anlaufweg zum ersten Hoop haben und sich die Lauflinie zu den weiteren Geräten erarbeiten. Um Ihren Hund zu starten, stellen Sie sich zwischen den ersten und zweiten Hoop mit geringer seitlicher Distanz. Ihr Markerwort sprechen Sie beim Durchlaufen des dritten Hoops aus und belohnen ihn danach. Ist Ihr Hund die drei Hoops ohne Zögern gelaufen, können Sie zum nächsten Trainingsschritt übergehen.

Zweiter Trainingsschritt:

Drehen Sie den ersten Hoop nun weiter ein, sodass er etwa um 60 Grad eingedreht zur Geraden steht. Bringen Sie Ihren Hund erneut in Startposition und achten Sie auch hier wieder darauf, dass er mittig zum ersten Hoop ausgerichtet ist. Sie begeben sich in dieselbe Position wie beim vorherigen Durchlauf und starten Ihren Hund von hier.

Dritter Trainingsschritt:

Nach jedem erfolgreichen Durchgang drehen Sie den Hoop etwas weiter ein, bis dieser im 90-Grad-Winkel zum zweiten Hoop steht. Wie in den vorherigen Trainingsschritten stehen Sie auch hierbei zwischen Hoop eins und zwei.

Vierter Trainingsschritt:

Durchläuft Ihr Hund die Hoops im rechten Winkel, können Sie die Distanzen zu Ihrem Hund beim Start variieren. Stellen Sie sich einmal näher zum dritten Hoop. Ein anderes Mal stehen Sie zwischen dem zweiten und dritten Hoop, vergrößern aber die seitliche Distanz. Achten Sie hierbei darauf, dass Sie zuvor ausreichend das Starttraining mit Ihrem Hund absolviert haben und dieser den Start auf eine große seitliche Distanz beherrscht. Führen Sie das Training auf beiden Seiten aus, sodass Ihr Hund den rechten Winkel links- als auch rechts geführt gleichermaßen gut beherrscht.

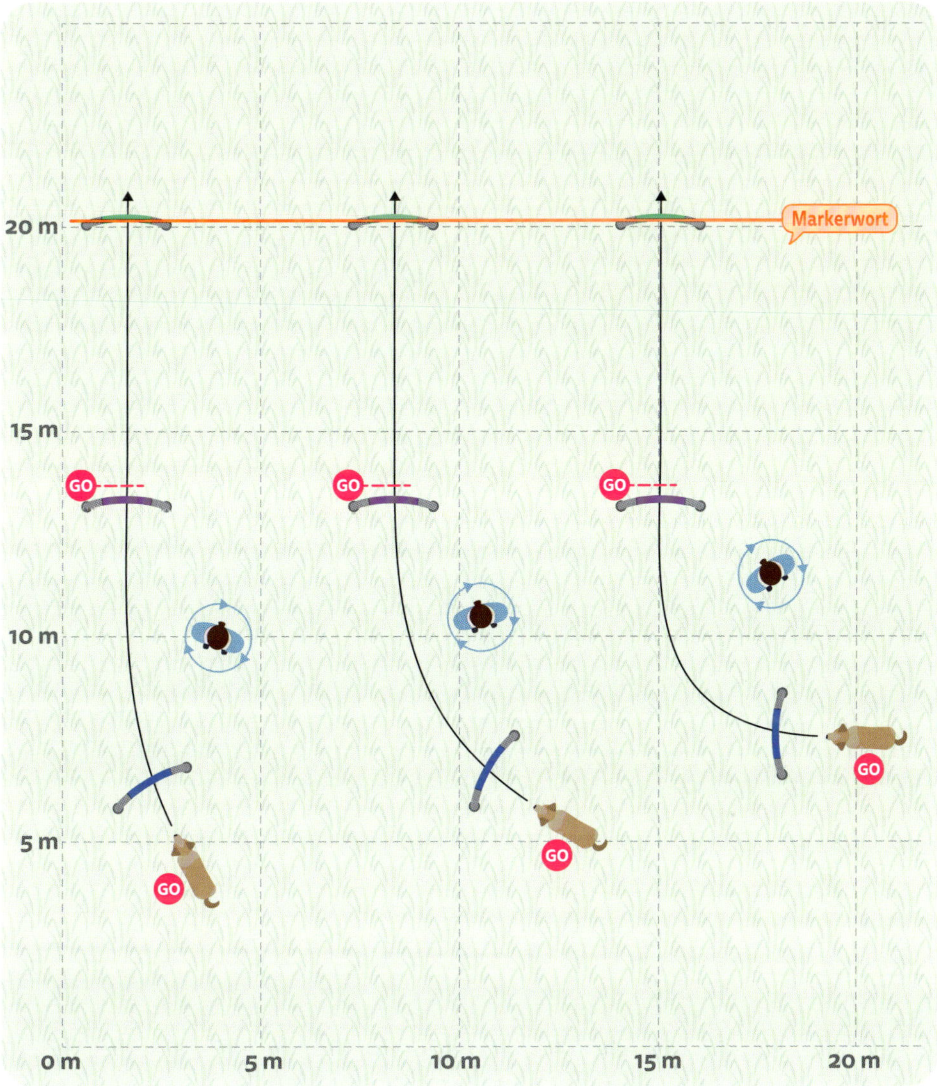

Der erste Hoop wird schrittweise eingedreht, bis er im rechten Winkel zu Hoop Nummer zwei steht. Der Hund wird immer gerade zum ersten Hoop ausgerichtet.

Der rechte Winkel sollte auch von der anderen Seite geführt werden können. Hierfür wird der erste Hoop im rechten Winkel zur linken Seite ausgerichtet und der Mensch steht auf der linken Seite der Hoops.

Tipps und Tricks: Was kann ich tun, wenn es nicht klappt?

Mögliche Schwierigkeit: Der erste Hoop ist zwischen 30 und 60 Grad eingedreht. Ihr Hund startet durch ihn hindurch, läuft dann aber am zweiten Hoop innen vorbei.

Tipp 1: Vielleicht haben Sie die seitliche Distanz zu groß gewählt. Verringern Sie diese – stellen Sie sich näher an die Lauflinie Ihres Hundes und starten Sie ihn erneut. Vergrößern Sie die seitliche Distanz nun in kleinen Schritten.

Tipp 2: Eine weitere Ursache kann sein, dass Sie den ersten Hoop zu sehr eingedreht haben. Gehen Sie einen Trainingsschritt zurück und wählen Sie den Winkel kleiner.

Mögliche Schwierigkeit: Bei geringer seitlicher Distanz beherrscht Ihr Hund die Übung. Bei zunehmender seitlicher Distanz läuft er innen am zweiten Hoop vorbei.

Tipp: Achten Sie darauf, dass Sie mit Ihrer Körperfront zum Hund ausgerichtet sind. Drehen Sie sich langsam mit und begleiten Sie ihn mit Ihrem Körper. Um zu verhindern, dass Ihr Hund am zweiten Hoop innen vorbeiläuft, verringern Sie die seitliche Distanz oder helfen Sie Ihrem Hund durch den Einsatz eines Impulses. Geben Sie etwa zwei Hundelängen vor dem zweiten Hoop ein erneutes Hörsignal und gehen Sie einen Schritt auf Ihren Hund zu, um so seinen Blick zum zweiten Hoop auszurichten.

Mögliche Schwierigkeit: Bei einem rechten Winkel und großer seitlicher Distanz läuft Ihr Hund nicht durch den ersten Hoop, sondern direkt durch den zweiten.

Tipp: Verringern Sie die seitliche Distanz und wiederholen Sie die Trainingsschritte des Starttrainings an einem Hoop sowie an zwei Hoops.

Trainieren Sie auch den rechten Winkel in kleinen Schritten. Nehmen Sie sich Zeit für viele kurze Trainingseinheiten, sodass Ihr Hund viele Wiederholungen durchführen kann, aber auch ausreichend Zeit für Pausen bekommt. Erst wenn Ihr Hund den rechten Winkel von beiden Seiten sicher beherrscht, können Sie mit der nächsten Übung starten.

Das U

Das Trainingsziel:

Beim sogenannten U handelt es sich um eine Anordnung von mindestens sechs Hoops in Form des Buchstabens U. Ziel dieser Übung ist es, dass Ihr Hund lernt, die Hoops zu absolvieren, während Sie in der Mitte des Us stehen. Sie führen Ihren Hund über den Einsatz von Hörzeichen und mit Hilfe minimaler Körpersprache, ohne mit ihm mitzulaufen.

Die Voraussetzung für das sichere Abarbeiten dieser Sequenz sind alle vorher aufgeführten Übungen. Ihr Hund muss also den Distanzaufbau nach vorne und zur Seite kennengelernt haben. Außerdem muss er den rechten Winkel von beiden Seiten sicher beherrschen und mit dem Starttraining vertraut sein, sodass er auch bei großer seitlicher Distanz zu Ihnen starten kann. Haben Sie alle vorherigen Übungen ausgiebig mit Ihrem Hund trainiert, können Sie mit dem U beginnen.

Der Trainingsaufbau:

Erster Trainingsschritt:

Stellen Sie sechs Hoops in U-Form auf. Hierfür stehen die ersten beiden Hoops in einer geraden Linie, der dritte Hoop ist eingedreht und steht im Winkel von 90 Grad wie bei der vorherigen Übung. Die übrigen drei Hoops stehen spiegelverkehrt zu den vorhandenen Hoops und bilden somit den zweiten Teil des Us.

Zweiter Trainingsschritt:

Bringen Sie Ihren Hund vor dem ersten Hoop in Startposition. Begeben Sie sich nun in die Mitte des dritten und vierten Hoops. Von hier aus gehen Sie auf Höhe des zweiten und fünften Hoops – hier ist Ihre Position für den ersten Start. Richten Sie Ihre Körperfront zu Ihrem Hund aus und starten Sie Ihn mit Ihrem Hörzeichen. Während des gesamten Laufs begleiten Sie Ihren Hund mit Ihrem Körper, ohne mitzulaufen. Drehen Sie sich an Ort und Stelle so, dass Ihr Bauchnabel immer auf Ihren Hund ausgerichtet ist – bis zum letzten Hoop. Ihr Hörzeichen geben Sie immer dann, wenn Ihr Hund ein Ohr zu Ihnen ausrichtet, spätestens aber dann, wenn er seinen Kopf zu Ihnen dreht. In diesem Fall fragt Ihr Hund bei Ihnen nach und benötigt von Ihnen eine Information. Diese geben Sie ihm über Ihr Hörsignal. Beim Durchlaufen des letzten Hoops geben Sie Ihr Markersignal. Danach belohnen Sie Ihren Hund. Trainieren Sie diesen Durchgang im Anschluss direkt von der anderen Seite.

Dritter Trainingsschritt:

Beherrscht Ihr Hund den vorherigen Trainingsschritt, beginnen Sie nun, Ihre Führposition zu verändern. Bringen Sie Ihren

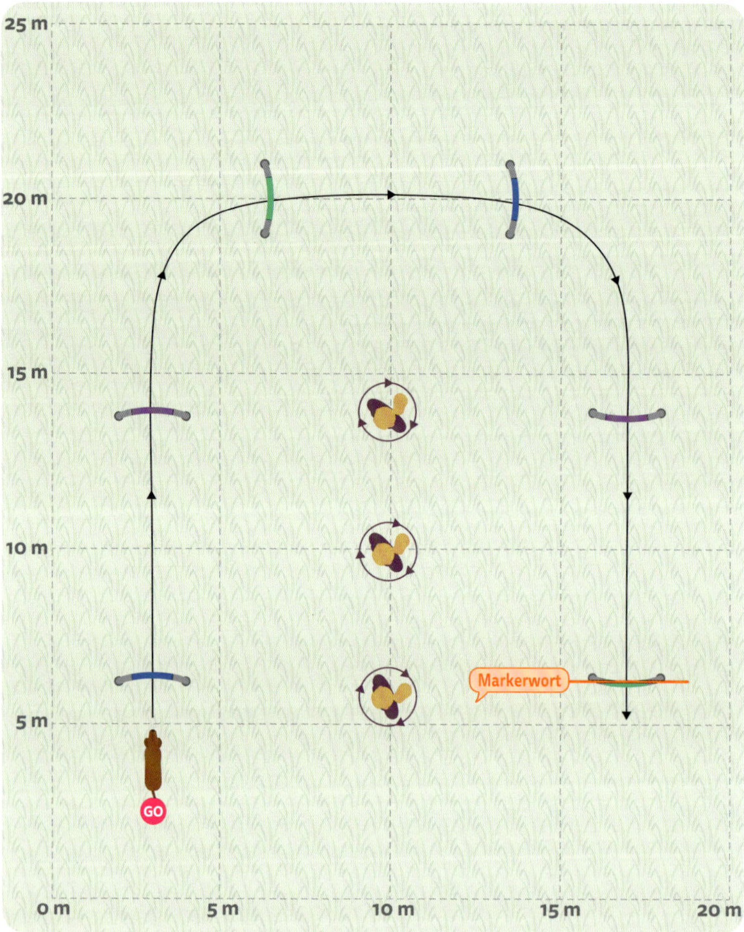

In kleinen Schritten arbeitet sich der Mensch auf der Mittellinie von oben nach unten bis auf die Höhe des ersten Hoops. Ziel ist es, dass der Mensch seinen Hund von dieser Position aus durch das U führen kann.

Hund an den Start. Begeben Sie sich nun wieder in die Mitte des dritten und vierten Hoops und gehen Sie auf dieser Mittelinie nun nicht mehr nur auf Höhe des zweiten Hoops, sondern wenige Schritte in Richtung des ersten Hoops. Führen Sie Ihren Hund nun von hier durch das U.

Wiederholen Sie auch dies von der anderen Seite.

Vierter Trainingsschritt:

Nach jedem erfolgreichen Durchgang auf beiden Seiten verändern Sie Ihre Führposition, indem Sie sich auf der Mittellinie näher in Richtung Ihres Hundes stellen. Dies machen Sie so lange, bis Sie auf der Mittellinie auf Höhe Ihres Hundes stehen können.

Fünfter Trainingsschritt:

Um das Arbeiten auf Distanz auszubauen und weiter zu festigen, ergänzen Sie die langen Seiten des U's um zwei weitere Hoops, sodass das U nun aus acht Hoops besteht – jeweils drei Hoops an den langen Seiten und zwei Hoops an der kurzen Seite. Führen Sie nun am großen U die Trainingsschritte eins bis vier wie vorher beschrieben durch.

Können Sie Ihren Hund von der Mittellinie aus durch das große U führen, ist es Zeit für den letzten Trainingsschritt.

Sechster Trainingsschritt:

Ihr Hund soll nun lernen, das U auch dann zu absolvieren, wenn Sie Ihren Führbereich innerhalb des U's variieren. Dadurch ergeben sich immer neue Distanzen zu Ihrem

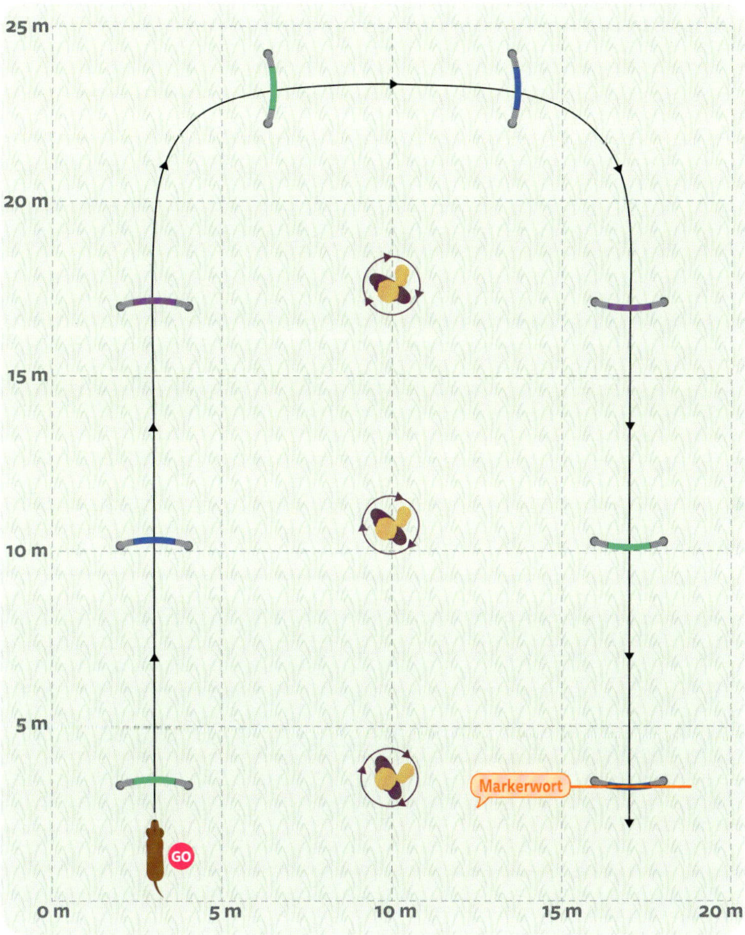

Durch zwei weitere Hoops werden die langen Seiten des Us ergänzt und dadurch die Distanz erweitert.

Hund. Einmal muss er sehr nah an Ihnen vorbeilaufen, um im Anschluss die Entfernung zu Ihnen deutlich zu vergrößern und umgekehrt.

Bringen Sie Ihren Hund hierfür immer vor dem ersten Hoop in Startposition und wählen Sie unterschiedliche Führpositionen innerhalb des U's. Nach jedem erfolgreichen Durchgang wählen Sie eine andere, neue Position aus. Stellen Sie sich auch einmal recht nah an einen Hoop heran, sodass Ihr Hund auch lernt, mit dieser Situation umzugehen.

Denken Sie auch bei dieser Übung daran, beide Seiten gleichermaßen zu trainieren.

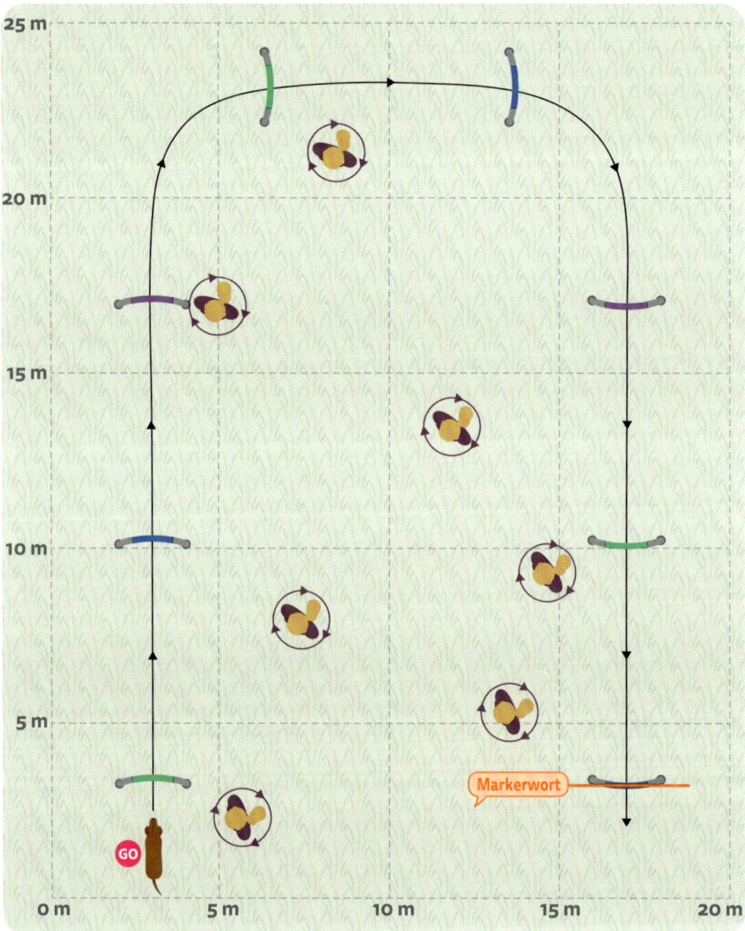

Durch die verschiedenen Führbereiche ergeben sich neue Distanzen und Schwierigkeiten.

Tipps und Tricks : Was kann ich tun, wenn es nicht klappt?

Mögliche Schwierigkeit: Ihr Hund läuft am Winkel innen vorbei

Tipp: Wiederholen Sie die Übung des rechten Winkels.

Mögliche Schwierigkeit: Ihr Hund läuft an einem beliebigen Hoop nach innen auf Sie zu.

Tipp 1: Überprüfen Sie Ihre Körpersprache. Waren Sie mit Ihrem Bauchnabel immer zum Hund ausgerichtet? Oder haben Sie sich schon zum nächsten Gerät gedreht? Wenn Sie Ihre Körperfront vom Hund wegdrehen, kann dies dazu führen, dass Ihr Hund zu Ihnen kommt, um wieder vor Ihnen zu sein. Sind Sie unsicher? Dann filmen Sie sich beim Training, um Ihre Körpersprache im Anschluss analysieren zu können.

Tipp 2: Haben Sie die Trainingseinheit zu lange gestaltet? Müden Hunden fällt es schwer, auf Distanz zu arbeiten. Legen Sie eine Pause ein, bevor Sie die Übung wiederholen.

Tipp 3: Wenn Sie beobachten, dass Ihr Hund ein Ohr in Ihre Richtung dreht, spätestens jedoch, wenn er seinen Blick und damit seinen Kopf zu Ihnen richtet, geben Sie erneut Ihr Hörsignal und helfen gegebenenfalls durch den Einsatz eines körpersprachlichen Impulses, indem Sie einen Schritt in Richtung Ihres Hundes machen.

Das U ist die wichtigste Grundlage für das Führen des Hundes in einem Parcours. Es rundet die wichtigsten Basisübungen ab und verlangt vom Hund das konzentrierte Arbeiten auf Distanz. Der Mensch kann beim U das Führen aus Distanz wunderbar trainieren, um so das Drehen und Ausrichten auf den Hund zu verinnerlichen.

Läuft Ihr Hund das U aus allen möglichen Führbereichen mit nur wenigen Hörsignalen und ohne den Einsatz körpersprachlicher Impulse, können Sie seinen Kenntnisstand überprüfen. Setzen Sie sich mit einem Stuhl in die Mitte des U's und starten Sie Ihren Hund. Schaffen Sie es, ihn nur unter Einsatz Ihrer Hörzeichen durch das U zu schicken?

7. Die Führelemente

Damit Sie Ihren Hund durch den Parcours führen und leiten können, muss dieser zunächst einmal alle Geräte sowie die Arbeit auf Distanz kennen. Neben dem Führen durch Hörzeichen und mit Hilfe der Körpersprache gibt es weitere Signale und Führelemente, die man mit seinem Hund trainieren kann, um ihn auf viele unterschiedliche Situationen in einem Parcours vorzubereiten. Hierzu gehören: Das Arbeiten im Rücken des Menschen, auf Distanz nach vorne arbeiten und dabei Verleitungen ausblenden, Richtungswechsel auf den Menschen zu und vom Menschen weg sowie das Arbeiten in Richtung des Menschen.

All diese Elemente sollten separat trainiert werden, bevor Sie in einer Sequenz oder einem Parcours vom Hund gefordert werden.

Das Signal „Hasi" – in Richtung des Menschen arbeiten

Für das Arbeiten in Richtung des Menschen verwende ich das Signal „Hasi". Natürlich sind hier auch andere Signale wie etwa „ZuZu" möglich. Wichtig ist, dass das Signal sich von den übrigen verwendeten Signalen und vom Namen des Hundes abhebt. Der Einsatz des Rückrufsignals ist ebenfalls nicht geeignet, da der Hund auf das Signal „Hasi" zwar in die Richtung des Menschen laufen, nicht jedoch bis ganz zu ihm hinkommen oder sogar vorsitzen soll. Da ich mit Jimmy im Training zunächst das Signal „ZuZu" verwendet, dies aber nicht ordentlich aufgebaut hatte, wollte ich den Trainingsaufbau noch einmal neu beginnen und hierfür ein neues, unbekanntes Wort einführen. Auf der Suche nach einem Wort, was sich von allen bisher verwendeten Signalen abhob, kam mir „Hasi" in den Sinn. Da es zudem noch einen lustigen Effekt hat, wenn Jimmy auf das Signal „Hasi" die Ohren spitzt und in meine Richtung arbeitet, stand schnell fest, dass dies unser neues Signal werden sollte.

Das Trainingsziel:

Auf „Hasi" soll Ihr Hund in Ihre Richtung laufen. Das Signal kann zum Einsatz kommen, wenn Ihr Hund beispielsweise nach einer Tonne oder einem Hoop nicht geradeaus weiterlaufen, sondern die Geräte in Ihre Richtung absolvieren soll. Auch um einen Richtungswechsel wie das „Weg" einzuleiten oder das „Rum" aus dem Lauf heraus einzuleiten, wird dieses Signal benötigt. Es ist wichtig, dass Sie für diese Übung nicht Ihr Rückrufsignal verwenden. Ihr Hund soll schließlich nur in Ihre Richtung arbeiten, nicht jedoch seinen Lauf unterbrechen und auf direktem Weg zu Ihnen kommen.

Der Trainingsaufbau:

Erster Trainingsschritt:

Schicken Sie Ihren Hund in den Freilauf. Dies kann auf einem eingezäunten Gelände sein oder auch auf dem Spaziergang. Können Sie Ihren Hund nicht freilaufen lassen und steht Ihnen kein eingezäuntes Gelände zur Verfügung, sichern Sie ihn mit Geschirr und Schleppleine. Warten Sie, bis Ihr Hund für einen kurzen Moment unaufmerksam ist und locken Sie ihn dann mit Schnalzen und Rückwärtsgehen zu sich. Sobald er sich in Ihre Richtung bewegt, sprechen Sie das neue Signal „Hasi" aus. Loben und belohnen Sie Ihren Hund, sobald er bei Ihnen ist und lösen Sie die Übung direkt im Anschluss auf.

Nutzen Sie für die Übung eine hochwertige Belohnung, schließlich soll Ihr Hund gerne auf Sie zukommen. Ein Vorsitzen sollten Sie nicht einfordern, denn das neue Signal bedeutet lediglich, dass er in Ihre Richtung laufen soll.

Wiederholen Sie diesen Trainingsschritt mehrere Male an unterschiedlichen Orten.

Zweiter Trainingsschritt:

Haben Sie den ersten Trainingsschritt mehrfach wiederholt, überprüfen Sie, ob Ihr Hund eine Verknüpfung zum neuen Signal erstellt hat. Warten Sie wieder, bis Ihr Hund kurz unaufmerksam ist, sprechen Sie dann das Signal „Hasi" aus und warten Sie, ob Ihr Hund die Ohren spitzt und in Ihre Richtung läuft. Klappt dies, hat Ihr Hund das neue Hörzeichen verstanden. Denken Sie daran, das richtige Verhalten immer zu belohnen. Wiederholen Sie diese Übung

Regina hat Hugo in den Freilauf geschickt und wartet einen Moment ab, in dem er unaufmerksam, aber dennoch gut ansprechbar ist.

Dann lockt sie ihn zu sich und spricht das neue Signal „Hasi" aus. Bei ihr angekommen, erhält er eine Belohnung.

noch einige Male in unterschiedlichen Situationen und an unterschiedlichen Orten.

Dritter Trainingsschritt:

Bringen Sie Ihren Hund ins Bleib und entfernen Sie sich etwa sieben Schritte nach vorn. Drehen Sie sich zu Ihrem Hund um und sprechen Sie nun Ihr neues Hörzeichen „Hasi" aus, damit Ihr Hund auf Sie zuläuft. Sollte er auf das verbale Signal nicht sofort starten, helfen Sie ihm, indem Sie ein paar Schritte rückwärtsgehen und eine einladende Geste mit Ihrem Arm machen. Diese Hilfestellung können Sie nach ein paar erfolgreichen Durchgängen wieder schrittweise abbauen. Loben Sie Ihren Hund, sobald er auf Sie zukommt und belohnen Sie ihn, sobald er bei Ihnen ist. Wiederholen Sie diesen Trainingsschritt mehrere Male. Verändern Sie nach jedem erfolgreichen Durchgang die Position zu Ihrem Hund, sodass er lernt, aus unterschiedlichsten Anlaufwinkeln auf Sie zuzulaufen. Das Hörzeichen „Hasi" ist eines der wenigen Signale, bei welchen ich ab und an ein Sichtzeichen einsetze. Hier bietet sich die Gegenhand an, die Sie einladend zur Seite ausstrecken können. Verstärkend dazu bietet es sich an, sich etwas mit der Gegenhand (die Hand auf der vom Hund abgewandten Körperseite) wegzudrehen. Beim Signal „Hasi" soll der Hund die Laufinie nach vorne verlassen und in Ihre Richtung schauen, sodass es sich anbietet, ein Sichtzeichen zu verwenden. Für weitere Führelemente wie das „Rum" und das „Weg" kann dieses Signal ebenfalls zur Einleitung hilfreich sein. Trainieren Sie das Hörzeichen „Hasi" daher gerne mit und ohne den Einsatz von Sichtzeichen, so können Sie beide Varianten anwenden.

Hugo wartet im Sitz-Bleib, bis Regina…

…„Hasi" ruft. Daraufhin galoppiert er sofort zu ihr.

Tipps und Tricks: Was kann ich tun, wenn es nicht klappt?

Mögliche Schwierigkeit: Ihr Hund reagiert nicht, wenn Sie Ihn durch Schnalzen locken.

Tipp: Verringern Sie die Umgebungsreize und starten Sie die Übung in reizarmer Umgebung. Sie können diese Übung auch zuhause in den eigenen vier Wänden starten und aufbauen. Führt Ihr Hund die Trainingsschritte eins und zwei sicher aus, steigern Sie die Reize wieder. Wiederholen Sie die Übung im Garten. Erst wenn es auch dort klappt, führen Sie die Übung auf dem Spaziergang oder dem Trainingsgelände aus. Häufig ist es auch hilfreich, wenn Sie zuvor eine kleine Übung mit Ihrem Hund machen, sodass er bereits aufmerksam ist. Starten Sie vor der eigentlichen Übung zum Beispiel mit einer kleinen Futtersuche.

Der einfache Richtungswechsel

Das Trainingsziel:

Der einfache Richtungswechsel ist eher eine Führübung für den Menschen als für den Hund. Bei diesem Richtungswechsel soll Ihr Hund die Laufrichtung ändern. Läuft er in einem Parcours zum Beispiel rechtsherum in einem Außenkreis, soll er nun auf Sie zu arbeiten, an Ihnen vorbei und im Anschluss im Außenkreis links herum laufen. Der Hund führt somit einen Handwechsel durch. Als Mensch leiten Sie diesen Richtungswechsel durch Ihr Hörzeichen „Hasi" ein. Vor, während und nach dem Richtungswechsel bleibt Ihre Körperfront auf Ihren Hund ausgerichtet, Sie drehen sich konstant mit Ihrem Hund mit. Läuft Ihr Hund auf der rechten Hand, also rechtsherum, drehen Sie sich zeitgleich ebenfalls nach rechts, nach dem Handwechsel läuft Ihr Hund linksherum, Sie drehen sich dann also auch links herum.

Notwendige Geräte:
2 Tonnen, 2 Gates, oder 1 Tonne und 1 Gate.

Der Trainingsaufbau:

Erster Trainingsschritt:

Der Trainingsaufbau erfolgt in einer aus zwei Tonnen bestehenden Sequenz. Stellen Sie zwei Tonnen (oder alternativ Gates) im Abstand von mindestens zehn Schritten zueinander auf. Stellen Sie sich zwischen die beiden Geräte und positionieren Sie Ihren Hund so vor sich, dass er gerade mit Blick zur Tonne ausgerichtet ist. Starten Sie ihn mit dem Hörzeichen „Außen", damit er die Tonne umläuft. Sobald er sich an der Tonne befindet, sprechen Sie ihn mit „Hasi" an. Beginnen Sie so, dass Ihr Hund die Tonne von rechts nach links umläuft. Strecken Sie nun Ihren rechten Arm so zur Seite aus, dass Ihr Hund nach dem Umlaufen der Tonne von deren linken Seite vor Ihnen kreuzt und auf Ihre rechte Seite läuft. Begleiten Sie Ihren Hund hierbei mit Ihrer Körperfront. Kurz bevor Ihr Hund sich auf Ihrer Höhe befindet, geben Sie erneut Ihr Hörzeichen „Außen", sodass Ihr Hund die zweite Tonne von links nach rechts umläuft. Bei dieser Übung drehen Sie sich zwischen den beiden Hindernissen mit, Ihr Hund umläuft diese in Form einer Acht. Wiederholen Sie die Übung von der anderen Seite.

Zweiter Trainingsschritt:

Bauen Sie Ihr Sichtzeichen in kleinen Schritten ab, damit Ihr Hund immer feiner auf Ihre Hörzeichen reagiert.

Dritter Trainingsschritt:

Tauschen Sie die Geräte aus und trainieren die Übung an unterschiedlichen Gerätekombinationen.

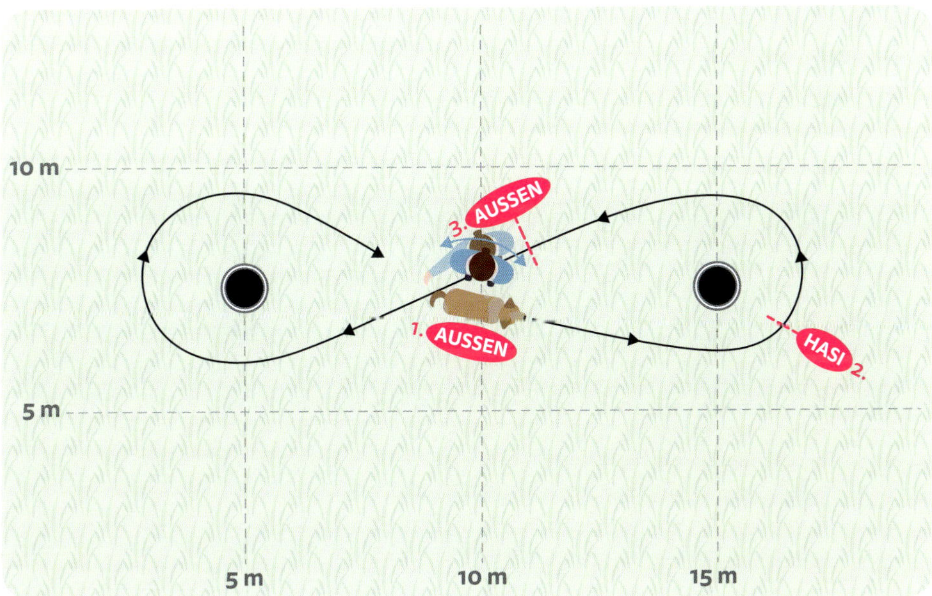

Vierter Trainingsschritt:

Erhöhen Sie schrittweise die Distanz zwischen den Geräten, sodass diese mindestens 15 Meter voneinander entfernt stehen, wenn Sie Ihren Hund aus der Mitte führen.

Regina schickt Hugo um die Tonnen und trainiert den einfachen Richtungswechsel.

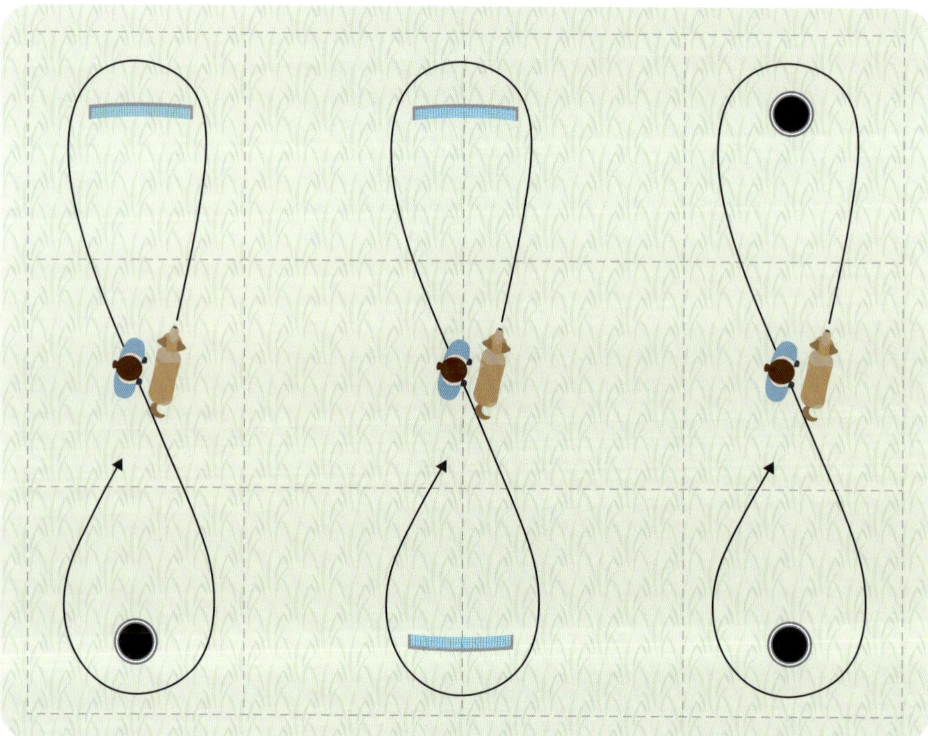

Das Signal „Rum“ – hinter dem Rücken des Menschen arbeiten

Das Trainingsziel:

Auf das Signal „Rum“ soll Ihr Hund ein Gerät, das sehr nah bei Ihnen steht, hinter Ihrem Rücken absolvieren. Bei dem Gerät kann es sich sowohl um einen Hoop als auch eine Tonne, ein Gate oder auch den Tunnel handeln. Als Voraussetzung für diese Übung sollte Ihr Hund bereits das Umlaufen einer Pylone beherrschen. Ebenfalls sollte er mit den genannten Geräten vertraut sein.

Der Trainingsaufbau:

Erster Trainingsschritt:

Die ersten Trainingsschritte führen Sie an der Pylone aus. Stellen Sie sich so vor der Pylone auf, dass Sie diese im Rücken haben. Positionieren Sie Ihren Hund vor sich, nach Möglichkeit etwas seitlich ausgerichtet, sodass er zu Ihrer linken Hand schaut. Führen Sie ihn nun mit der linken Hand um die Pylone hinter Ihrem Rücken. Drehen Sie sich so weit wie notwendig mit, versuchen Sie aber, möglichst gerade stehen zu bleiben und nicht mit den Füßen nachzurücken. Idealerweise bewegt man die Füße gar nicht und hilft nur mit dem Oberkör-

Mit einem Futterstück in der Hand lockt Caro Fay um die Pylone hinter ihrem Rücken.

per. Die Drehung des Oberkörpers soll im Trainingsverlauf dann wieder abgebaut werden.
Sobald Ihr Hund sich direkt hinter der Pylone befindet, sagen Sie Ihr Markerwort. Wechseln Sie dann Ihre Hand und nehmen Sie Ihren Hund auf Ihrer rechten Seite mit der rechten Hand an, aus der Sie auch die Belohnung werfen. Gerne können Sie für die ersten Durchgänge Futter in die Hand nehmen, um Ihren Hund damit zu locken. Hat die Übung von links nach rechts gut geklappt, wiederholen Sie den Durchgang von der anderen Seite.

Zweiter Trainingsschritt:

Können Sie Ihren Hund zuverlässig um die hinter Ihrem Rücken stehende Pylone locken, führen Sie das Hörzeichen „Rum" ein. Sprechen Sie das neue Signal immer aus, sobald sich Ihr Hund in Bewegung setzt. Hatten Sie bisher Futterstücke in Ihrer Hand, versuchen Sie diese nach einigen Wiederholungen wegzulassen. Sagen Sie Ihr Markerwort immer dann, wenn sich Ihr Hund genau hinter der Pylone befindet. Nehmen Sie ihn wieder mit Ihrer anderen Hand an und belohnen in daraus oder werfen Sie die Belohnung nach vorne.
Wiederholen Sie die Übung von beiden Seiten, bis Sie Ihren Hund sicher hinter Ihrem Rücken um die Pylone schicken können.

Dritter Trainingschritt:

Beginnen Sie nun die Hilfestellung durch Ihre Hand schrittweise abzubauen. Führen Sie Ihren Hund nicht mehr um die Pylone, sondern zeigen Sie nur noch darauf.
Reduzieren Sie bei jedem weiteren Durchlauf die Körperhilfen, bis Sie Ihren Hund ausschließlich mit dem verbalen Signal „Rum" um die Pylone schicken können.

Bereits nach wenigen Durchgängen genügt es, dass Caro mit der leeren Hand auf die Pylone zeigt. Fay umläuft diese, ohne zu zögern.

Caro blickt über die Schulter zur Pylone und schickt Fay mit dem Signal „Rum" los.

Daraufhin läuft Fay zur Pylone und umrundet diese.

Ist Ihr Hund sich nicht sicher, von welcher Seite er die Pylone anlaufen soll, richten Sie Ihren Blick zur gewünschten Seite.

Vierter Trainingsschritt:

Lässt sich Ihr Hund auf Ihr Hörzeichen hin um die hinter Ihnen stehende Pylone schicken, können Sie beginnen, mehr Distanz zur Pylone aufzubauen. Positionieren Sie sich nun etwa einen Schritt vor der Pylone und bringen Sie Ihren Hund vor sich. Schicken Sie ihn mit Ihrem Hörzeichen „Rum" wieder um die Pylone hinter Ihrem Rücken. Nach einem erfolgreichen Durchgang von beiden Seiten vergrößern Sie Ihre Distanz zur Pylone um einen weiteren Schritt. So gehen Sie vor, bis Sie fünf bis sieben Schritte vor der Pylone stehen können. Eine noch größere Distanz zur Pylone ist nicht notwendig, da das „Rum" nur für Geräte eingesetzt wird, die nah am Führbereich und damit nah beim Menschen stehen.

Fünfter Trainingsschritt:

Im nächsten Trainingsschritt soll Ihr Hund lernen, die Pylone in Ihrem Rücken auch dann zu umlaufen, wenn er bereits in Bewegung ist und in Ihre Richtung läuft. Dazu muss er das Signal „Hasi" bereits erlernt haben. Bringen Sie Ihren Hund etwa acht Schritte von der Pylone entfernt ins Sitz oder Platz und lassen ihn dort warten. Stellen Sie sich etwa drei Schritte vor der Pylone auf, sodass Sie frontal zu Ihrem Hund stehen und die Pylone sich in Ihrem Rücken befindet. Hund, Mensch und Gerät sollten eine Linie bilden. Bringen Sie Ihren Hund nun mit Hilfe Ihres Hörzeichens „Hasi" dazu, auf Sie zuzulaufen. Damit er weiß, dass er beispielsweise zu Ihrer rech-

ten Seite laufen soll, helfen Sie ihm, indem Sie die rechte Hand zur Seite ausstrecken. Ihren Kopf drehen Sie ebenfalls nach rechts mit Blick zur Hand. Kurz bevor Ihr Hund Ihre rechte Hand erreicht hat, sprechen Sie das Signal „Rum“ aus, sodass Ihr Hund die die Pylone von Ihrer rechten Seite umlaufen wird.
Sobald sich Ihr Hund hinter der Pylone befindet, schauen Sie über die linke Schulter nach hinten und nehmen Sie Ihren Hund auf Ihrer linken Seite an. Ihr Markerwort sprechen Sie idealerweise dann aus, während Ihr Hund sich hinter der Pylone befindet. Die Belohnung erfolgt, sobald sich Ihr Hund auf Ihrer Höhe befindet. Wiederholen Sie diesen Trainingsschritt mehrmals von beiden Seiten.

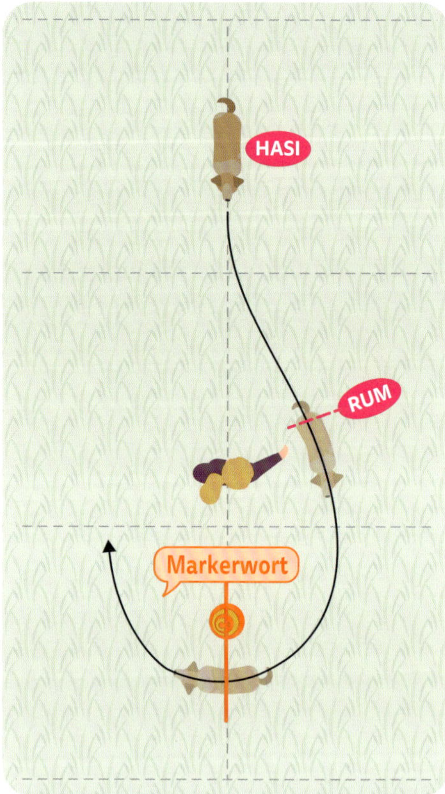

Sechster Trainingsschritt:

Nach jedem erfolgreichen Durchgang können Sie Ihre Sichtzeichen schrittweise reduzieren. Ist Ihr Hund sehr achtsam, genügt es häufig, wenn Sie Ihren Kopf in die Richtung drehen, aus der Ihr Hund die Pylone anlaufen soll. Wichtig ist, dass Sie beim Training des Signals „Rum“ immer nach vorne ausgerichtet bleiben und sich nicht mit den Füßen oder dem Oberkörper mitdrehen.

Siebter Trainingsschritt:

Steigern Sie nun schrittweise die Distanz zur Pylone, sodass diese bis zu sieben Schritten hinter Ihnen stehen kann. Ihren Hund setzen Sie dementsprechend weiter entfernt ab.

Fay hat das Signal „Rum“ verstanden und führt die Übung auch aus einer größeren Distanz aus.

Achter Trainingsschritt:

Tauschen Sie die Pylone durch die Geräte Tonne, Gate, Hoop und Tunnel aus. Ihr Hund soll lernen, all diese Geräte ebenfalls in Ihrem Rücken zu absolvieren. Soll Ihr Hund einen Hoop oder den Tunnel in Ihrem Rücken durchlaufen, achten Sie darauf, dass die Geräte so stehen, dass Ihr Hund diese gerade durchlaufen kann, während er einen Bogen hinter Ihnen läuft. Bei einem Hoop zeigt in diesem Fall ein Ausleger zu Ihrem Rücken, beim Tunnel zeigt die Tunnelseite zu Ihnen.

Lotta kennt das Signal „Rum" bereits. Anstelle der Pylone umläuft sie die Tonne in Viktorias Rücken.

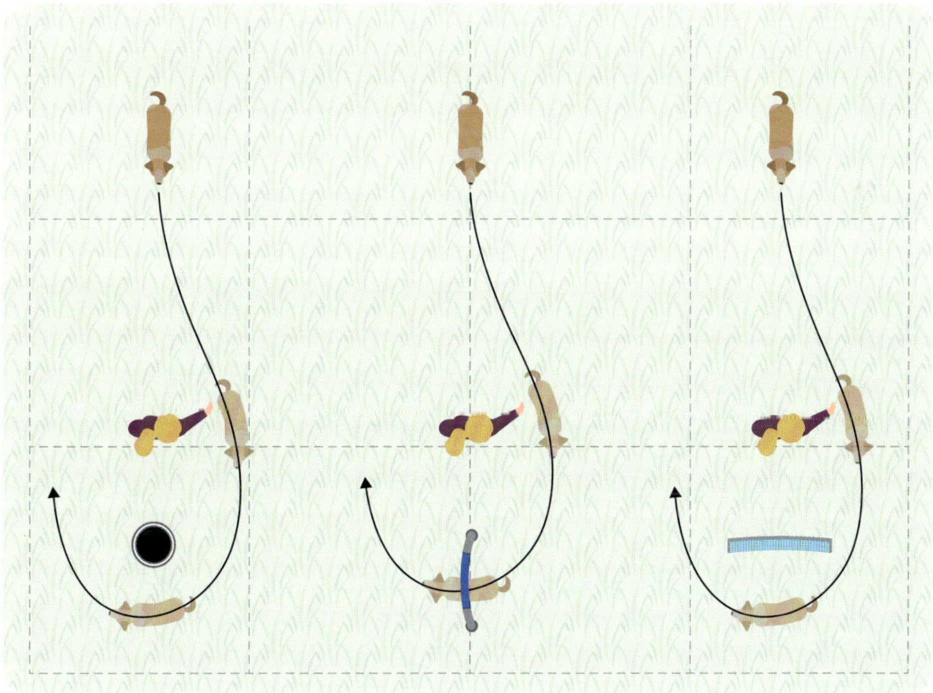

Tipps und Tricks: Was kann ich tun, wenn es nicht klappt?

Mögliche Schwierigkeit: Ihr Hund läuft hinter Ihren Rücken, umläuft/durchläuft das Gerät aber nicht.

Tipp: Gestalten Sie die Übung leichter, indem Sie Ihre Distanz zum jeweiligen Gerät verringern. Nach mindestens zwei erfolgreichen Durchgängen steigern Sie die Distanz in kleinen Schritten.

Sequenztraining mit dem Führelement „Rum"

Hat Ihr Hund das Signal „Rum" verstanden und setzt es an den unterschiedlichen Geräten sicher um, können Sie beginnen, dieses Führelement auch in Sequenzen, also in Abfolgen mehrerer Geräte hintereinander, zu trainieren. Hierfür benötigen Sie zwei Geräte, am besten eignen sich dafür Tonnen und Gates. Die Geräte befinden sich in einem Abstand von mindestens zehn Schritten zueinander.

Das Trainingsziel:

Bei diesem Sequenztraining soll Ihr Hund lernen, die Geräte vor und hinter Ihnen zu absolvieren.

Der Trainingsaufbau:

Erster Trainingsschritt:

Begeben Sie sich mit Ihrem Hund in die Mitte der beiden Geräte. Richten Sie sich so aus, dass die Geräte seitlich von Ihnen stehen, also ein Gerät zu Ihrer Linken und eins zu Ihrer Rechten. Ihren Hund positionieren Sie so vor sich, dass er mit Blick zu einem Gerät steht. Starten Sie Ihren Hund nun mit Ihrem Hörsignal „Außen" und drehen sich mit, wenn er das erste Gerät umläuft. Hat er das Hindernis umlaufen, rufen Sie ihn mit Ihrem Signal „Hasi" zu sich. Sobald er auf Sie zuläuft, drehen Sie sich für das Signal „Rum" jedoch nicht weiter mit, sondern bleiben mit dem Rücken zum zweiten Gerät stehen. Kurz bevor Ihr Hund bei Ihnen ist, sagen Sie „Rum", damit er das Gerät in Ihrem Rücken absolvieren kann. Gerne können Sie Ihr Sichtzeichen für das „Hasi“ einsetzen, damit für Ihren Hund deutlich wird, von welcher Seite er das Gerät in Ihrem Rücken anlaufen soll. Hat er es umlaufen, sagen Sie Ihr Markerwort und belohnen Sie ihn. Wiederholen Sie die Übung auch von der anderen Seite.

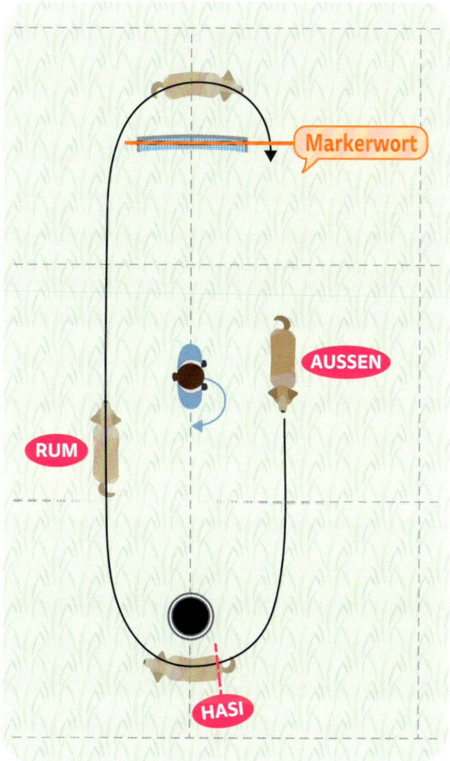

Zweiter Trainingsschritt:

Damit Ihr Hund die Übung nicht mit der vorgegebenen Gerätekombination verknüpft, tauschen Sie nun die Geräte aus. Hatten Sie beim ersten Trainingsschritt zwei Tonnen, ersetzen Sie diese nun durch zwei Gates oder nutzen Sie ein Gate und eine Tonne. Sie können auch eine Tonne und einen Hoop verwenden. Der Tunnel sollte bei dieser Geräteanordnung eher nicht zum Einsatz kommen, da der Anlaufwinkel für Ihren Hund sonst sehr steil werden kann. Trainieren Sie unterschiedliche Variationen.

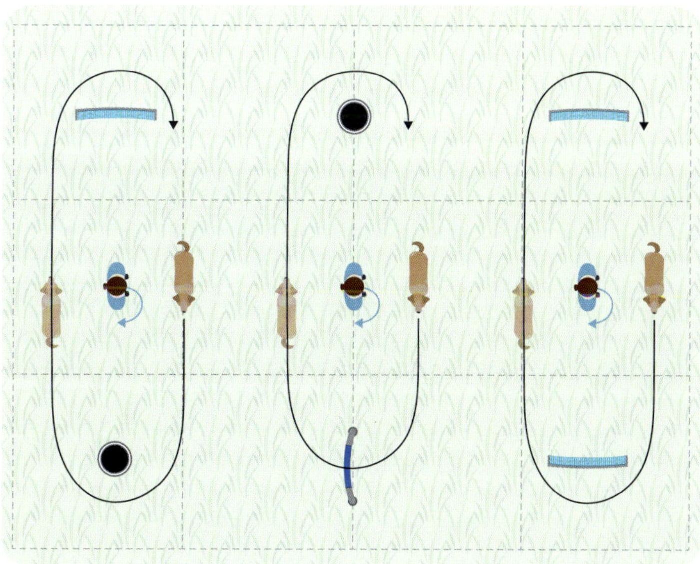

Trainieren Sie die Signale an unterschiedlichen Gerätekombinationen.

Dritter Trainingsschritt:

Die vorherige Übung lässt sich auch als weitere Variation mit einem Seitenwechsel durchführen. Hierfür sollten Sie mit Ihrem Hund das Training zum einfachen Richtungswechsel bereits absolviert haben.

Schicken Sie Ihren Hund mit dem Signal „Außen" um das erste Gerät. Am Hindernis sprechen Sie Ihren Hund mit „Hasi" an, damit er auf Sie zuläuft. Geben Sie zur Einleitung des Richtungswechsels vor Ihnen eine Hilfestellung, indem Sie Ihren Arm zur Seite ausstrecken. Umläuft Ihr Hund das erste Gerät von links nach rechts, rufen Sie ihn mit dem linken Arm zu sich heran. Kurz bevor Ihr Hund bei Ihnen ist, geben Sie das Si-

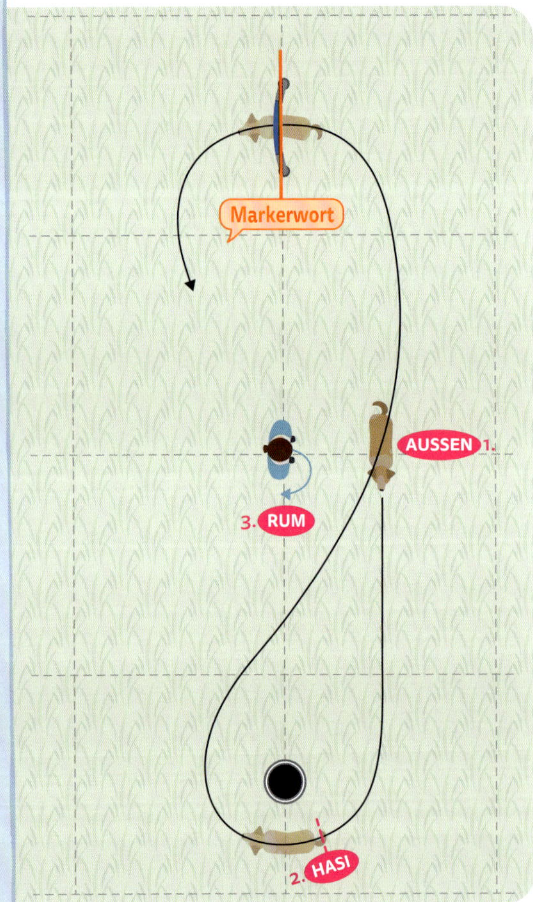

Mit einem einfachen Richtungswechsel kann man die "Rum"-Übung variieren.

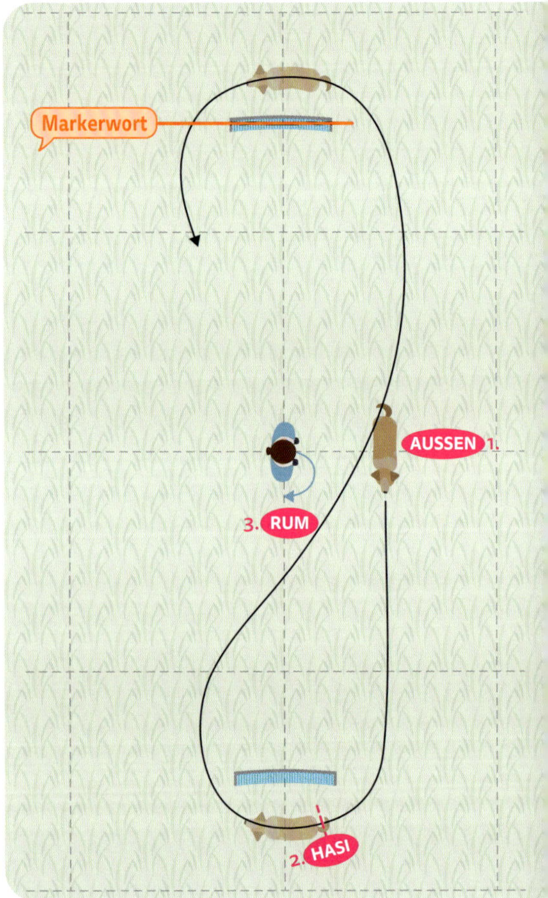

Der Mensch reduziert nach und nach seine Sichtzeichen und variiert die Kombination der Hindernisse.

gnal „Rum", sodass er nach dem Richtungswechsel das Gerät hinter Ihrem Rücken ebenfalls von rechts nach links umläuft (aus Sicht des Hundes). Während Ihr Hund eine Acht läuft, bleiben Sie in der Mitte der Geräte stehen, ohne sich mitzudrehen.
Trainieren Sie diesen Übungsschritt von beiden Seiten.

Vierter Trainingsschritt:
Reduzieren Sie schrittweise Ihre Sichtzeichen und variieren Sie nach einigen erfolgreichen Durchgängen die Kombination der Geräte.

Weiteres Sequenztraining mit dem Führelement „Rum"

In einem Parcours findet das Führelement „Rum" insbesondere dann Anwendung, wenn der Hund ein Hindernis nah beim Menschen durchlaufen soll und sich im näheren Umfeld Verleitungen befinden. Unter Verleitungen versteht man Hindernisse, die den Hund dazu verleiten können, hindurchzulaufen und dadurch von der korrekten Lauflinie abzukommen. Um diese Verleitungen für den Hund eindeutig auszuschließen und eine enge Lauflinie zum Menschen zu wählen, bietet sich der Einsatz des Führelementes „Rum" an. Damit Ihr Hund dies in einem Parcours sicher ausführen kann, ist es notwendig, das Signal vorab in unterschiedlichen Sequenzen mit unterschiedlichen Geräteabfolgen zu trainieren.
Um die folgenden Sequenzen mit Ihrem Hund trainieren zu können, muss er das Signal beherrschen sowie alle Geräte und den Aufbau der Distanz nach vorne und zur Seite kennen. (Siehe S. 130)

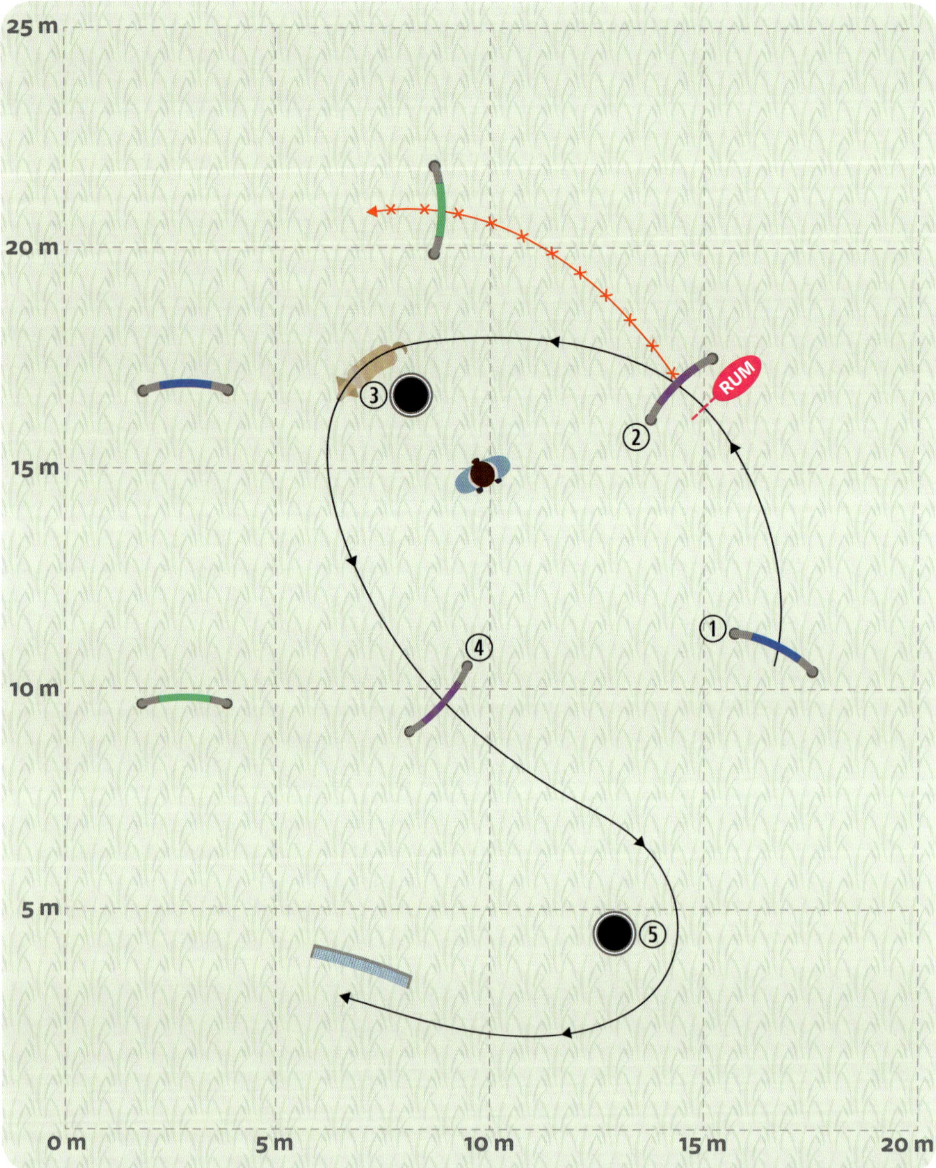

In diesem Auszug aus einem Parcours muss der Hund von Hindernis (2) zu Hindernis (3) geführt werden. Die Schwierigkeit liegt darin, dass der Hund nach Hindernis (2) um die Tonne läuft und nicht weiter durch den grünen Hoop. Hierfür eignet sich das Führelement „Rum“.

Das Führelement „Rum“ ohne Verleitung

Das Trainingsziel:

Bei dieser Sequenz soll Ihr Hund zunächst zwei Hoops durchlaufen. Aus diesem Lauf heraus soll er dann ein Gerät in Ihrem Rücken absolvieren und im Anschluss nach vorne durch zwei weitere Hoops laufen. Das Hindernis in Ihrem Rücken können Sie variieren und durch andere Geräte ersetzen. So lernt Ihr Hund, das Signal „Rum" in unterschiedlichen Situationen umzusetzen.

Der Trainingsaufbau:

Bringen Sie Ihren Hund vor dem ersten Hoop in Startposition. Positionieren Sie sich auf Höhe des zweiten Hoops, mit dem Rücken zur Tonne. Starten Sie Ihren Hund von dieser Position aus mit Ihrem Hörzeichen „Go". Kurz bevor sich Ihr Hund auf Ihrer Höhe befindet, sagen Sie Ihr Hörzeichen „Rum", damit Ihr Hund weiß, dass er ein Gerät in Ihrem Rücken absolvieren soll. Kurz bevor Ihr Hund sich hinter diesem befindet, geben Sie Ihr Hörzeichen „Go", damit Ihr Hund die beiden weiteren Hoops durchläuft. (Siehe Grafik S. 132)

Die rechtzeitige Signalgebung ist hier ausschlaggebend, damit Ihr Hund nach dem Gerät nicht auf direktem Weg zu Ihnen kommt. Wiederholen Sie die Übung von beiden Seiten. Bei weiteren Durchgängen können Sie die Tonne durch ein Gate, einen Hoop oder auch einen Tunnel ersetzen.

Notwendige Geräte:
4 Hoops und 1 Tonne / Gate / weiterer Hoop

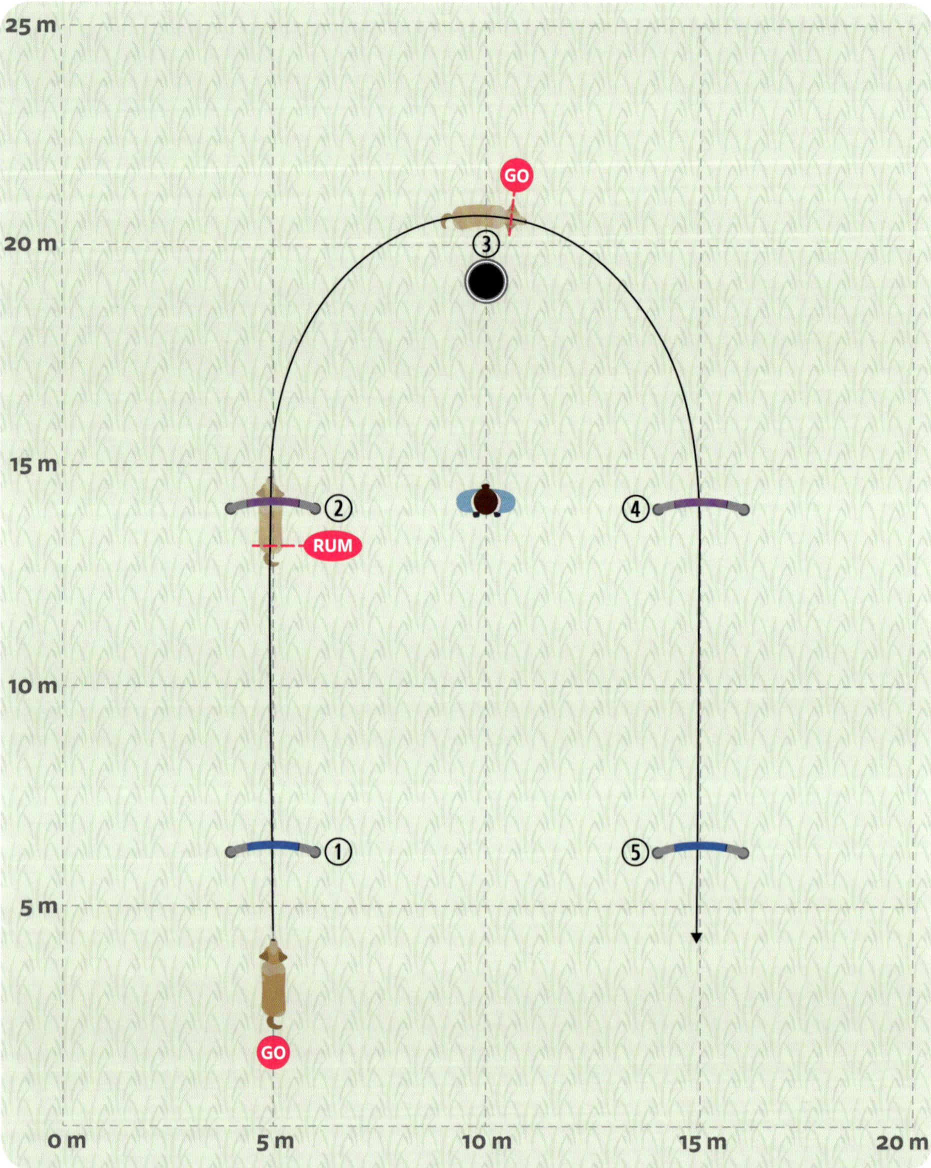

Das Führelement „Rum“ ohne Verleitung, siehe S. 131

Das Führelement „Rum“ mit Verleitung

Das Trainingsziel:

In dieser Sequenz soll Ihr Hund lernen, auf das Signal „Rum“ ein Gerät in Ihrem Rücken auch dann zu absolvieren, wenn in gerader Linie eine Verleitung steht. Er soll also lernen, diese Verleitung auszublenden. Als Voraussetzung für diese Sequenz sollten Sie vorab die Übung „Das Führelement „Rum“ ohne Verleitung“ (siehe S. 131 f.) erfolgreich trainiert haben.

Notwendige Geräte:
5 Hoops, 1 Tunnel, 1 Tonne, 1 Gate je nach Gestaltung der Sequenz

Der Trainingsaufbau:

Bringen Sie Ihren Hund in die Startposition vor dem ersten Hoop. Ihre Position ist wie in der vorherigen Übung, auf Höhe des zweiten Hoops, mit dem Rücken zur Tonne stehend. Starten Sie Ihren Hund mit Ihrem Hörzeichen „Go“. Kurz vor dem Durchlaufen des zweiten Hoops sagen Sie „Rum“, damit Ihr Hund rechtzeitig einen Bogen einleiten kann. Kurz bevor er hinter der Tonne ist, geben Sie das „Go“, damit er weiß, dass er nach der Tonne zum nächsten Hoop laufen soll.

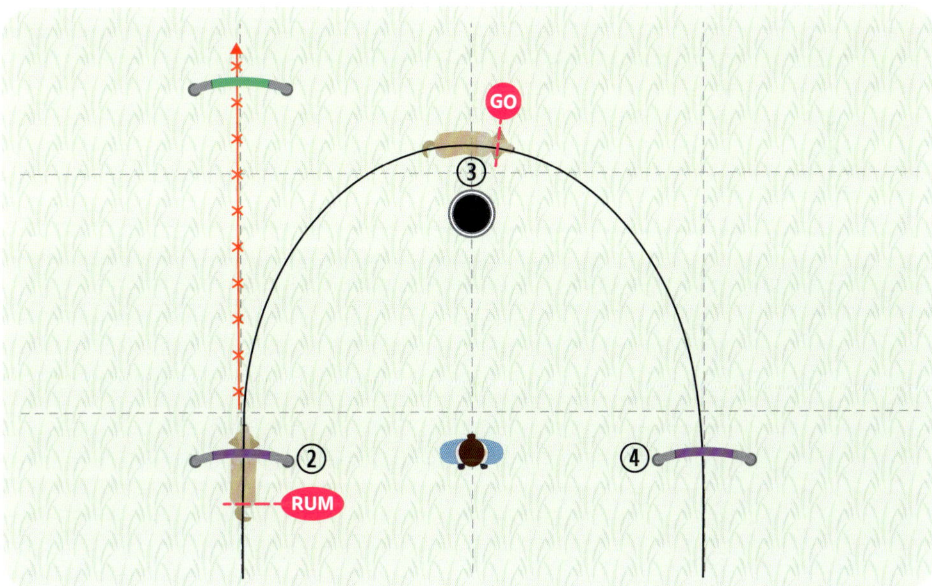

Vollständiger Parcoursaufbau siehe S. 132. In dieser Grafik mit zusätzlicher Verleitung.

Tipps und Tricks: Was kann ich tun, wenn es nicht klappt?

Mögliche Schwierigkeit: Ihr Hund reagiert nicht auf Ihr „Rum“ und läuft stattdessen durch die Verleitung.

Tipp 1: Vergrößern Sie die Distanz zur Verleitung, indem Sie diese weiter weg positionieren

Tipp 2: Sprechen Sie Ihren Hund vor dem „Rum“ mit dem Hörzeichen „Hasi“ an, damit er weiß, dass er auf Sie zu arbeiten soll. Geben Sie das „Go“ zum Start am ersten Hoop, direkt danach das Signal „Hasi“ und kurz vor dem zweiten Hoop das Signal „Rum“.

Tipp 3: Verändern Sie die Verleitung. Ist Ihr Hund beispielsweise ein Tunnelfanatiker, starten Sie nicht mit einem solchen als Verleitung, sondern ersetzen Sie den Tunnel durch einen Hoop. Erst wenn die Übung dann zuverlässig klappt, führen Sie den Tunnel auf große Distanz als Verleitung wieder ein.

Tipp 4: Wiederholen Sie die Übung einige Male ohne Verleitungsgerät. Nach mehreren erfolgreichen Durchgängen fügen Sie der Sequenz wieder ein Gerät als Verleitung hinzu, allerdings zunächst auf eine deutlich größere Distanz. Nach jedem erfolgreichen Durchgang verringern Sie den Abstand der Verleitung. Gehen Sie in kleinen Schritten vor, sodass Ihr Hund die Übung nach Möglichkeit immer richtig ausführen kann.

Ein Trainingsparcours

Notwendige Geräte:
5 Hoops, 1 Tonne

In diesem Parcours können Sie das „Rum" sowie das Weiterlaufen trainieren. Für das Signal „Rum" drehen Sie sich nicht mit, sondern bleiben mit der Körperfront zu Hoop (3) ausgerichtet. Soll Ihr Hund von Hindernis (8) zu (9) laufen, drehen Sie sich stattdessen mit ihm mit und schicken ihn mit „Go" durch den Hoop. Dieser Parcours lässt sich auch in umgekehrter Hindernisabfolge (9-8-7-6-5-4-3-2-1) laufen. So können Sie das Führen des Hundes auch von der anderen Seite trainieren.

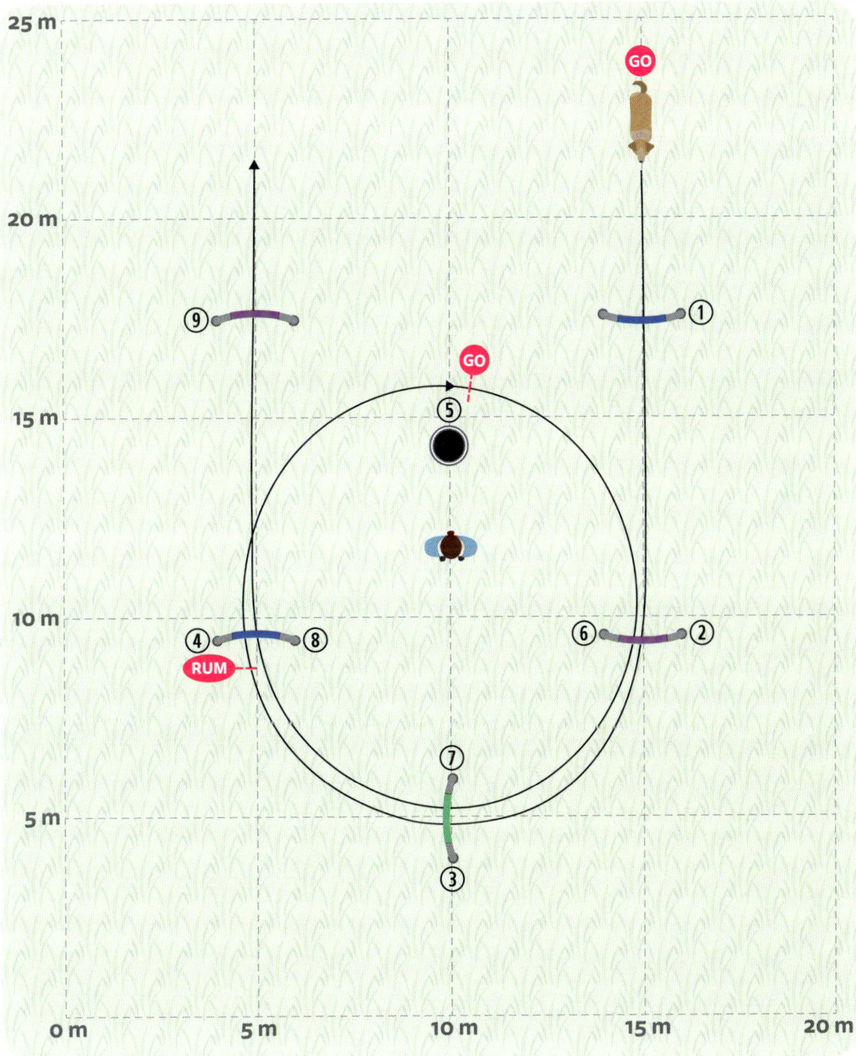

Das Signal „Weg" – ein weiterer Richtungswechsel

Neben dem einfachen Richtungswechsel, bei dem sich der Mensch dem Hund zugewandt mitdreht und darüber einen Handwechsel einleitet, gibt es einen weiteren Richtungswechsel: das „Weg". Hier arbeitet der Hund zunächst in Richtung des Menschen, bevor er einen Richtungswechsel und damit einen Handwechsel weg vom Menschen ausführt. Das Signal „Weg" bekommt für den Hund die Bedeutung, einen Richtungswechsel in einer vom Menschen weg gerichteten Bewegung auszuführen.

Wenn Sie mit Ihrem Hund bereits Agility betrieben haben, sollten Sie mit dem „Weg" bereits vertraut sein. Sollten Sie diesen Richtungswechsel bisher noch nicht kennen, geben Sie sich selbst Zeit, diesen verstehen zu lernen. Zu Beginn kann die Differenzierung von „Außen" und „Weg" für den Mensch zunächst für Verwirrung sorgen. Ich möchte Ihnen Beispiele zur Unterscheidung aufzeigen, damit Sie ein gutes Verständnis für diese Übung entwickeln können.

Das Trainingsziel:

Ihr Hund erlernt das neue Signal „Weg". Auf dieses Hörzeichen hin soll Ihr Hund eine Pylone in einem Bogen von Ihnen weg umlaufen. Im nächsten Schritt lernt er, dies auch aus der Bewegung heraus auszuführen. Damit Ihr Hund das neue richtungsweisende Signal generalisieren kann, wird die Übung im Anschluss auch am Gate und an der Tonne trainiert. Im weiteren Trainingsverlauf wird das „Weg" in kleinen Sequenzen trainiert.
Um das „Weg" zu trainieren, muss Ihr Hund das Umlaufen einer Pylone bereits erlernt haben. Für die weiteren Aufbauübungen sollte Ihr Hund die Geräte kennen. Für das Sequenztraining muss er zusätzlich mit der Distanz nach vorne sowie mit der seitlichen Distanz vertraut sein.

Der Trainingsaufbau:

Der Trainingsaufbau an der Pylone

Erster Trainingsschritt:

Stellen Sie sich mit dem Gesicht zur Pylone vor dieser auf und halten Sie dabei so viel Abstand zu ihr, dass Ihr Hund gut dazwischenpasst. Locken Sie Ihren Hund nun zwischen sich und die Pylone.

Notwendige Geräte:
1 Pylone

Nun führen Sie ihn im Bogen von sich weg um die Pylone herum. Hierbei kann es anfangs hilfreich sein, mit Futter zu locken. Je nachdem, wie Sie Ihren Hund vor sich positioniert haben, nutzen Sie hierfür die rechte oder die linke Hand. Sobald sich Ihr

Hund direkt hinter der Pylone befindet, sagen Sie Ihr Markerwort und belohnen Ihren Hund sofort anschließend mit dem Futter. Führen Sie die Übung von beiden Seiten aus. Achten Sie bei dieser Übung darauf, dass sich die Pylone immer mindestens auf Schulterhöhe Ihres Hundes befindet, bevor Sie das Umlaufen einleiten.

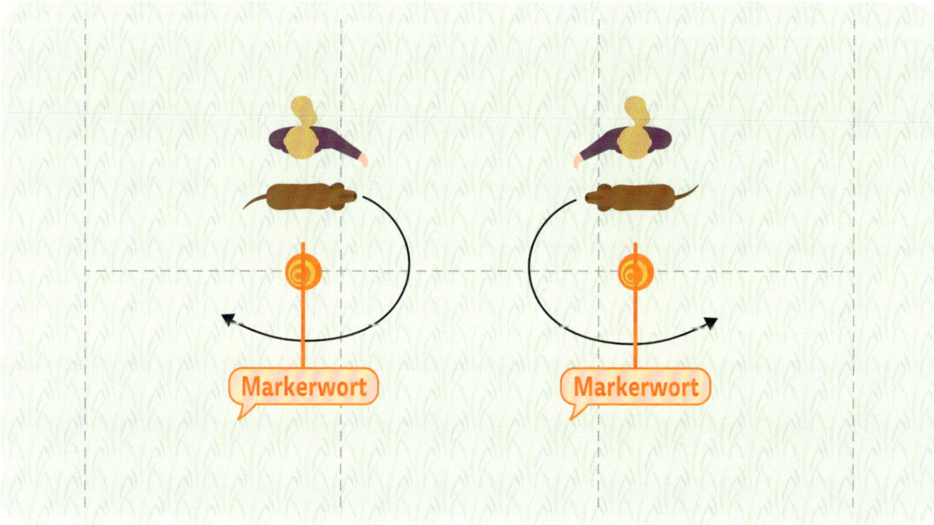

Der Hund wird mit Futter um die Pylone gelockt. Je nach Ausgangsposition geschieht dies mit der linken oder der rechten Hand.

Andrea lockt Miley von sich weg um die Pylone und belohnt sie mit einem geworfenen Futterstück.

Zweiter Trainingsschritt:

Können Sie die gewünschte Bewegung bei Ihrem Hund zuverlässig herbeiführen, führen Sie das Hörzeichen ein. Sagen Sie das Signal „Weg" immer dann, wenn Ihr Hund beginnt, den Bogen von Ihnen weg zu laufen. Sagen Sie weiterhin das Markerwort, wenn sich Ihr Hund hinter der Pylone befindet und belohnen Sie ihn anschließend. Trainieren Sie auch dies von beiden Seiten. Wiederholen Sie die Übung mehrmals, bevor Sie Ihr Hörzeichen immer etwas früher aussprechen, bis es zum auslösenden Signal wird.

Dritter Trainingsschritt:

Bauen Sie nun das Futter in Ihrer Hand ab und führen Sie Ihren Hund mit der leeren Hand in die gewünschte Bewegung von Ihnen weg. Aus dieser Handbewegung, nämlich dem ausgestreckten Arm Ihrer anderen, nicht zum Hund zeigenden Körperseite (im Agility nennt man ihn „Gegenarm"), können Sie Ihr Sichtzeichen entwickeln. Geben Sie hierzu weiter Ihr Hörzeichen und belohnen Sie Ihren Hund nach jedem korrekten Durchgang.

Vierter Trainingsschritt:

Beginnen Sie nun in kleinen Schritten, das Sichtzeichen abzubauen. Für fortgeschrittene Übungen ist es ideal, wenn Ihr Hund sie auch ausschließlich auf Ihr Hörzeichen hin ausführen kann.

Lernt Ihr Hund, das Richtungssignal „Weg" sowohl auf Hör- als auch auf Sichtzeichen zu befolgen, können Sie sich beides zu Nutze machen. Gerade für die ersten weiterführenden Übungen kann der Einsatz eines Sichtzeichens für den Hund hilfreich sein. Für das „Weg" in schwierigeren Varianten, nämlich dann, wenn Ihr Hund sich weit vor Ihnen befindet und Sie in seinem Rücken hat, muss er dieses Richtungssignal allerdings ausschließlich auf Hörzeichen ausführen können.

Auf das Hörzeichen „Weg" führt Miley die gewünschte Bewegung an der Pylone aus.

Der Trainingsaufbau des Signals „Weg“ aus der Bewegung

Hat Ihr Hund gelernt, eine Pylone auf das Signal „Weg“ von Ihnen weg zu umlaufen, soll er nun lernen, diese Übung auch aus der Bewegung auszuführen. Dafür sollte er das Signal „Hasi“ (s. S. 115 ff.) bereits erlernt haben.

Notwendige Geräte:
1 Pylone

Erster Trainingsschritt:

Setzen Sie Ihren Hund etwa fünf Schritte entfernt zur Pylone ab. Sie positionieren sich auf Höhe der Pylone, etwa ein bis zwei Schritte entfernt. Mensch, Hund und Pylone bilden also ein Dreieck. Achten Sie darauf, dass Ihr Abstand zur Pylone nicht zu groß ist, Sie aber dennoch so weit davon

Miley soll bleiben, während Andrea sich nahe bei der Pylone positioniert.

Miley wartet auf Andreas Signal.

Auf das Signal „Hasi“ läuft Miley auf Andrea zu.

Aus dem Lauf heraus setzt sie dann das Signal „Weg“ an der Pylone um.

entfernt stehen, dass Ihr Hund gut zwischen Ihnen und der Pylone hindurchlaufen kann.

Rufen Sie nun Ihren Hund mit „Hasi“ zu sich. Kurz bevor er sich zwischen Ihnen und der Pylone befindet, sagen Sie Ihr Hörzeichen „Weg“. Ihr Sichtzeichen folgt kurz darauf, allerdings immer erst dann, wenn die Pylone sich auf Schulterhöhe Ihres Hundes befindet. Sie bilden mit der Pylone eine gedachte Linie, die der Hund überlaufen muss, bevor er die Wegbewegung ausführt. Sobald sich Ihr Hund hinter der Pylone befindet, kündigen Sie mit Ihrem Markerwort die Belohnung an. Belohnen Sie Ihren Hund nach jedem erfolgreichen Durchgang und führen Sie mehrere Wiederholungen durch, auch von der anderen Seite. Um Ihren Hund zu sich zu locken, kann es hilfreich sein, wenn Sie sich etwas von ihm wegdrehen und ihn zur Gegenhand locken. Sobald er die Linie zwischen Ihnen und der Pylone überlaufen hat, leiten Sie das „Weg“ mit Ihrem Hörzeichen und, falls notwendig, zusätzlich mit Ihrem Sichtzeichen ein.

Zweiter Trainingsschritt:

Nach mehreren erfolgreichen Durchgängen der vorherigen Übung können Sie nun beginnen, die Sichtzeichen nach und nach zu reduzieren. Helfen Sie immer weniger beim Signal „Hasi" und bauen Sie die körpersprachliche Hilfe auch beim Signal „Weg" in kleinen Schritten ab.

Dritter Trainingsschritt:

Beginnen Sie nun, Ihre Distanz zur Pylone schrittweise zu erweitern. Stellen Sie sich demnach nun zwei bis drei Schritte von der Pylone entfernt auf und führen die Übung aus. Klappt dies zuverlässig von beiden Seiten, erhöhen Sie die Distanz zur Pylone um einen weiteren Schritt. Diese Übung können Sie nach und nach steigern, bis Sie mindestens sieben Schritte weit weg von der Pylone stehen können.

Beherrscht Ihr Hund die Übung, steigern Sie schrittweise die Distanz zur Pylone.

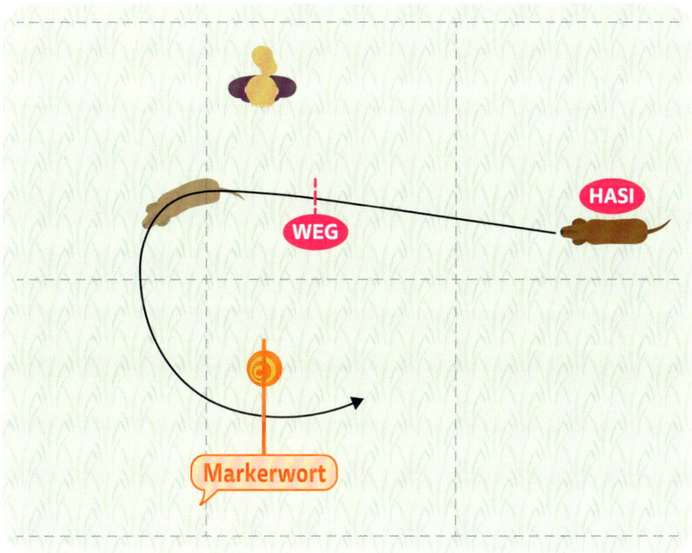

Der Trainingsaufbau des Signals „Weg" an Tonne und Gate

Haben Sie mit Ihrem Hund die vorherigen Übungen zum Signal „Weg" trainiert und ist Ihr Hund schon mit der Tonne und dem Gate vertraut, können Sie die Übungen auch auf diese Geräte übertragen. Ersetzen Sie hierfür die Pylone durch eine Tonne oder ein Gate.

Notwendige Geräte:
1 Tonne, 1 Gate

Tipps und Tricks: Was kann ich tun, wenn es nicht klappt?

Mögliche Schwierigkeit: Ihr Hund umläuft die Pylone von der falschen Seite. Er läuft sie im „Außen“

Tipp: Leiten Sie das „Weg“ später ein, indem Sie das Hörsignal und das Sichtzeichen später geben. Achten Sie darauf, dass Ihr Hund die gedachte Linie zwischen Ihnen und der Pylone mindestens mit der Vorhand überläuft, bevor Sie das Signal geben.

Mögliche Schwierigkeit: Ihr Hund läuft auf Ihr Signal „Hasi“ nicht auf Sie zu, sondern umläuft stattdessen die Pylone im „Außen“.

Tipp 1: Überprüfen Sie die Distanz zwischen Ihnen und der Pylone. Ist sie zu gering, trauen sich viele Hunde nicht, nah genug am Menschen vorbeizulaufen und umlaufen deshalb die Pylone. Vergrößern Sie in diesem Fall die Entfernung zur Pylone.

Tipp 2: Belohnen Sie Ihren Hund einige Male für das Herankommen auf das Signal „Hasi“, ohne dies in Kombination mit dem Signal „Weg“ zu trainieren. Häufig ist die Erwartungshaltung an die Belohnung nach dem Umlaufen der Pylone deutlich höher. Umso wichtiger ist es, das Herankommen auf das Signal „Hasi“ immer wieder hochwertig zu belohnen, ohne ein weiteres Signal anzuschließen.

Mögliche Schwierigkeit: Bei der Durchführung der Übung am Gate umläuft Ihr Hund dieses im „Außen“ und nicht als „Weg“.

Tipp: Achten Sie auf Ihre Position am Gate. Stellen Sie sich so, dass Sie am Ende des Gates, also auf Höhe des hinteren Auslegers (aus Hundesicht) stehen. Hier können Sie Ihr Hör- und Sichtzeichen dann geben, wenn sich Ihr Hund mit der Schulter auf Höhe des hinteren Auslegers befindet. Geben Sie Ihr Hörzeichen kurz vor dem Sichtzeichen. Klappt dies, verändern Sie in kleinen Schritten Ihre Position zum Gate, sodass Sie auch mittig davorstehen können und Ihr Hund das „Weg“ aus unterschiedlichen Anlaufwinkeln sicher absolviert.

Der Unterschied zwischen „Außen“ und „Weg“

Gerade zu Beginn, wenn die Trainingsschritte noch neu sind, kann es dem Menschen schwerfallen, das „Weg“ vom „Außen“ zu unterscheiden. Beim Signal „Außen“ stehen Sie mit seitlicher Distanz auf Höhe des Gerätes oder sogar räumlich einen Schritt davor. Ihr Hund umläuft das Gerät von außen in einem Bogen auf Sie zu.

Für das Signal „Weg“ stehen Sie hingegen mit seitlicher Distanz räumlich hinter dem Gerät. Ihr Hund läuft zwischen Ihnen und dem Gerät hindurch und umläuft dieses dann in einer Drehung von Ihnen weg.

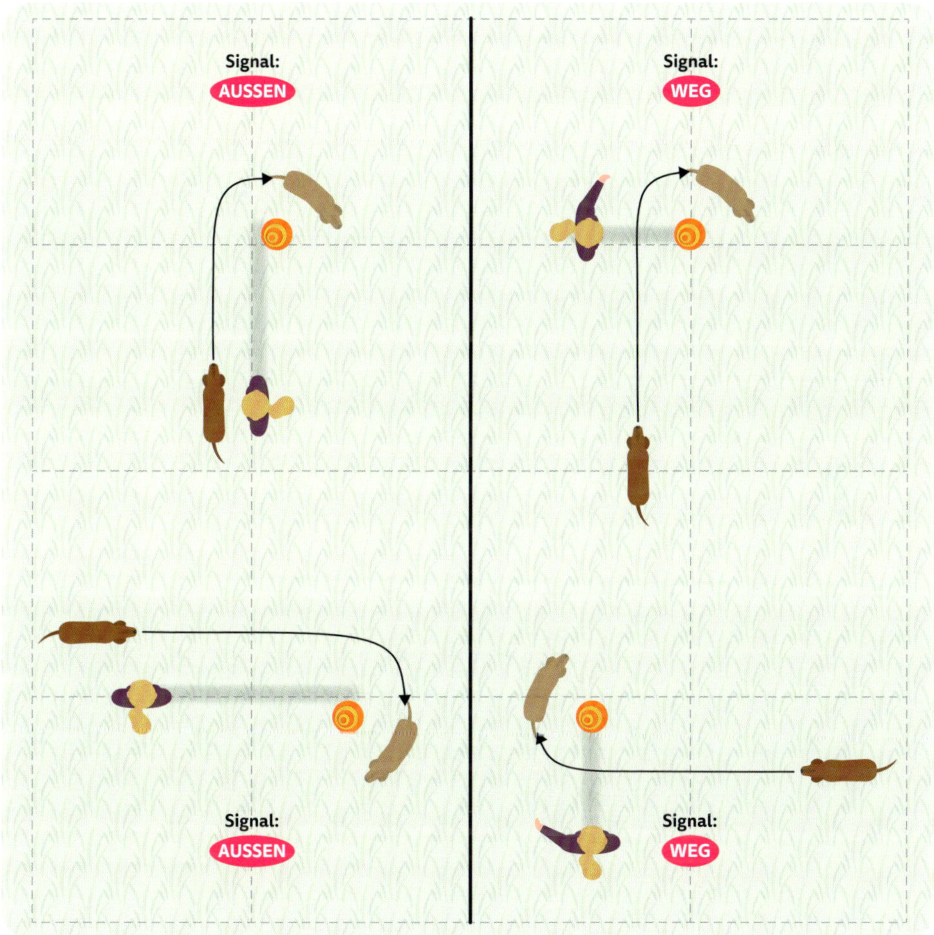

Beim Signal „Außen“ steht der Mensch auf Höhe des Gerätes oder räumlich davor. Für das Signal „Weg“ steht der Mensch räumlich hinter dem Gerät.

Das „Weg“ im Sequenztraining an zwei Tonnen

Um das Signal „Weg“ weiter zu festigen, können Sie nun beginnen, ein erstes kleines Sequenztraining an zwei Tonnen auszuführen. Dazu sollten Sie die vorherigen Übungen zum „Weg“ erfolgreich durchgeführt haben. Ebenfalls sollte Ihr Hund zwei Tonnen mit seitlicher Distanz zu Ihnen umlaufen.

Stellen Sie hierfür zwei Tonnen im Abstand von mindestens sieben Schritten zueinander auf. Nehmen Sie eine geringe seitliche Distanz zu den Tonnen ein und stehen Sie mittig ausgerichtet. Starten Sie Ihren Hund mit dem Signal „Außen“ um die erste Tonne. Sprechen Sie Ihn direkt an der Tonne mit „Hasi“ an, damit er nach dem Umlaufen der Tonne auf Sie zuläuft. Spätestens, wenn sich Ihr Hund mit der Schulter zwischen Ihnen und der zweiten Tonne befindet, leiten Sie das „Weg“ ein. Das Hörzeichen sollten Sie bereits aussprechen, bevor sich Ihr Hund auf Ihrer Höhe befindet. Sollte er die Hilfestellung über ein Sichtzeichen benötigen, geben Sie dieses spätestens, wenn er sich auf Ihrer Höhe befindet. Umläuft er die zweite Tonne im „Weg“, belohnen Sie ihn. Während Sie sich von Ihrer Position aus mit Ihrem Hund mitdrehen, umläuft dieser die beiden Hindernisse in Form einer Acht.

Führen Sie die Übung von beiden Seiten aus. Sind Sie in der Durchführung der Übung sicher, können Sie Ihren Hund auch nach der zweiten Tonne erneut zu Ihnen rufen und um die erste Tonne ins „Weg“ schicken, sodass er mehrere Hindernisse nacheinander absolviert.

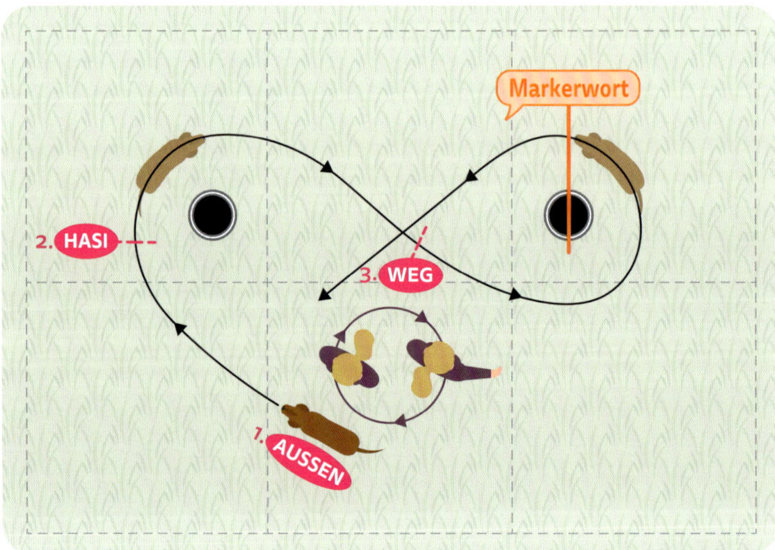

Ihr Hund läuft eine Acht um die beiden Tonnen. Hierfür werden die Signale „Außen“, „Hasi“ und „Weg“ benötigt.

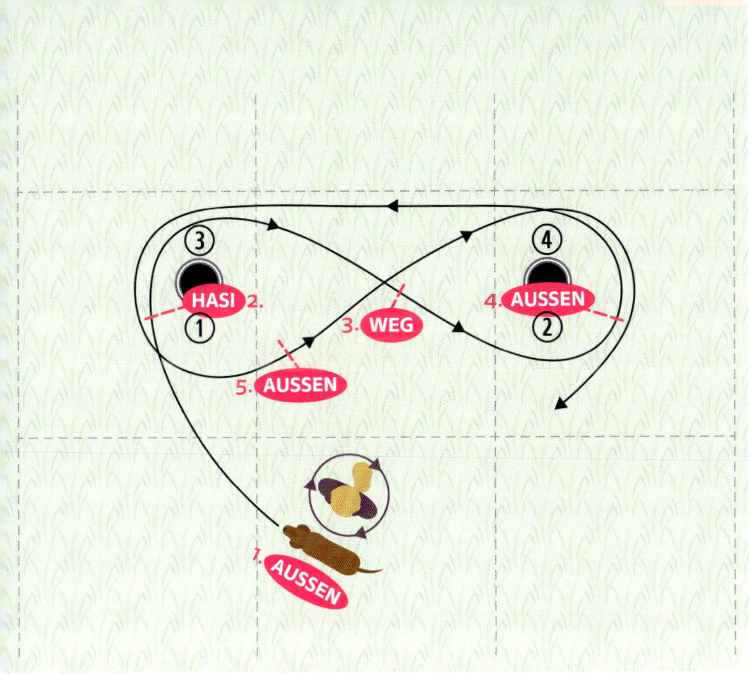

An den beiden Tonnen haben Sie weitere zahlreiche Kombinationsmöglichkeiten, wie zum Beispiel mit dieser Hindernisabfolge. Mit dem Signal „Außen" wird der Hund um Tonne (1) geschickt. Mit „Hasi" in Richtung des Menschen und dann mit einem „Weg" um Tonne (2). Zu Tonne (3) geht es in einer geraden Linie, geschickt mit dem Signal „Außen". Sobald der Hund an Tonne (3) in Richtung des Menschen blickt, wird er mit dem Signal „Außen". um Tonne (4) geschickt.

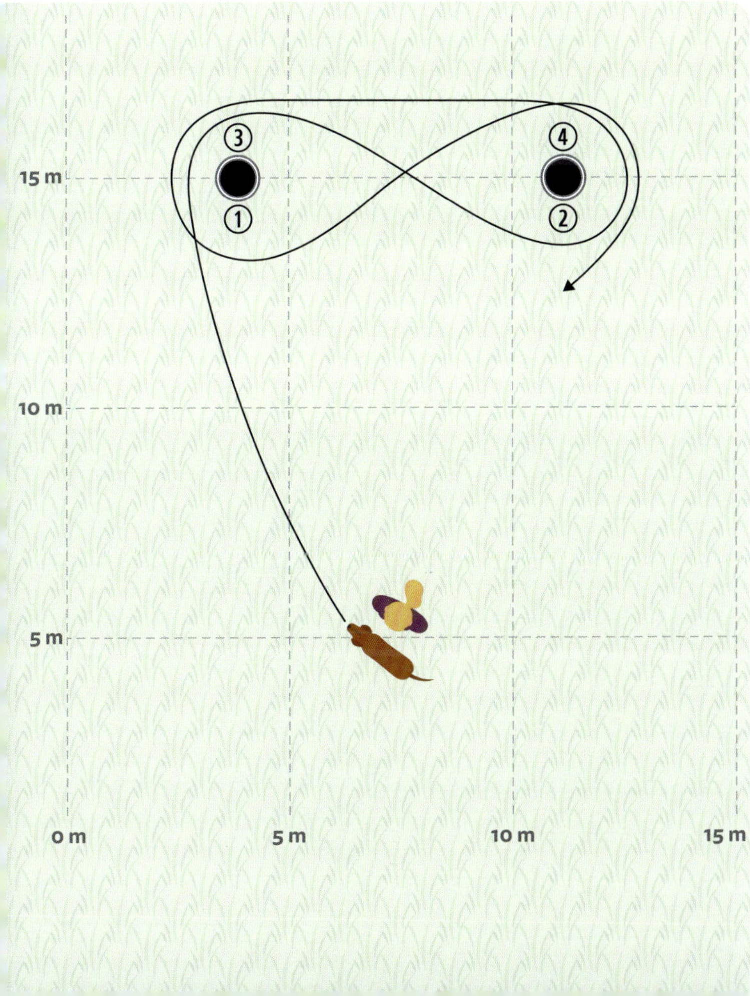

Ebenfalls können Sie diese Übung nutzen, um nach und nach die seitliche Distanz zu den Geräten zu steigern. So festigen Sie in einer weiteren Übung den Aufbau der Distanz zu Ihrem Hund. Arbeiten Sie sich schrittweise weiter weg, bis Sie diese Übung auch aus einer Distanz von zehn Metern und mehr führen können. Beachten Sie, dass sich die Sichtweise Ihres Hundes auf die Geräte mit zunehmender seitlicher Position verändern kann. So ist es möglich, dass Sie Ihren Hund von Tonne (3) zu Tonne (4) mit einem „Weg" führen müssen. Zusätzlich zur seitlichen Distanz können Sie Ihre Startposition von der Mitte zur Seite verändern. So verändern sich die Distanzen zwischen Ihnen und den beiden Hindernissen und damit auch der Schwierigkeitsgrad.

Kombinationsübungen an zwei Tonnen

Um die bisher erlernten Führelemente und das Führen des Hundes weiter zu trainieren und zu festigen, können Sie eine weitere Übung an zwei Geräten ausführen. Stehen Sie in der Mitte der beiden Hindernisse und führen Sie Ihren Hund von hier aus um die Geräte. Kombinieren Sie dabei die bisher erlernten Führelemente. Schicken Sie Ihren Hund „Außen", „Rum" und „Weg" und trainieren Sie den einfachen Richtungswechsel in unterschiedlichen Varianten.

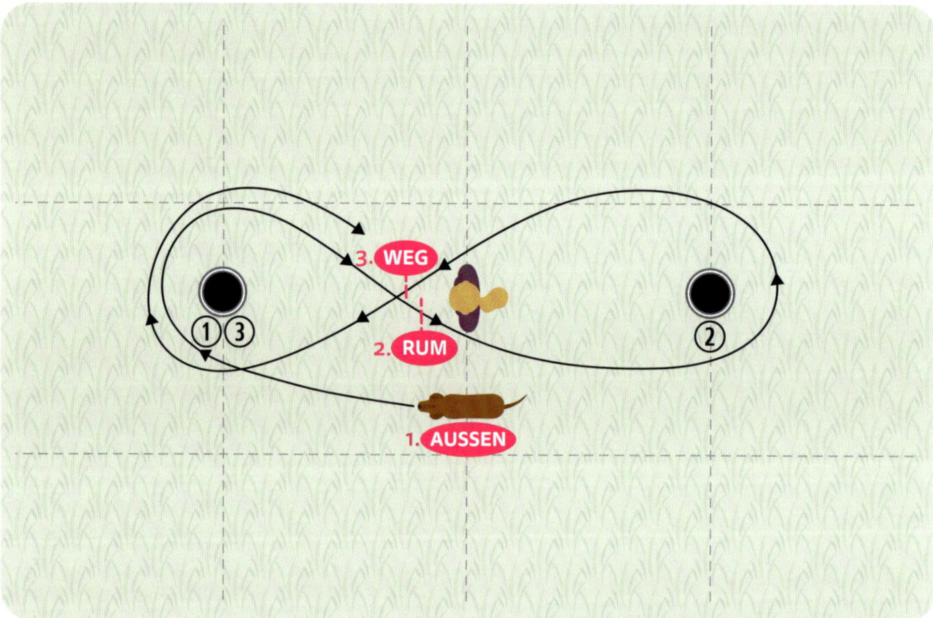

Kombinieren Sie die bisher erlernten Führelemente in unterschiedlichen Abfolgen. Hier startet der Hund um die Tonne (1) im Außen wird dann an die linke Hand des Menschen geholt. Von hier geht es mit dem Signal „Rum" linksherum um die Tonne (2). Danach kreuzt der Hund vor dem Menschen von rechts nach links und wird mit dem Signal „Weg" rechtsherum um die Tonne (3) geschickt.

Das Signal „Weg“ an Hoops

Bisher hat Ihr Hund das „Weg“ an der Tonne und am Gate kennengelernt. In einem Parcours kann das „Weg“ aber auch an den Hoops gefragt sein. Daher muss dieses Richtungssignal ebenso in Sequenzen mit Hoops trainiert werden.

Notwendige Geräte:
2 Hoops und 1 Tonne.
Für weiterführende Übungen zusätzlich 1 Gate / Tunnel / weiterer Hoop

Das Trainingsziel

Bei dieser Sequenz soll Ihr Hund lernen, das Signal „Weg“ auch in einer Sequenz mit Hoops auszuführen. Hierzu lernt er zunächst, nach einem Hoop auf Sie zuzulaufen, auf das Signal „Weg“ die Wegbewegung um eine Tonne herum auszuführen und im Anschluss einen weiteren Hoop zu durchlaufen. Der Hoop nach der Tonne steht zunächst links von dieser und wird stetig weiter nach rechts gestellt, wodurch sich der Anlaufwinkel des Hundes und damit auch die Schwierigkeit verändert. Im weiteren Trainingsverlauf kann die Tonne durch ein Gate oder einen Hoop ersetzt werden. So kann Ihr Hund lernen, das Signal auch bei anderen Gerätekombinationen umzusetzen.

Der Trainingsaufbau

Erster Trainingsschritt:

Stellen Sie die beiden Hoops, sowie die Tonne wie in der Grafik auf S. 148 dargestellt, auf. Der Abstand zwischen den Geräten beträgt etwa sieben Schritte.
Bringen Sie Ihren Hund vor dem ersten Hoop in Startposition und positionieren Sie sich mit geringer seitlicher Distanz auf Höhe der Tonne. Starten Sie ihn von hier aus mit dem Signal „Go“. Hat er den Hoop durchlaufen, rufen Sie ihn mit „Hasi“ zwischen sich und die Tonne und geben ihm kurz vor Erreichen der Tonne das Signal „Weg“. Sobald Ihr Hund die Wegbewegung einleitet und den Kopf zum nächsten Hoop ausrichtet, schicken Sie ihn mit „Go“ durch diesen. Für das Signal „Weg“ ist es besonders wichtig, dass Sie es immer in Kombination mit einem weiteren Signal verwenden. Mit dem Signal „Weg“ bringen Sie Ihren Hund dazu, einen Richtungswechsel zu vollziehen, mit dem Signal „Go“ vermitteln Sie ihm, dass er nach dem „Weg“ einen Hoop durchlaufen soll.

Zweiter Trainingsschritt:

War der vorherige Durchgang erfolgreich, vergrößern Sie die seitliche Distanz in kleinen Schritten. Nach jedem korrekten Absolvieren der Sequenz können Sie die Distanz weiter steigern.
Ihr Hund startet immer vor dem ersten Hoop.

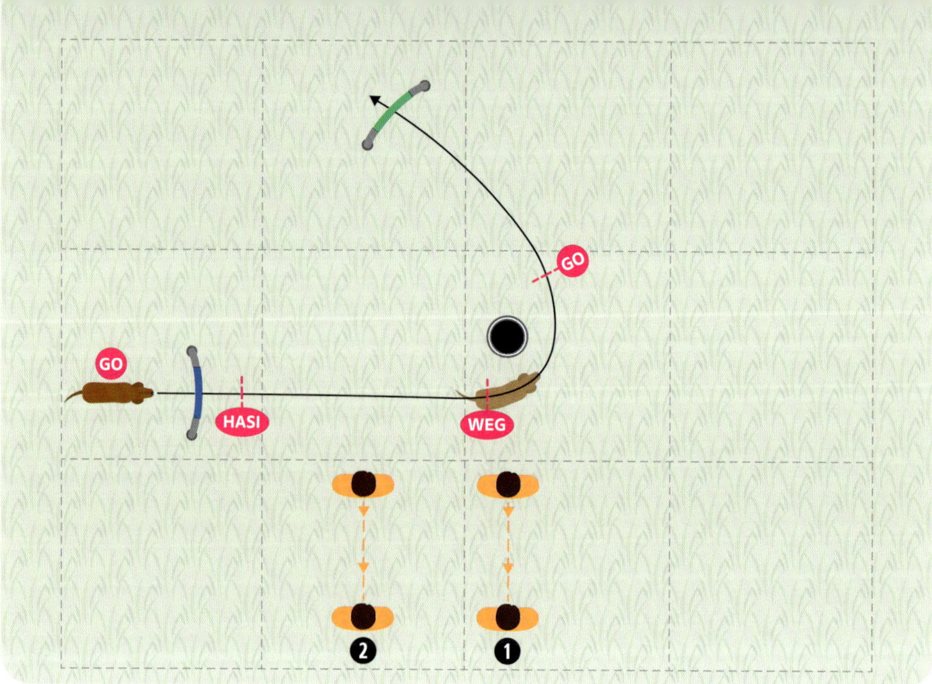

Dritter Trainingsschritt:

Verringern Sie nun wieder die seitliche Distanz zu Ihrem Hund. Zum Start positionieren Sie sich nun mittig zwischen dem ersten Hoop und der Tonne. Führen Sie Ihren Hund von hier durch die Sequenz. Steigern Sie nach jedem erfolgreichen Durchgang die seitliche Distanz.

Vierter Trainingsschritt:

Arbeiten Sie sich in kleinen Schritten nach und nach näher an den ersten Hoop, wie im zweiten und dritten Trainingsschritt beschrieben. Wählen Sie die Trainingsschritte hierbei klein genug, sodass Ihr Hund nach Möglichkeit keine Fehler macht. Wenn Sie die Distanz nach vorne vergrößern, verringern Sie immer die seitliche Distanz und bauen diese erst danach auf.

Je weiter Sie zum ersten Hoop gelangen, desto schwieriger wird die Ausführung des „Weg" für Ihren Hund. (Siehe obere Grafik S.149)

Fünfter Trainingsschritt:

Um den Schwierigkeitsgrad nach und nach zu steigern, versetzen Sie das dritte Hindernis, also den Hoop nun schrittweise immer weiter nach rechts, sodass dieser am Ende in einem 90-Grad-Winkel (oder flacher) zum zweiten Hindernis steht. (Siehe untere Grafik S.149)

Wenn Sie den Hoop verändern, positionieren Sie sich wieder wie im ersten Trainingsschritt beschrieben auf Höhe der Tonne. Nach jedem erfolgreichen Durchgang können Sie nun entweder den letzten Hoop weiter nach rechts verstellen oder die seitliche Distanz sowie die Distanz nach vorne steigern. Verändern Sie bei jedem Durchgang jedoch immer nur ein Kriterium.

Sechster Trainingsschritt:

Waren die vorherigen Trainings erfolgreich und ist Ihr Hund bei der Umsetzung des Signals „Weg" sicher, können Sie zum nächsten Schritt übergehen. Ersetzen Sie die Tonne durch ein anderes Gerät wie das Gate oder einen Hoop. Starten Sie wieder mit einer geringen seitlichen Distanz und steigern Sie diese sowie die Distanz nach vorne in kleinen Schritten. Nehmen Sie eine Steigerung der Schwierigkeit immer nur dann vor, wenn Ihr Hund die vorherige Übung sicher absolviert hat.

Denken Sie bei der Durchführung aller Trainingsschritte immer daran, dass Ihr Hund die Übung von beiden Seiten gleichermaßen gut beherrschen sollte. Um dies zu erreichen, ist es wichtig, dass Sie beide Seiten trainieren. Stellen Sie hierfür die Geräte spiegelverkehrt auf und trainieren Sie ebenfalls alle Trainingsschritte.

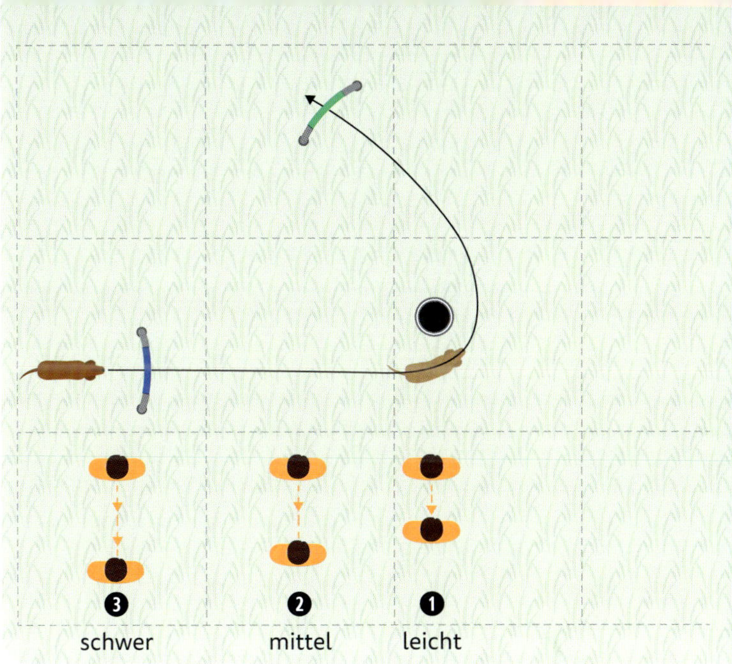

Je größer die Distanz zwischen dem Menschen und dem Hund beim Signal „Weg", desto höher ist der Schwierigkeitsgrad bei der Ausführung. Von Position eins und zwei kann der Mensch dem Hund noch mit Sichtzeichen helfen. Steht der Mensch jedoch bei Position drei, so befindet er sich beim „Weg" im Rücken des Hundes. In diesem Fall muss der Hund das Signal auf das Hörzeichen hin sicher ausführen können. Eine körpersprachliche Hilfe kann hier unterstützend nicht zum Einsatz kommen. Dies würde eher dazu führen, dass der Hund umkehrt und sich dem Menschen zuwendet.

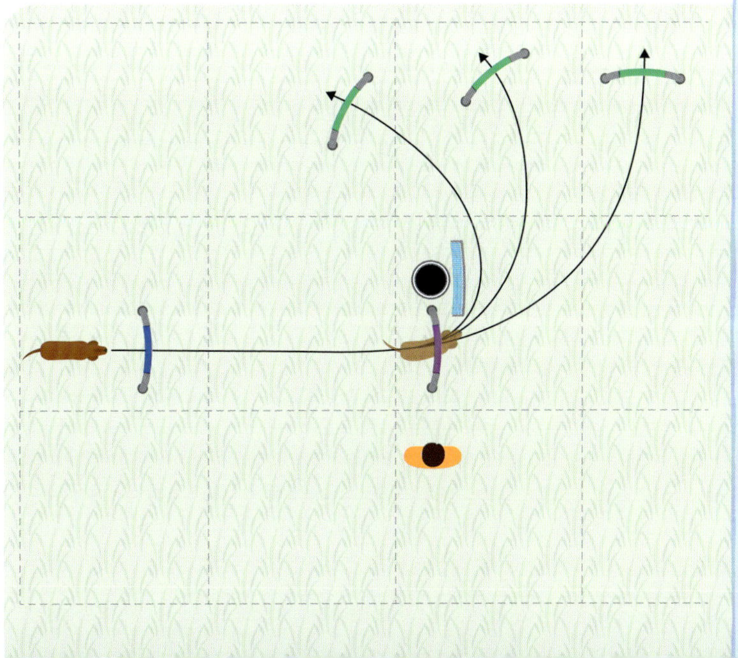

Der letzte Hoop wird schrittweise immer weiter nach rechts versetzt. Beherrscht der Hund diese Übung, kann das zweite Hindernis durch ein anderes Gerät ersetzt werden.

Das „Weg“ mit Verleitung

Wird das „Weg“ in einem Parcours abverlangt, muss Ihr Hund dieses Richtungssignal auch dann ausführen, wenn weitere Hindernisse in der Nähe eine Verleitung darstellen. Um Ihren Hund auch darauf vorzubereiten, können Sie die bereits bekannte Sequenz mit einer Verleitung trainieren. Hierfür benötigen Sie ein weiteres Gerät, zunächst am besten einen Hoop.
Stellen Sie die Sequenz wie gehabt im rechten Winkel auf. Zusätzlich platzieren Sie einen weiteren Hoop in Verlängerung der Geraden. So hat Ihr Hund nach dem Durchlaufen des zweiten Hoops die Wahl zwischen dem Hoop geradeaus oder dem Hoop in der Laufrichtung von Ihnen weg. Der Hoop in der Geraden stellt die Verleitung dar, weil er Ihren Hund dazu verleiten kann, geradeaus zu laufen anstatt von Ihnen weg.

Notwendige Geräte:
4 Hoops

Das Trainingsziel:

Das Ziel dieses Sequenztrainings ist es, dass Ihr Hund das „Weg“ auch dann ausführt, wenn ein weiteres Gerät eine Verleitung darstellt. Dazu sollte Ihr Hund das „Weg“ an Hoops sicher beherrschen.

Erster Trainingsschritt:

Bringen Sie Ihren Hund vor dem ersten Hoop in Startposition. Positionieren Sie sich etwas hinter dem zweiten Hoop. Führen Sie Ihren Hund wie in der vorherigen Übung durch die Sequenz.

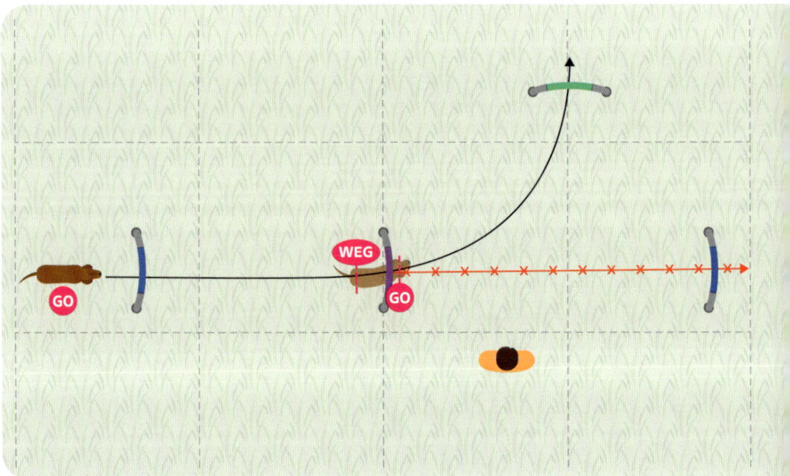

Das Signal „Weg“ soll der Hund auch dann ausführen, wenn ein weiteres Hindernis eine Verleitung darstellt.

Zweiter Trainingsschritt:

Nach jedem erfolgreichen Durchgang vergrößern Sie schrittweise Ihre seitliche Distanz auf der vorherigen Position.

Dritter Trainingsschritt:

Konnten Sie die seitliche Distanz auf etwa sieben Schritte erhöhen und Ihren Hund fehlerfrei durch die Sequenz führen, gehen Sie nun wieder nah an die Lauflinie heran. Verändern Sie nun die Distanz nach vorn, indem Sie sich auf die Höhe des zweiten Hoops oder sogar etwas vor diesen stellen. Können Sie Ihren Hund auch von dieser Position erfolgreich führen, steigern Sie nun auch auf dieser Position in kleinen Schritten die seitliche Distanz.

Vierter Trainingsschritt:

Gehen Sie wie im dritten Trainingsschritt beschrieben vor, bis Sie Ihren Hund auf Höhe des ersten Hoops mit seitlicher Distanz durch die Sequenz schicken können.

Fünfter Trainingsschritt:

Um die Schwierigkeit weiter zu steigern, können Sie die Position der Verleitung verändern. Indem Sie diese weiter an den zweiten Hoop stellen, rückt sie für Ihren Hund immer mehr in den Fokus. So wird es immer schwieriger, die Verleitung nicht zu durchlaufen und stattdessen den gewünschten Hoop zu absolvieren. Diese Übung ist daher nur für fortgeschrittene Teams geeignet.

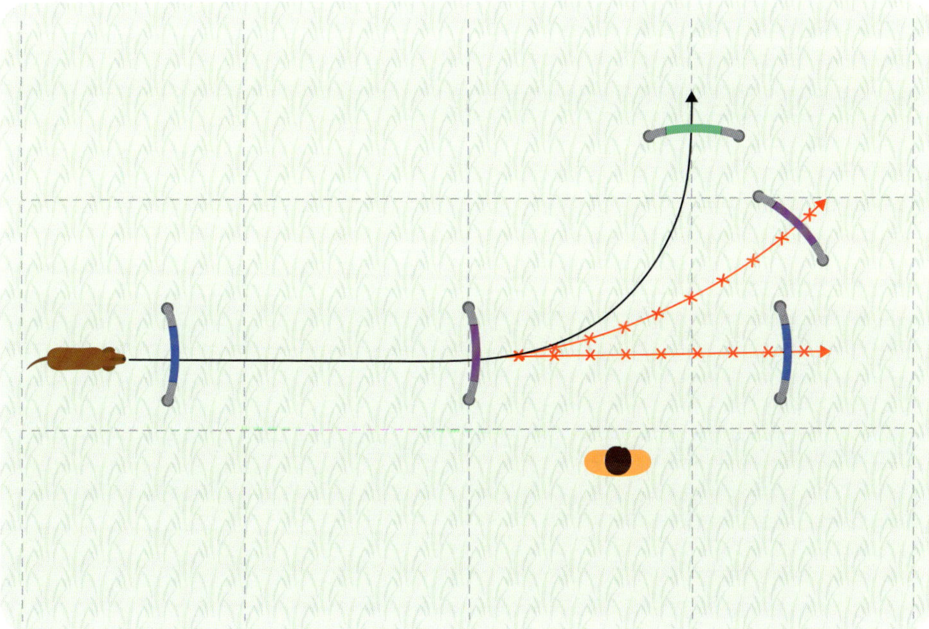

Fortgeschrittene Teams können die Schwierigkeit steigern, indem sie die Verleitung immer näher an den zu durchlaufenden Hoop annähern.

Das Signal „Vor“ – Verleitungen ausblenden

In einem Parcours werden mit zunehmender Schwierigkeit Verleitungen eingebaut. Damit der Hund das richtige Gerät absolviert, muss sein Mensch ihn entsprechend durch den Parcours führen. Möchte man, dass der Hund Hindernisse nah am Menschen absolviert und nicht geradeaus weiterarbeitet und die Verleitung anläuft, eignet sich häufig der Einsatz des Führelements „Rum“. Soll der Hund hingegen nicht das Hindernis in Richtung des Menschen absolvieren, sondern stattdessen geradeaus weiterarbeiten und auf Distanz gehen, ist es hilfreich, ein weiteres Signal eigens dafür zu haben. Ich verwende hierfür das Hörzeichen „Vor“.

Dieses Hörzeichen soll bedeuten: Laufe geradeaus weiter zum nächsten Gerät und blende die Hindernisse zu deiner rechten und linken Seite aus.

Dieses Signal muss natürlich ebenfalls in kleinen Schritten trainiert werden.

Das Trainingsziel:

Ihr Hund soll lernen, auf das Signal „Vor“ geradeaus weiterzuarbeiten und das Hindernis, das eine Verleitung in Ihre Richtung darstellt, auszublenden. Die seitliche Distanz sowie die Distanz nach vorn werden nach und nach gesteigert. Nach erfolgreichem Sequenztraining wird das „Vor“ in anderen Sequenzen und kleinen Trainingsparcours eingebaut.

Der Trainingsaufbau:

Für das Training des Signals „Vor“ benötigen wir eine gerade Reihe von drei Hoops sowie einen weiteren Hoop als Verleitung. Stellen Sie die drei Hoops in gerader Linie auf, der Abstand dazwischen sollte etwa sieben Schritte betragen. Den vierten Hoop stellen Sie als Verleitung im rechten Winkel hinter dem zweiten auf. Um im Bogen etwa sieben Schritte Abstand zu erreichen, gehen Sie nach dem zweiten Hoop vier Schritte nach vorne und vier Schritte im rechten Winkel zur Seite. Der Verleitungs-Hoop steht immer auf der Seite des Menschen. Ihr Hund startet immer vom ersten Hoop aus.

Notwendige Geräte:
4 Hoops

Zur Belohnung des Signals „Vor“ empfehle ich den Einsatz einer sehr hochwertigen Belohnung. Ihr Hund soll lernen, dass es sich lohnt, das Hindernis auf Distanz zu wählen. Bei Jimmy habe ich für das Training des Signals „Vor“ den beliebten Futterbeutel mit Nassfutter befüllt – ein absolutes Highlight für ihn, sodass er schnell großen Gefallen an dieser Übung gefunden hat.

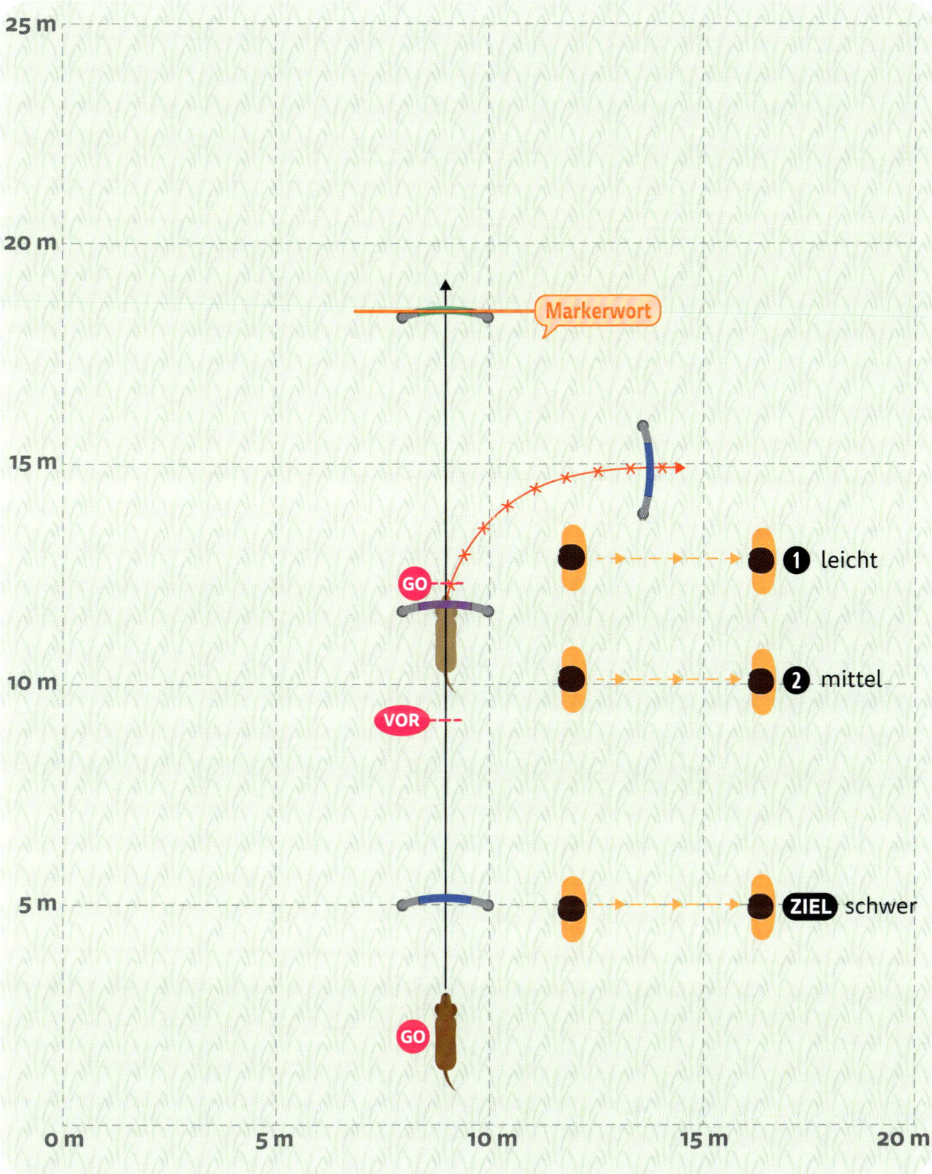

Der Hund lernt auf das Signal „Vor" Verleitungen auszublenden und geradeaus weiterzuarbeiten.

Erster Trainingsschritt:

Bringen Sie Ihren Hund vor dem ersten Hoop in Startposition. Stellen Sie sich mit geringer seitlicher Distanz etwa zwei Schritte hinter den zweiten Hoop, sodass Sie nahe an der Verleitung stehen.

Starten Sie Ihren Hund mit Ihrem Laufsignal „Go". Etwa zwei Hundelängen vor Erreichen des zweiten Hoops geben Sie das neue Signal „Vor". Sobald Ihr Hund in den zweiten Hoop eintaucht, geben Sie das bekannte Signal „Go". Auf Höhe des zweiten Hoops können Sie Ihrem Hund mit einem Impuls helfen, indem Sie einen Schritt auf ihn zugehen. So wird im signalisiert, dass er die gerade Lauflinie beibehält und in gerader Linie durch den Hoop läuft. Sobald Ihr Hund den dritten Hoop durchlaufen hat, sprechen Sie Ihr Markerwort aus. Um das Arbeiten nach vorne zu verstärken, empfiehlt es sich, die Belohnung in Laufrichtung nach vorne auszuwerfen. Da das neue Hörzeichen „Vor" erst noch etabliert werden muss, geben Sie am zweiten Hoop noch ein „Go" zum Absolvieren des dritten Hoops. Dieses können Sie nach mehrmaligen Wiederholungen nach und nach abbauen und nur noch dann einsetzen, wenn Ihr Hund bei Ihnen nachfragt.

Zweiter Trainingsschritt:

Hat Ihr Hund ohne zu zögern den dritten Hoop absolviert, beginnen Sie auf Ihrer Position schrittweise die seitliche Distanz zu steigern. Gehen Sie nach jedem erfolgreichen Durchgang einen Schritt nach hinten, bis Sie die Sequenz mit einer seitlichen Distanz von etwa sieben Schritten führen können.

Dritter Trainingsschritt:

Beherrscht Ihr Hund den zweiten Trainingsschritt, verringern Sie die seitliche Distanz und begeben sich auf Höhe des zweiten Hoops oder auch etwas davor. Starten Sie Ihren Hund nun von hier. Nach jedem erfolgreichen Durchgang können Sie in dieser Position die seitliche Distanz steigern. Achten Sie darauf, dass Sie in kleinen Schritten vorgehen.

Vierter Trainingsschritt:

Steigern Sie in den weiteren Trainings die seitliche Distanz sowie die Distanz nach vorn. Ihr Ziel sollte es sein, Ihren Hund aus einer Position auf Höhe des ersten Hoops mit sieben Schritten seitlicher Distanz schicken zu können. Verringern Sie die seitliche Distanz immer dann, wenn Sie die Schwierigkeit der Distanz nach vorne durch das Einnehmen einer neuen Position verändern. Erhöhen Sie die Schwierigkeit immer nur dann, wenn Ihr Hund zuvor sicher den gewünschten Weg gelaufen ist.

Fünfter Trainingsschritt:

Trainieren Sie die Trainingsschritte eins bis vier auch von der anderen Seite aus geführt. Stellen Sie hierzu den Verleitungs-Hoop auf die andere Seite.

Sechster Trainingsschritt:

Hat Ihr Hund das „Vor" verstanden und führt es zuverlässig und sicher aus, können Sie die Übung variieren. Er soll lernen, die Sequenz nicht auswendig zu absolvieren, sondern auf Sie zu achten. Starten Sie ihn mit „Go" und sprechen Sie ihn etwa zwei Hundelängen vor dem zweiten Hoop mit „Hasi" an, um ihn durch den Verleitungs-Hoop zu führen. Belohnen Sie ihn für die richtige Ausführung und wiederholen Sie diese Abfolge zwei bis drei Mal. Beim vierten Durchgang hingegen holen Sie Ihren Hund nicht zu sich herein, sondern schicken ihn wieder geradeaus nach vorne. Dabei kann ein Impuls hilfreich sein, um die gewünschte Lauflinie zu verdeutlichen. Hierbei muss Ihr Hund lernen, genau auf Sie und Ihre Signale zu achten.

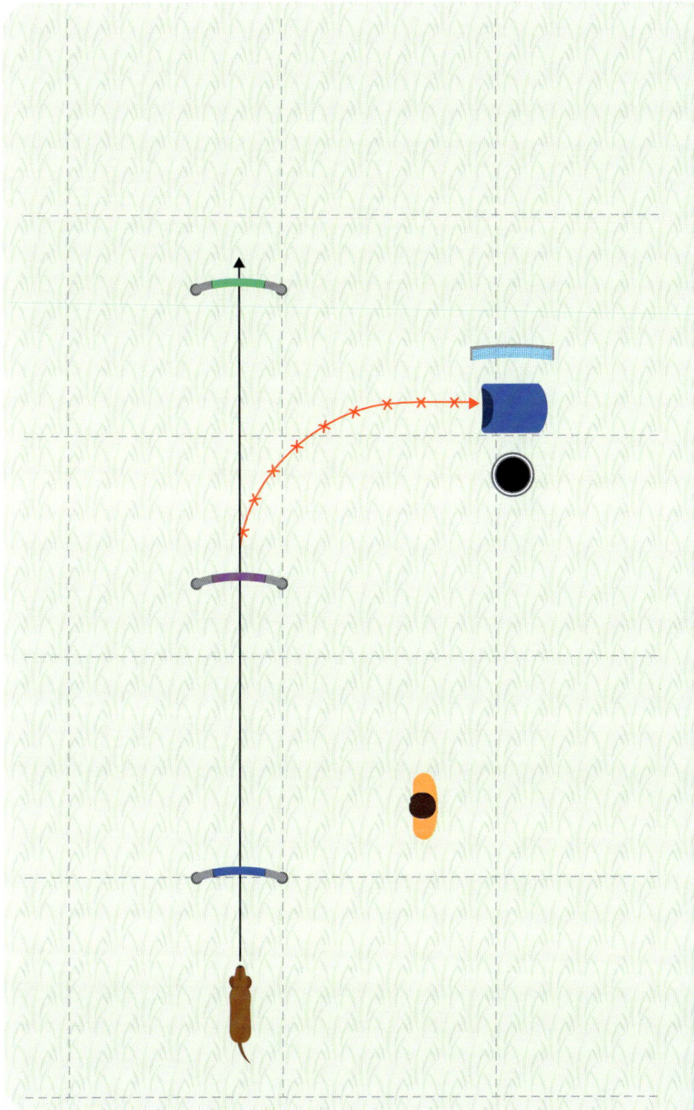

Das Verleitungshindernis kann durch bekannte Geräte ausgetauscht werden. So lernt der Hund, das Signal auch in anderen Hindernisanordnungen zu generalisieren.

Siebter Trainingsschritt:

Haben Sie das Sequenztraining erfolgreich absolviert, können Sie nun die Verleitung variieren. Tauschen Sie den Verleitungs-Hoop durch einen Tunnel, eine Tonne oder ein Gate aus. Die Hoops in gerader Linie sollten Sie vorerst nicht durch andere Hindernisse ersetzen, da hierfür vorab weiteres Grundlagentraining notwendig ist.

Um die Schwierigkeit zu steigern, können Fortgeschrittene das Verleitungshindernis an den grünen Hoop annähern. Je näher das Hindernis am Hoop, desto schwieriger wird es für den Hund.

Tipps und Tricks: Was kann ich tun, wenn es nicht klappt?

Mögliche Schwierigkeit: Ihr Hund läuft nicht geradeaus, sondern durch den Verleitungs-Hoop.

Tipp: Stehen Sie bereits sehr nah am Verleitungs-Hoop und lässt sich Ihr Hund dennoch nicht gerade nach vorne schicken, stellen Sie den Verleitungs-Hoop weiter weg, sodass sich die Distanz zu diesem deutlich vergrößert. Belohnen Sie dann besonders hochwertig. Nähern Sie das Verleitungshindernis danach in sehr kleinen Schritten wieder an.

Mögliche Schwierigkeit: Mit zunehmender seitlicher Distanz und Distanz nach vorne wird Ihr Hund zögerlich und durchläuft immer wieder einmal die Verleitung.

Tipp: Gehen Sie einen Trainingsschritt zurück und verringern Sie Ihre Distanz. Trainieren Sie mehrmals die Distanz, auf welcher Ihr Hund die Übung sicher beherrscht. Steigern Sie das Training dann langsam in kleineren Schritten.

Mögliche Schwierigkeit: Ihr Hund läuft lieber geradeaus. Für ihn stellt das zusätzliche Hindernis zur Seite keine Verleitung dar.

Tipp: Starten Sie Ihren Hund mit einem „Go“. Geben Sie etwa zwei Hundelängen vor dem zweiten Hoop das Signal „Hasi“ und veranlassen ihn so, den Verleitungs-Hoop zu absolvieren. Belohnen Sie ihn für die richtige Ausführung. Nun weiß Ihr Hund, dass auch dieser Hoop eine Option für ihn ist. Beim nächsten Durchgang wiederholen Sie die Übung mit dem „Vor“. Helfen Sie nun gegebenenfalls mit einem Impuls. Diese Übung sollten Sie nur bei Hunden durchführen, die das gerade Laufen bevorzugen oder bei Hunden, die das „Vor“ bereits sicher beherrschen. Einen Hund im Trainingsaufbau könnten Sie durch eine zu frühe Differenzierungsübung verunsichern.

Kreisführung und Verleitung – Sequenztraining

Bei allen Führelementen ist es wichtig, dass diese nicht nur in der Trainingssequenz selbst, sondern auch aus dem Lauf heraus trainiert werden. Nur so kann der Hund das Signal generalisieren und es in unterschiedlichen Situationen sicher umsetzen. Um das „Vor" aus dem Lauf heraus in einer längeren Sequenz zu trainieren, eignet sich die Kreisführung.
Hierbei durchläuft Ihr Hund zunächst fünf Hoops, bevor er mit dem Signal „Vor" die Verleitung ausblenden und den sechsten Hoop durchlaufen soll. Bei diesem Sequenztraining bildet das neue Führelement den Abschluss des Laufes, sodass der Hund direkt im Anschluss gebührend belohnt werden kann.

Notwendige Geräte:
6 Hoops

Die Kreisführung – das Training

Bringen Sie Ihren Hund vor dem ersten Hoop in Startposition. Begeben Sie sich in den Führbereich und starten Sie Ihren Hund von hier mit Ihrem „Go".
Führen Sie ihn durch die Sequenz, indem Sie sich mit ihm drehen. Achten Sie darauf, dass Ihre Körperfront auf Ihren Hund ausgerichtet ist. Sollte Ihr Hund bei Ihnen nachfragen, indem er das innere Ohr zu Ihnen richtet oder gar den Kopf in Ihre Richtung dreht, geben Sie erneut ein „Go". So können Sie ihm signalisieren, auf der Lauflinie zu bleiben und die weiteren Hoops zu absolvieren. Etwa zwei Hundelängen vor Hoop (5), genau in dem Moment, in welchem Ihr Hund zu Hoop (6) schaut, sprechen Sie Ihr Hörzeichen „Vor" aus. Dies ist das Signal für Ihren Hund, Hoop (6) zu durchlaufen und Hoop (2), der eine Verleitung darstellt, auszulassen. Durch das frühzeitige Ansagen des Hörzeichens „Vor" weiß Ihr Hund bereits vor dem Hindernis, was er danach zu tun hat. Sollte Ihr Hund nach dem Durchlaufen des fünften Hoops trotz des Hörzeichens den Kopf in Ihre Richtung drehen, helfen Sie ihm, indem Sie einen Impuls geben und einen Schritt auf Ihren Hund zu machen. So können Sie das „Vor" körpersprachlich unterstreichen. Bauen Sie diese Hilfestellung bei den nächsten Trainingsdurchgängen wieder ab. Trainieren Sie auch diese Sequenz von beiden Seiten, also mit Hindernissen in umgekehrter Abfolge (6-5-4-3-2-1).
Um die Schwierigkeit zu steigern, können Sie den Führbereich in kleinen Schritten verändern. Je weiter Sie von der „Vor" Sequenz weg stehen, desto schwieriger wird die Ausführung für Ihren Hund. (Siehe Grafik S.158)

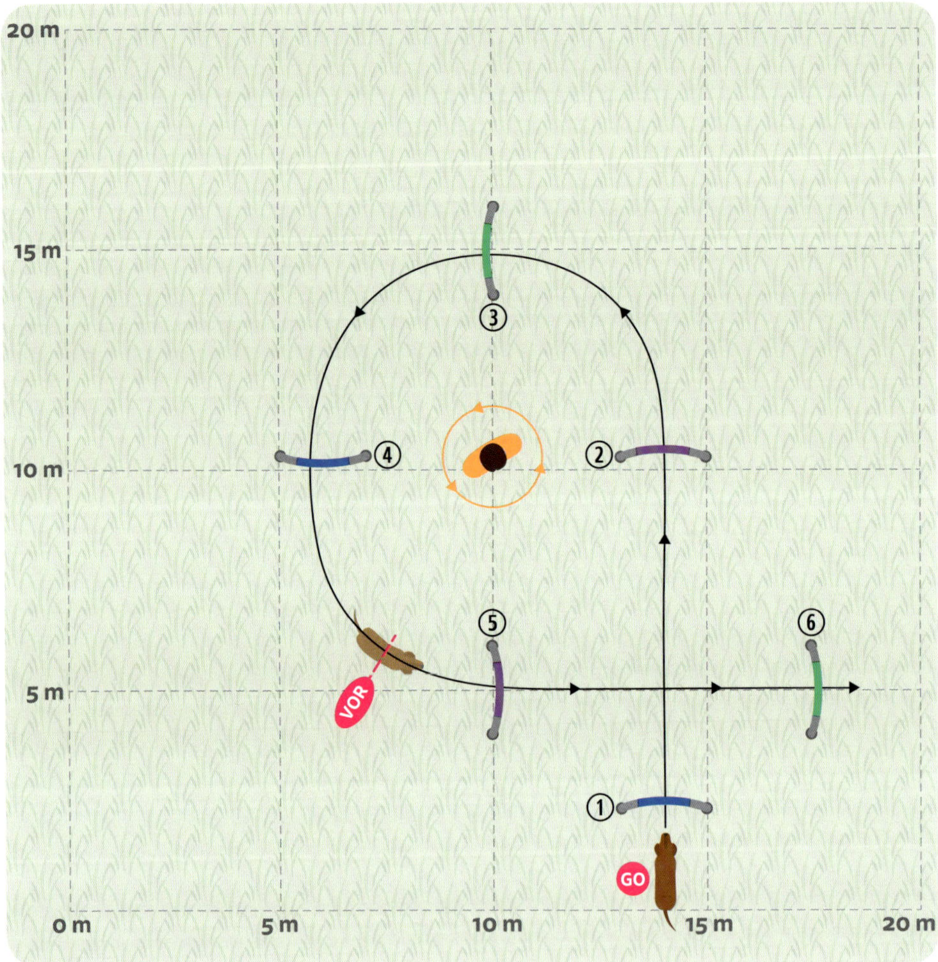

Bei dieser Übung lernt der Hund das „Vor" aus dem Lauf heraus umzusetzen.

Das U mit Verleitungen – Sequenztraining

„Vor“ – Verleitungen am kleinen U

Notwendige Geräte:
8 Hoops

Das Signal „Vor“ können Sie auch am kleinen „U“ festigen und trainieren. Stellen Sie hierzu zwischen Hoop (1) und (2), sowie zwischen (5) und (6) zur Verleitung zwei weitere Hoops in der Mitte des „U“ auf.

Bringen Sie Ihren Hund vor dem ersten Hoop in Startposition und begeben sich in den Führbereich. Starten Sie Ihren Hund mit dem Hörzeichen „Go“, gefolgt von dem Signal „Vor“, sodass er rasch die Information erhält, geradeaus zu laufen. Führen Sie Ihren Hund dann weiter bis zu Hoop (5). Kurz vor diesem sprechen Sie Ihr Hörzeichen „Vor“ aus, um ihn zu Hoop (6) zu schicken. Sollte Ihr Hund seinen Kopf in Ihre Richtung drehen, helfen Sie körpersprachlich, indem Sie einen Impuls geben.

Diese Sequenz können Sie natürlich auch seitenverkehrt trainieren, sodass Sie Ihren Hund bei Hindernis (6) starten und rückwärts von (6) bis (1) laufen lassen. (Siehe Grafik S.160)

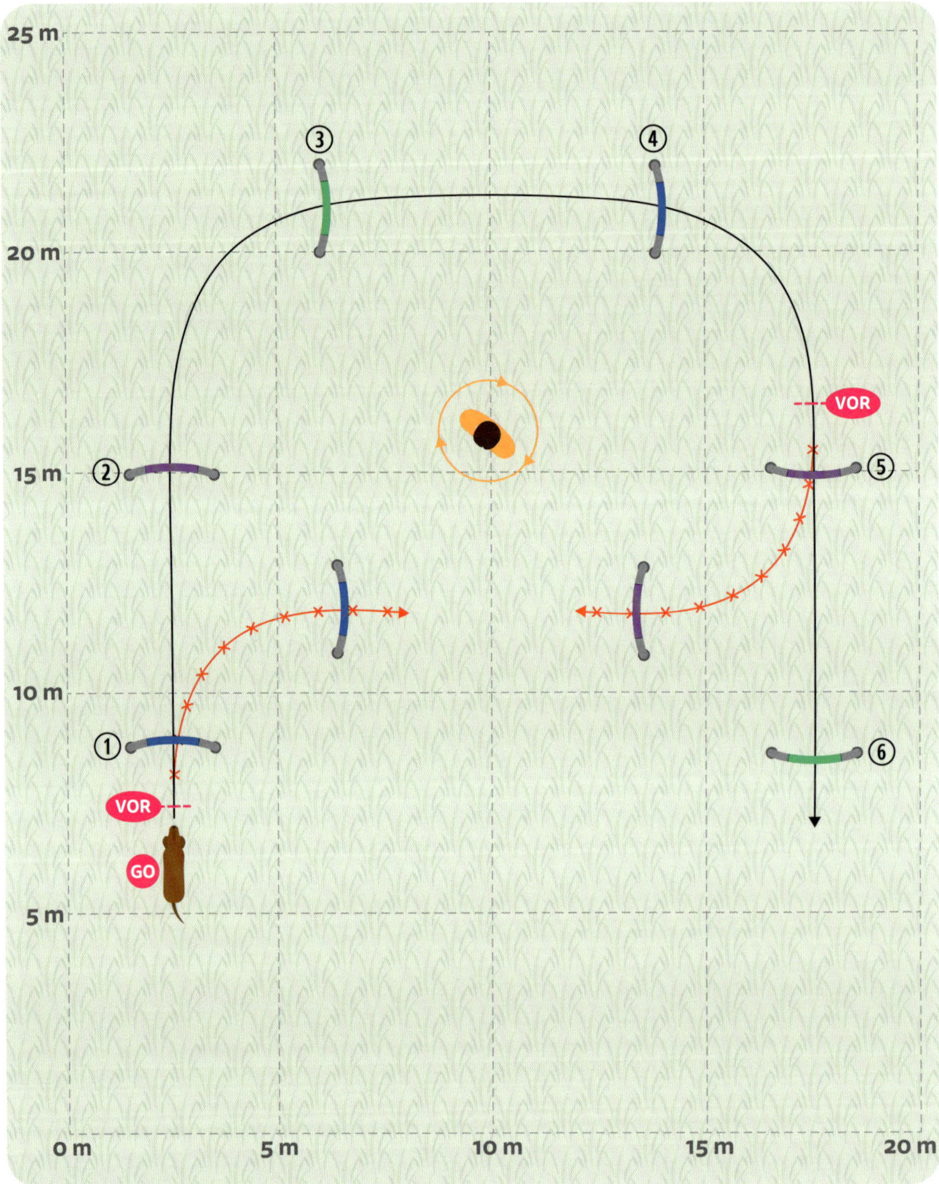

Die Hoops in der Mitte stellen Verleitungen dar. So kann am kleinen U das Signal „Vor“ weiter gefestigt werden.

„Vor“ – Verleitungen am kleinen U mit verändertem Führbereich

Das Training an der bekannten Sequenz können Sie variieren, indem Sie den Führbereich weiter nach unten, Richtung Hoop (1) und (6), verlegen. Hierbei verändert sich der Schwierigkeitsgrad. Ihr Hund arbeitet nun von Hoop (1) zu Hoop (2) nach vorne, an Ihnen vorbei und lässt hierbei eine Verleitung aus.

Auf dem Rückweg muss er die Verleitung zwischen Hindernis (5) und (6) auslassen, was erfahrungsgemäß deutlich leichter ist, weil er in Ihre Richtung arbeitet. Diese Passage lässt sich auch mit dem Signal „Go“ führen. Um das „Vor“ weiter zu festigen und in vielen unterschiedlichen Situationen zu wiederholen, empfehle ich Ihnen jedoch, dieses auch hier anzuwenden.

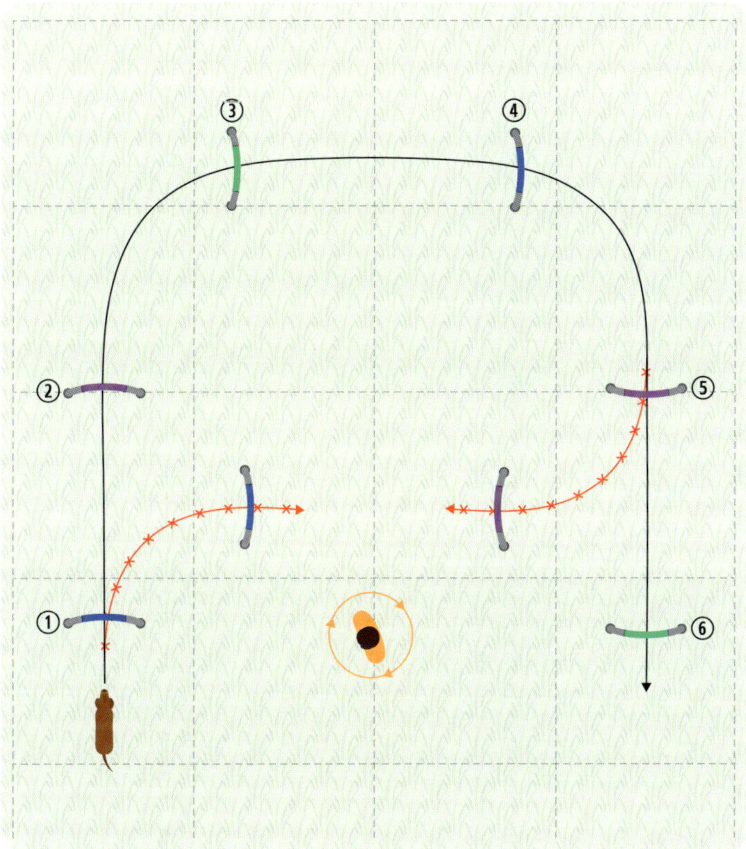

Durch die Veränderung des Führbereiches verändern sich die Distanzen und damit auch der Schwierigkeitsgrad.

Trainingssequenz mit „Vor“ und „Hasi“

Fühlen Sie sich mit dem „Vor" in den vorherigen Sequenztrainings sicher, können Sie die Schwierigkeit am vorhandenen Trainingsparcours durch eine kleine Abwandlung weiter steigern.

Bringen Sie Ihren Hund erneut vor Hoop (1) in Startposition und begeben sich in den Führbereich. Starten Sie Ihren Hund und sprechen Sie ihn kurz nach Hindernis (4) mit „Hasi" an, sodass er nach Gerät (5) in Ihre Richtung abbiegt. Nun führen Sie ihn im Kreis um sich herum. Kurz vor Hoop (11) geben Sie das Hörzeichen „Vor", damit Ihr Hund diesmal nicht den Hoop (6) in Ihre Richtung läuft, sondern stattdessen geradeaus durch Hoop (12).

Genau hier liegt die Schwierigkeit dieses Trainings. Da Ihr Hund nun deutlich mehr Hindernisse am Stück absolvieren musste und zuvor in Ihre Richtung arbeiten sollte, kann es ihm hier zunächst schwerfallen, sich geradeaus zu richten und zu Hindernis zwölf zu orientieren.

Sollte Ihr Hund an Hindernis (11) in Ihre Richtung blicken, helfen Sie ihm, indem Sie ihm einen Impuls geben. Sollte die Übung noch zu schwer sein, stellen Sie sich näher an Hoop (5) und (6), sodass die seitliche Distanz bei der letzten Sequenz nicht zu groß ist. Nach jedem erfolgreichen Durchgang können Sie die seitliche Distanz dann wieder vergrößern, bis Sie Ihren Hund aus dem ursprünglich angedachten Führbereich führen können. Klappt diese Trainingssequenz, trainieren Sie sie auch von der anderen Seite, indem Sie Ihren Hund bei Hoop (12) starten und die Geräte in umgekehrter Reihenfolge absolvieren lassen.

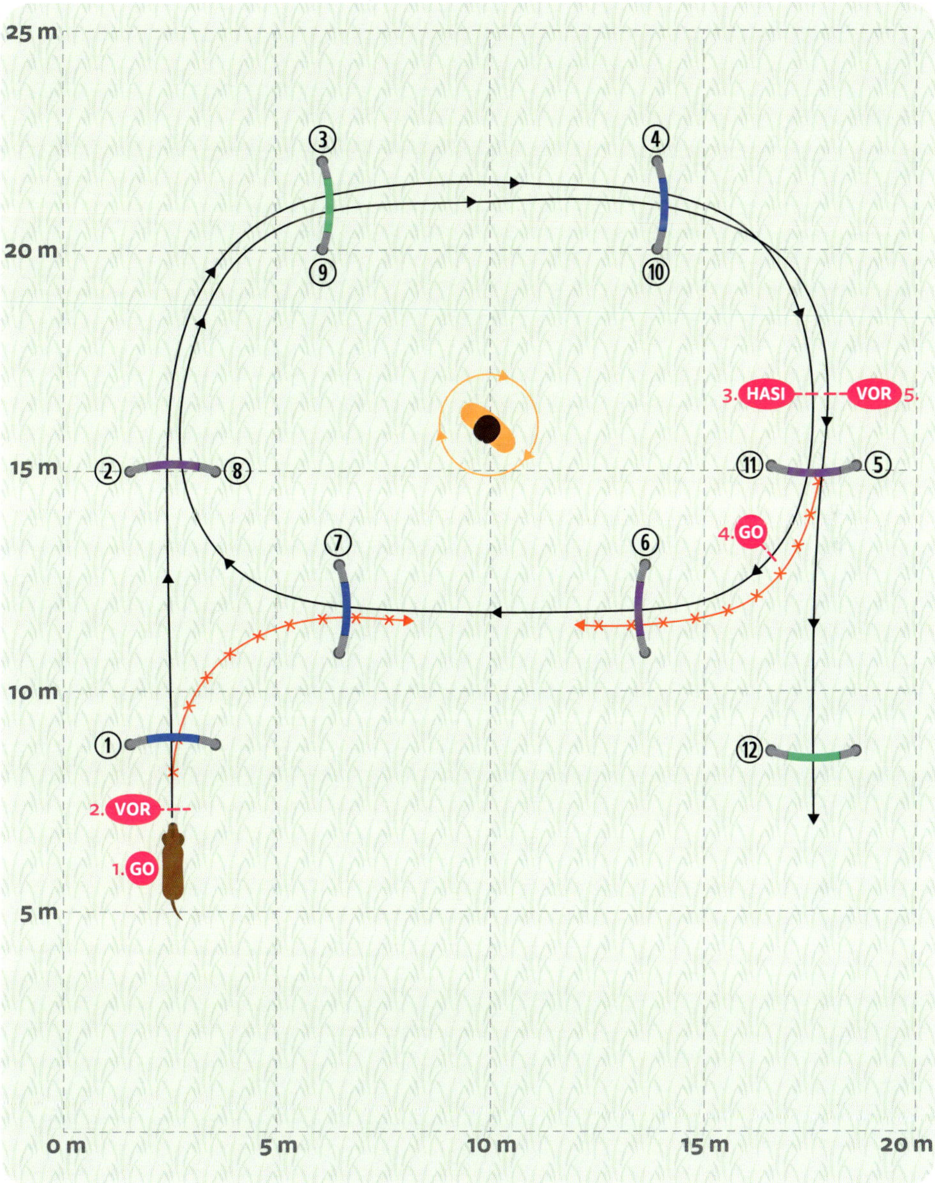
25 m
20 m
15 m
10 m
5 m
0 m
5 m
10 m
15 m
20 m
1. GO
2. VOR
3. HASI
4. GO
VOR 5.

Trainingsparcours mit einfachem Richtungswechsel und „Vor“

Notwendige Geräte:
7 Hoops

In diesem Trainingsparcours können Sie das Signal „Vor“ sowie den einfachen Richtungswechsel trainieren.

Bringen Sie Ihren Hund vor dem ersten Hoop in Startposition und begeben Sie sich in den Führbereich. Starten Sie Ihren Hund von hier mit Ihrem „Go“ und drehen Sie sich mit Ihrem Hund mit. Kurz vor Hoop (4) geben Sie das Hörzeichen „Vor“, damit Ihr Hund geradeaus zu Hoop (5) läuft. Hindernis (1) stellt in dieser Passage eine Verleitung dar.

Ihr „Vor“ können Sie durch einen Impuls verstärken, indem Sie einen Schritt auf Ihren Hund zugehen. Halten Sie nun Ihre Körperspannung bei, um Ihren Hund auf die weiteste Distanz bei Hindernis (6) zu führen. Kurz vor Gerät (7) sprechen Sie Ihren Hund mit „Hasi“ an, damit er auf Sie zuläuft. Hat er Hoop (7) durchlaufen, geben Sie ein „Go“, um ihn durch Hoop (8) und die weiteren Hoops zu schicken. Achten Sie darauf, dass Sie sich so mit Ihrem Hund mitdrehen, dass Ihr Bauchnabel immer in seine Richtung zeigt.

Kurz vor Hindernis (11) geben Sie erneut ein „Vor“, damit Ihr Hund Hoop (12) absolviert und Hoop (8), der eine Verleitung darstellt, ausblendet. Bauen Sie ab Gerät (11) Körperspannung auf und halten diese bis Hoop (13). Verringern Sie Ihre Körperspannung dann wieder, damit Ihr Hund das letzte Hindernis in Ihre Richtung durchläuft.

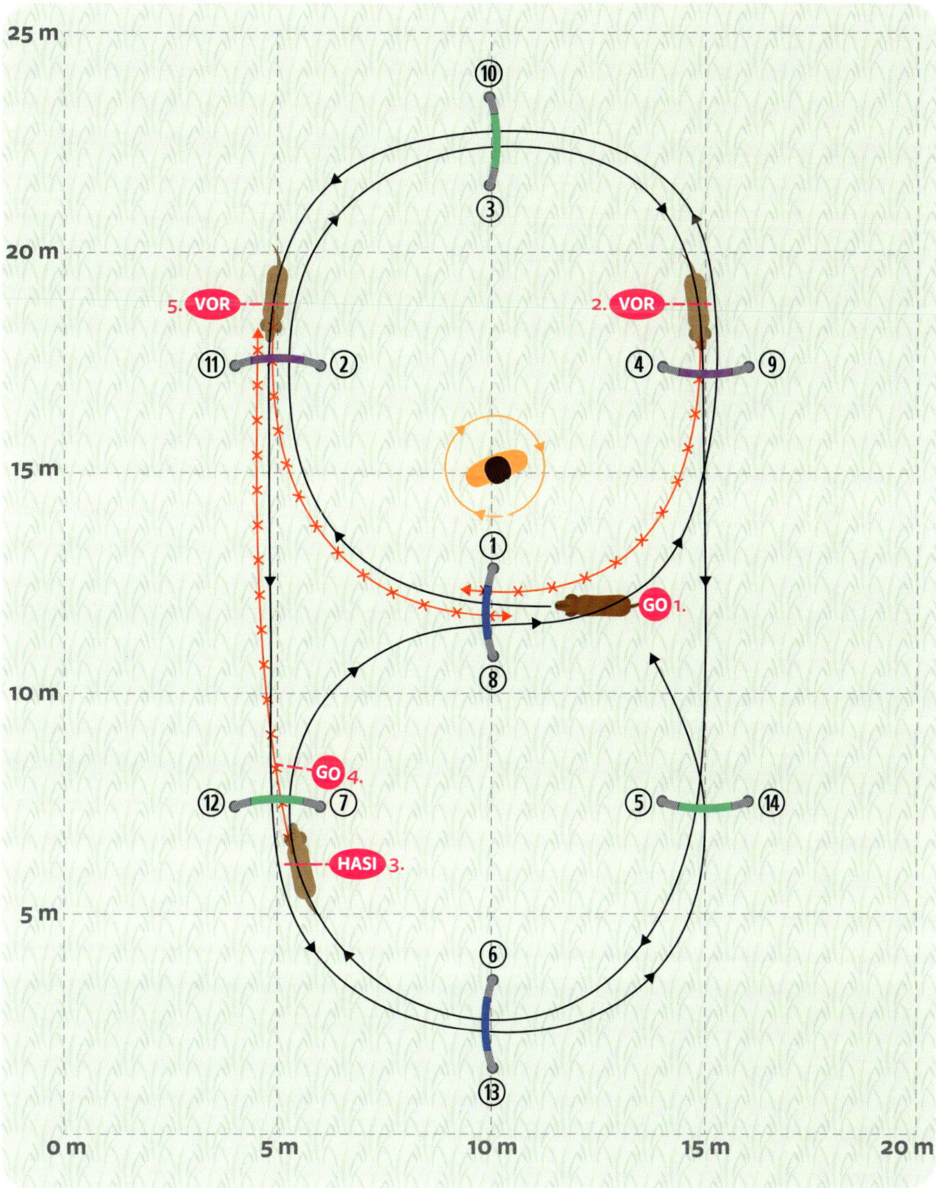
25 m
20 m
15 m
10 m
5 m
0 m
5 m
10 m
15 m
20 m
⑩
③
5. VOR
2. VOR
⑪
②
④
⑨
①
GO 1.
⑧
GO 4.
⑫
⑦
⑤
⑭
HASI 3.
⑥
⑬

Weiterer Trainingsparcours mit einfachem Richtungswechsel und „Vor“

Dieser Trainingsparcours ist aufgebaut wie der vorherige Parcours. Durch die Abfolge der Hindernisse ergeben sich Verleitungen nach innen und geradeaus. Starten Sie Ihren Hund an Hoop (1) und führen Sie ihn bis zu Gerät (4). Kurz vor diesem signalisieren Sie ihm durch das „Vor", dass er geradeaus weiter zu Hoop (5) laufen und die Verleitung (Hoop (1)) auslassen soll.
Sprechen Sie ihn an Hindernis (7) rechtzeitig mit „Hasi" an, um ihn auf Hindernis (8) zu lenken. Andernfalls kann es passieren, dass Ihr Hund geradeaus weiter durch Hindernis (2) läuft.
Geben Sie ein „Go" zum Weiterlaufen durch die bevorstehenden Geräte. Kurz vor Hindernis (11) verwenden Sie wieder Ihr Hörzeichen „Hasi", um Ihren Hund durch Hoop (12) zu führen. Bei zu später Ansprache kann es passieren, dass er das Gerät (7) absolviert. Haben Sie einen sehr lauffreudigen oder auch sehr großen Hund, der das Arbeiten geradeaus bevorzugt, können Sie die Passage (11) bis (13) auch mit dem Führelement „Rum" führen, um die Verleitung Hoop (7) auszublenden. Möchten Sie dieses Signal einsetzen, bleiben Sie mit Ihrer Körperfront auf Hindernis (10) ausgerichtet und geben Sie Ihrem Hund das Hörzeichen „Rum", kurz bevor er Hindernis (11) durchläuft. So weiß er, dass er nach Hoop (11) das Gerät in Ihrem Rücken und somit Hindernis (12) absolvieren soll. Kurz nachdem Ihr Hund hinter Ihrem Rücken verschwindet, geben Sie ein „Go", um ihn durch Hoop (13) und (14) zu schicken.

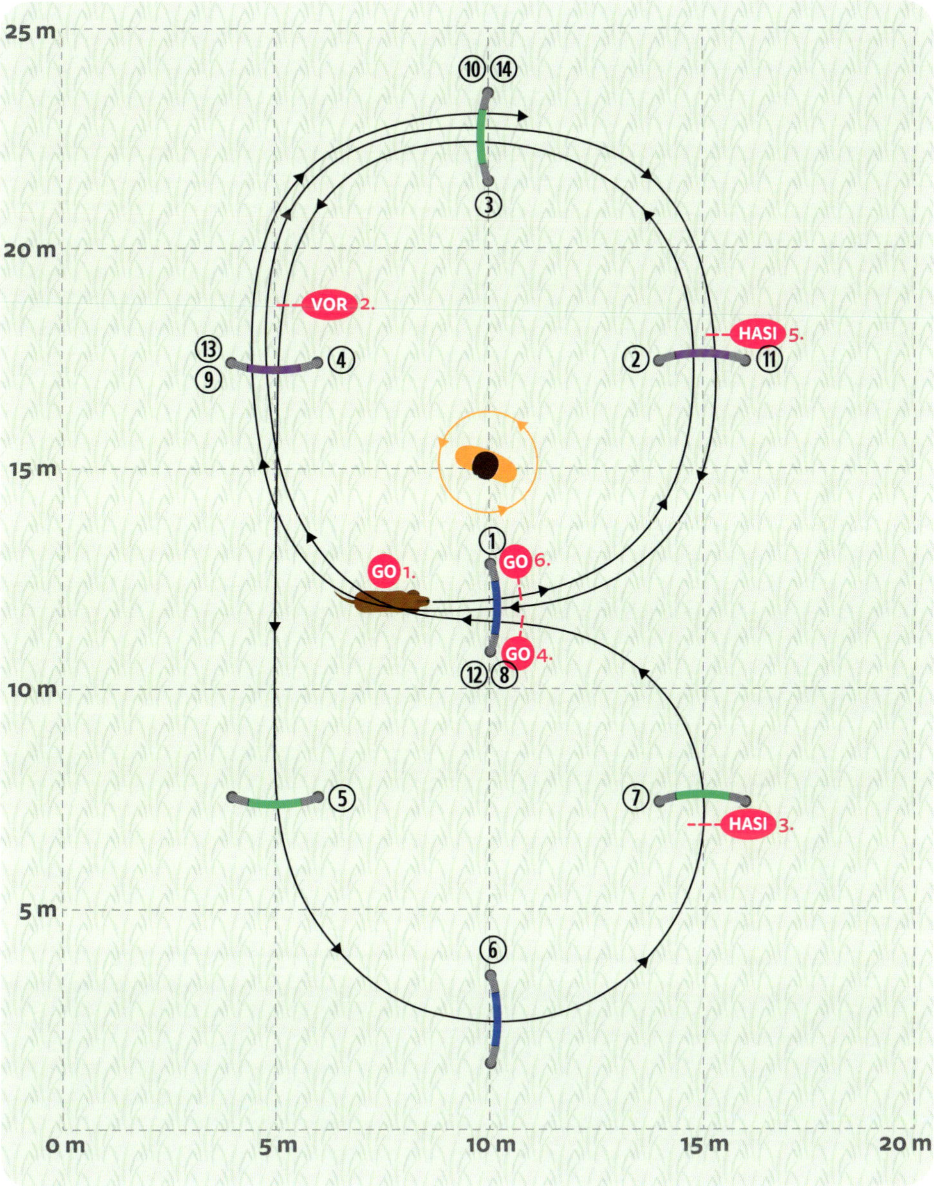
25 m
20 m
15 m
10 m
5 m
0 m
5 m
10 m
15 m
20 m
⑩ ⑭
③
VOR 2.
HASI 5.
⑬
⑨
④
②
⑪
①
GO 1.
GO 6.
GO 4.
⑫ ⑧
⑤
⑦
HASI 3.
⑥

8. Sequenztraining zur Festigung des bereits Erlernten

Führübungen an vier Tonnen

Um die bereits erlernten Führelemente weiter zu festigen, bieten sich Kombinationsübungen an vier Tonnen an. Bei diesem Sequenztraining können Sie lernen, Ihren Hund richtig zu führen. An den vier Geräten begleiten Sie Ihren Hund mit Ihrer Körperfront und lernen so, sich angepasst an das Lauftempo Ihres Hundes mitzudrehen. Sie können die Signale „Außen", „Rum" und „Weg" unterschiedlich kombinieren und lernen, diese aus dem Lauf heraus anzukündigen und umzusetzen. Sie lernen, Ihr Timing zu verfeinern und die Signale so anzusagen, dass Ihr Hund diese rechtzeitig umsetzen kann. Ebenfalls lernen Sie, sich eine längere Hindernisabfolge zu merken. Dies fordert Mensch und Hund mental. Ihr Hund lernt, auch mehrere Hindernisse hintereinander zu absolvieren. Gerade im Sequenztraining zur Vorbereitung auf das Absolvieren eines Parcours trainiert man häufig nur drei bis vier Geräte. Viele Hunde haben dadurch schnell die Erwartungshaltung, dass die Übungseinheit nach vier Hindernissen beendet ist. Bei den Übungen an vier Tonnen lernt Ihr Hund, auch länger zuzuhören und so lange weitere Hindernisse zu absolvieren, bis Ihr Markerwort ertönt.

Notwendige Geräte:
4 Tonnen

Die Übungen an den Tonnen eignen sich auch für Hunde, die Hoops noch nicht sicher durchlaufen. Außerdem können diese Führübungen toll auf dem Spaziergang integriert und an Bäumen anstatt Tonnen umgesetzt werden. Die Abstände zwischen den Tonnen sollten mindestens zehn Schritte von Tonne zu Tonne betragen. Bei großen oder schnellen Hunden können Sie die Distanz durchaus auch größer wählen.

Sequenz 1

Bringen Sie Ihren Hund in die Startposition wie auf der Abbildung. Achten Sie darauf, dass er zur ersten Tonne ausgerichtet ist und sich nach Möglichkeit seitlich versetzt zur Tonne befindet, sodass er diese in einer geraden Linie anlaufen kann. Starten Sie Ihren Hund mit einem „Außen" zum Anlaufen der ersten Tonne. Sollte Ihr Hund sehr eigenständig arbeiten und nach der Tonne direkt die nächste Tonne anlaufen, genügt es, wenn Sie sich mit Ihrem Körper mitdrehen. Fragt Ihr Hund eher nach und arbeitet wenig eigenständig, geben Sie an der Tonne ein weiteres Hörzeichen zum Anlaufen der nächsten Tonne.

An Hindernis (2) bringen Sie Ihren Hund durch das Signal „Hasi" dazu, in Ihre Richtung zu laufen. Bereits kurz bevor Ihr Hund sich auf Ihrer Höhe befindet, geben Sie das Hörzeichen „Rum", damit er die Tonne in Ihrem Rücken umläuft. Damit er danach wieder auf Sie zuläuft, sprechen Sie Ihn erneut mit „Hasi" an. Kurz bevor er auf Ihrer Höhe ist, schicken Sie ihn mit „Außen" um Tonne (4) und dann weiter zu Hindernis (5) und (6). Diese Führübung können Sie auch seitenverkehrt durchführen. Die Abfolge der Geräte ist dann: 6-5-1-5-2-1.

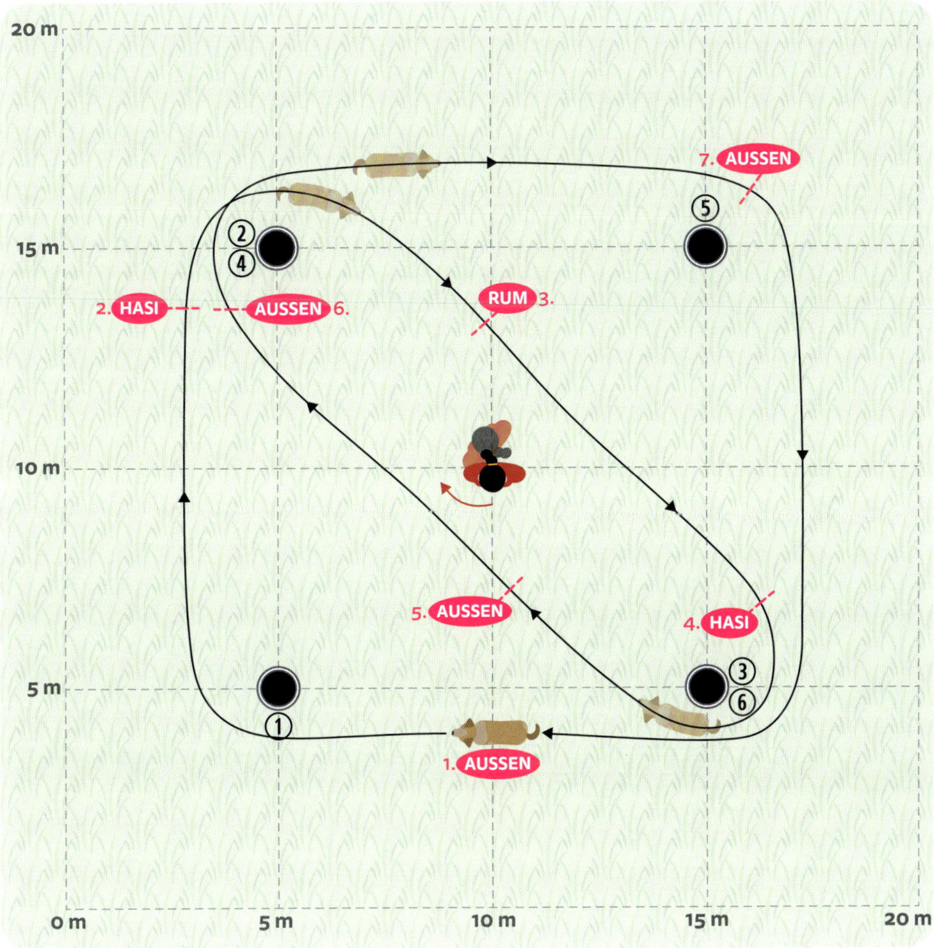
20 m
15 m
10 m
5 m
0 m
5 m
10 m
15 m
20 m
1. AUSSEN
2. HASI
RUM 3.
4. HASI
5. AUSSEN
AUSSEN 6.
7. AUSSEN
①
②
③
④
⑤
⑥

Sequenz 2

Die oben beschriebene Sequenz können Sie abwandeln, indem Sie Ihren Hund nicht in die Startposition bringen, sondern direkt bei sich starten lassen. Der Ablauf der Sequenz bleibt identisch.

Bei einem Turnierlauf ist das erste Hindernis immer ein Hoop, sodass ein Start auf eine Tonne hier nicht vorkommt. Beim Start vom Menschen weg fällt vielen Hunden das Umlaufen der Tonne zu Beginn leichter, da das Absolvieren des Gerätes so trainiert wurde. Ich trainiere immer gerne beide Varianten, um meinem Hund so viele Fertigkeiten wie möglich beizubringen. Das Starten vom Menschen aus kann von Vorteil sein, um zu üben, seinen Hund aus allen möglichen Positionen gezielt zu Geräten zu schicken. Ebenso dient es als Vorübung für das Sequenztraining des fliegenden Starts.

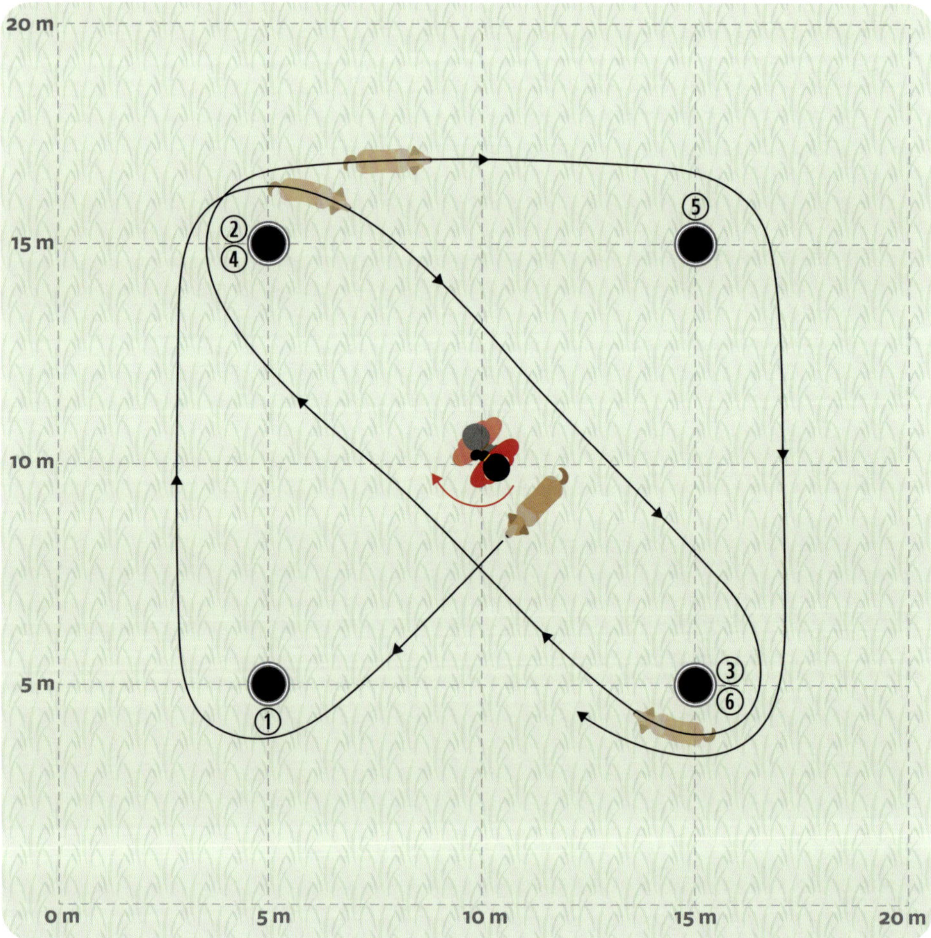

Sequenz 3

In dieser Sequenz wird ebenfalls das Führelement „Rum“ trainiert. Anders als bei der vorherigen Übung läuft der Hund nach dem Gerät im Rücken jedoch nicht zurück zum Menschen. Stattdessen soll er die Tonne (3) in Ihrem Rücken absolvieren, um danach geradeaus weiter zu Tonne (4) laufen. Der Mensch steht hierfür ohne mitzudrehen solange mit der Front zu Tonne (2), bis der Hund Tonne (3) anläuft. Sobald Ihr Hund sich an dieser Tonne befindet, geben Sie ihm das Signal „Außen“ zum Anlaufen von Tonne (4) und drehen sich mit der Front zu ihm, sodass Sie ihn ab der Mitte der beiden Hindernisse (3) und (4) wieder mit Ihrer Körperfront annehmen und weiterführen.

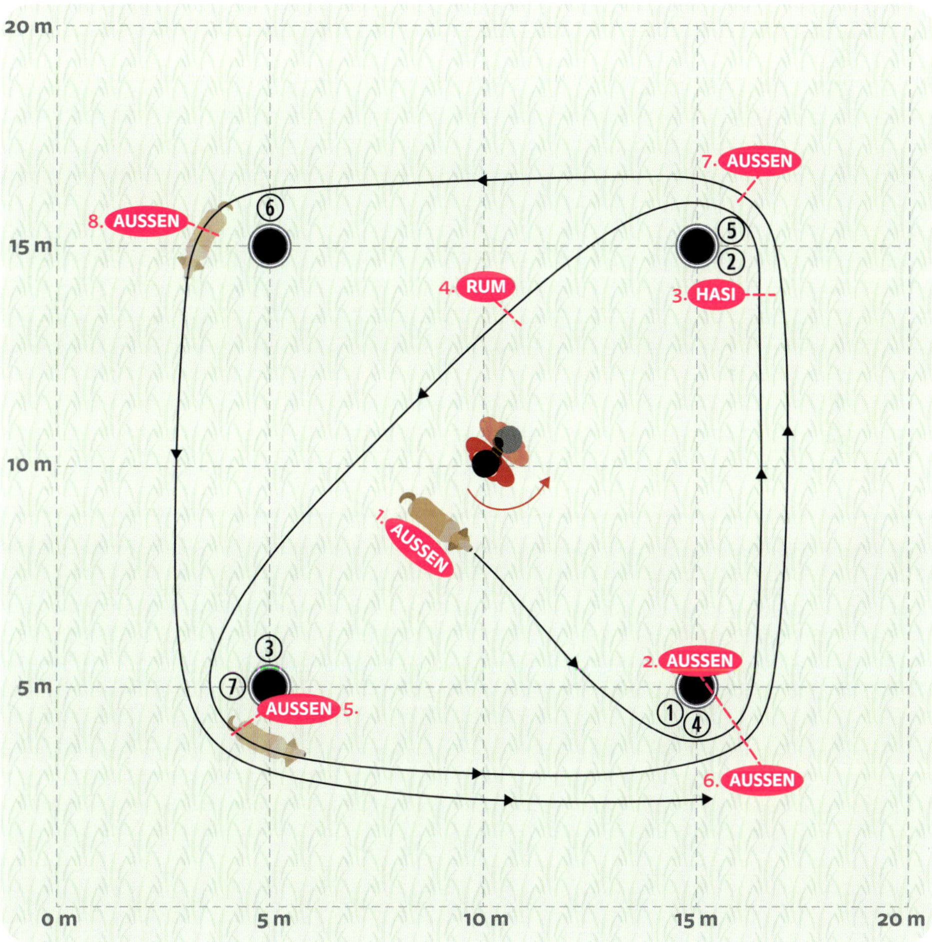

Sequenz 4

In dieser Sequenz können Sie den einfachen Richtungswechsel trainieren und festigen. Ob Sie Ihren Hund aus der Startposition auf der Lauflinie oder direkt vom Menschen aus starten, können Sie frei wählen. Schicken Sie Ihren Hund mit dem Signal „Außen" um die ersten drei Tonnen. An Gerät (3) dirigieren Sie ihn mit „Hasi" in Ihre Richtung. Sobald Ihr Hund auf Sie zuläuft, geben Sie ihm das Signal „Außen" in Kombination mit einem Impuls in seine Richtung, sodass er die Lauflinie in Richtung des Hindernis (4) aufnimmt. Sollte die Distanz zur Tonne (4) sehr groß sein, oder sollte Ihr Impuls als Hilfestellung für Ihren Hund nicht ausreichen, können Sie an dieser Stelle auch mit einem „Weg" arbeiten. Gehen Sie an Tonne (6) gleichermaßen vor und trainieren Sie hier den Richtungswechsel auf die andere Hand.

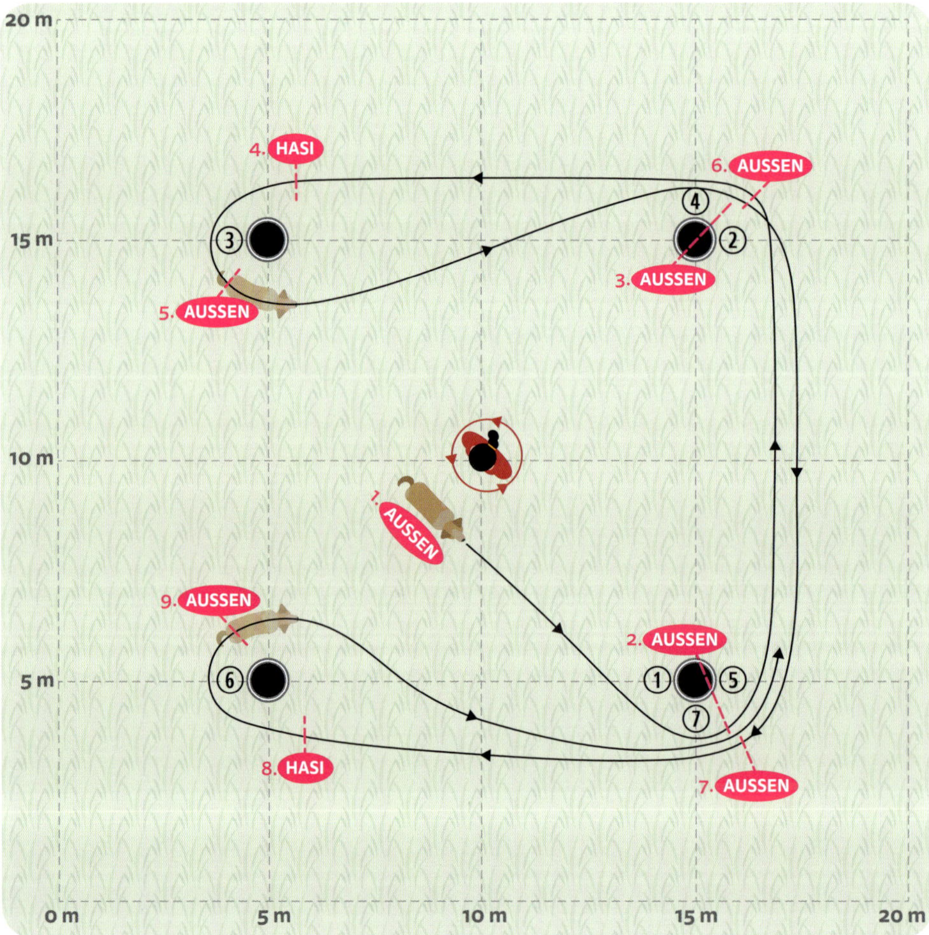

Sequenz 5

Den Schwerpunkt dieser Sequenz stellt der Richtungswechsel „Weg“ dar. Starten Sie Ihren Hund direkt bei sich oder auf der Lauflinie und schicken Sie ihn von Tonne (1) bis (2). Sobald er sich an Hindernis (2) befindet, holen Sie ihn mit dem Signal „Hasi“ in Ihre Richtung. Befindet er sich auf Ihrer Höhe, leiten Sie das „Weg“ ein, damit er die Tonne von innen nach außen umläuft und einen Richtungswechsel durchführt.

Direkt an Tonne (3) geben Sie das Signal „Außen“, damit Ihr Hund Hindernis (4) und (5) anläuft. Nach dem Umlaufen von Gerät (5) holen Sie ihn wieder mit „Hasi“ zu sich und leiten auf Ihrer Höhe das „Weg“ um Tonne (6) ein. Danach geht es im „Außen“ um Tonne (7) und (8).

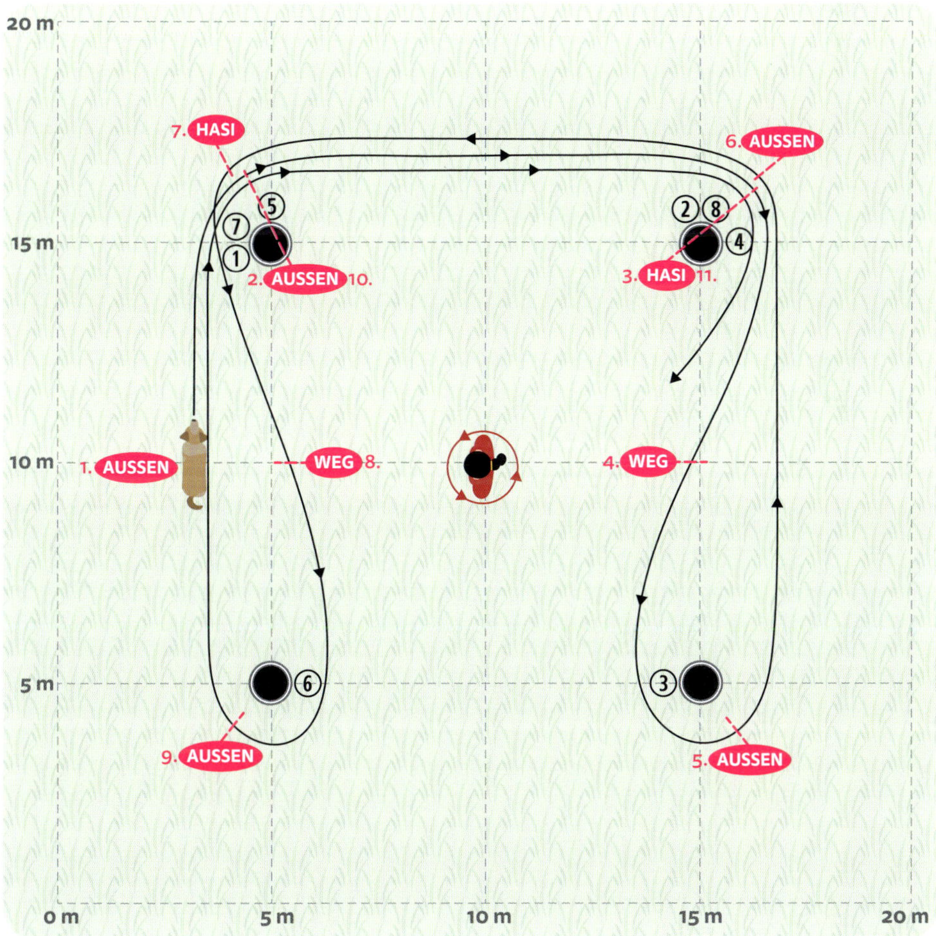

Sequenz 6

Diese Sequenz beinhaltet alle zuvor trainierten Führelemente. Die Schwierigkeit für den Menschen liegt hier insbesondere darin, sich den Laufweg des Hundes einzuprägen und die Signalgebung so einzuleiten, dass der Hund rechtzeitig weiß, welchen Weg er als nächstes einschlagen soll. Für Ihren Hund ist diese Übung ebenfalls sehr anspruchsvoll. Er weiß an keiner Tonne, in welche Richtung es als nächstes weiter geht und muss Ihnen genau zuhören. Haben Sie daher Geduld mit sich und Ihrem Hund. Prägen Sie sich die Abfolge der Hindernisse unbedingt gut ein, bevor Sie Ihren Hund starten.

Schicken Sie Ihren Hund aus der Startposition um Tonne (1). Ziehen Sie ihn dann direkt durch das Hörzeichen „Hasi" in Ihre Richtung, um daraufhin das „Weg" einzuleiten, damit er Tonne (2) von innen nach außen umläuft. Weiter geht es mit dem Signal „Außen" bis zu Hindernis (4). Dort erfolgt wieder das Signal „Hasi", um den Hund in Ihre Richtung laufen zu lassen, bevor Sie das „Rum" für Gerät (5) ansagen. Ist Ihr Hund an der (5), sprechen Sie ihn erneut mit „Hasi" an, damit er nach der Tonne in Ihre Richtung läuft. Dann erfolgt ein „Außen" für Gerät (6), (7) und (8). An Hindernis (8) erfolgt wieder ein „Hasi", damit Ihr Hund die Laufrichtung ändert. Sobald er sich in Ihre Richtung ausrichtet, schicken Sie ihn mit dem Hörzeichen „Außen" und einem Impuls um Hindernis (9).

Diese Sequenz ist aufgrund der Abfolge anspruchsvoll für Mensch und Hund. Sollten Sie Ihren Hund nicht auf Anhieb richtig um alle Tonnen führen können, unterteilen Sie diesen Trainingsparcours in kleinere Abschnitte. Trainieren Sie beispielsweise erst Tonne (1) bis (3), dann Gerät (3) bis (6) und separat davon die letzte Sequenz mit Hindernis (7) bis (9). Erst, wenn alle Teilabschnitte sicher klappen, setzen Sie sie wieder zusammen.

Die dargebotenen Sequenzen können Sie nach Belieben variieren und verlängern. Hier sind Ihrer Kreativität keinen Grenzen gesetzt. Wichtig ist, dass Sie sich zuvor immer den Laufweg des Hundes einprägen und Ihren Hund immer gezielt schicken. Überlegen Sie sich stets vorab, in welcher Abfolge Ihr Hund die Tonnen umlaufen soll und starten Sie erst dann.

Nur so führen Sie Ihren Hund genau und achten auf das korrekte Timing. Achten Sie darauf, die Länge der Sequenz so zu wählen, dass Sie sich die Anzahl der Geräte gut merken können. Auch Ihr Hund sollte körperlich und mental ausreichend Kondition haben, um so lange konzentriert mitarbeiten zu können.

Sind Sie fortgeschritten und können die Führübungen an den vier Tonnen mit Leichtigkeit umsetzen, erhöhen Sie die Schwierigkeit, indem Sie Ihren Führbereich verändern. Variieren Sie zunächst den Führbereich innerhalb des Tonnenvierecks. Klappt auch dies, können Sie den Führbereich auch außerhalb des Tonnenvierecks legen. Für dieses Training muss Ihr Hund die Arbeit auf Distanz bereits gut beherrschen.

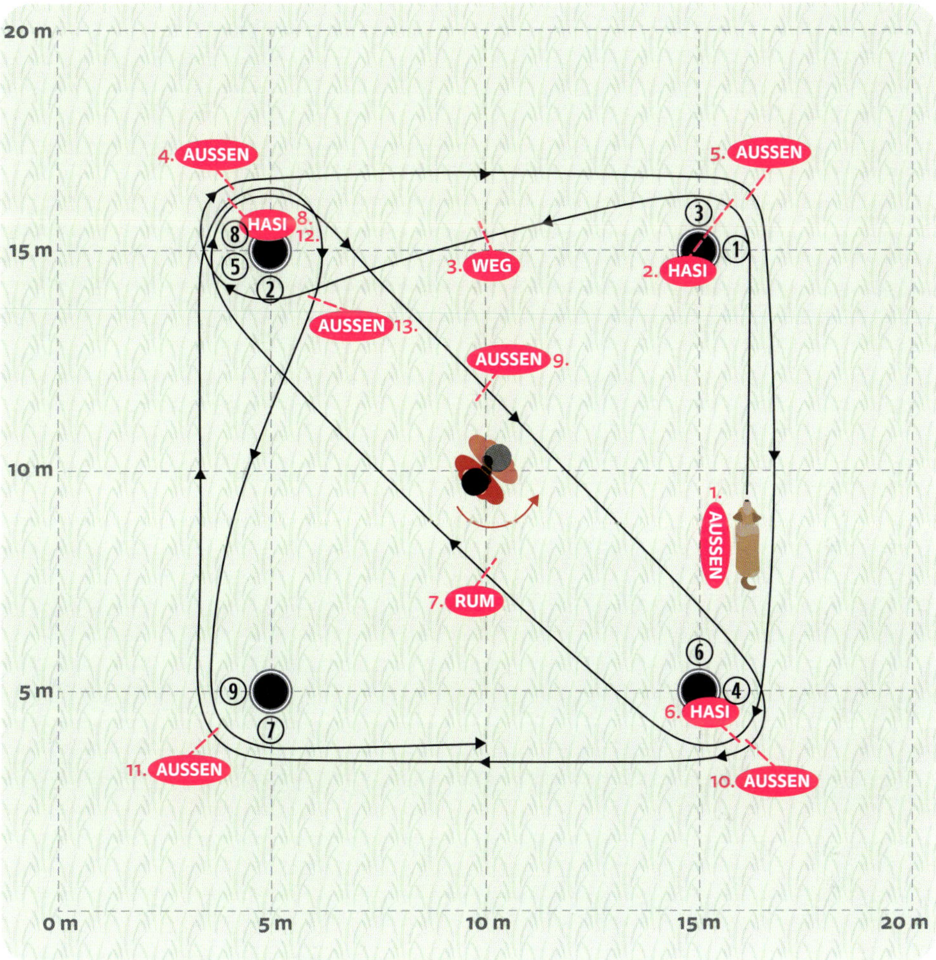
20 m
15 m
10 m
5 m
0 m
5 m
10 m
15 m
20 m
1. AUSSEN
2. HASI
3. WEG
4. AUSSEN
5. AUSSEN
6. HASI
7. RUM
8. HASI
AUSSEN 9.
10. AUSSEN
11. AUSSEN
12.
AUSSEN 13.

9. Der fliegende Start

Führübungen an sieben Hoops und zwei Tonnen

Der fliegende Start gehört mitunter zu einer meiner liebsten Übungen im Training. Bei dieser Aufgabe soll Ihr Hund nicht aus einer vorher eingenommenen Startposition vor einem Hoop starten, sondern direkt bei Ihnen.
Von Ihnen aus soll sich Ihr Hund zu einem vorher festgelegten Hindernis losschicken lassen, dieses absolvieren und danach in einen flüssigen Lauf übergehen. Bei der Übung mit vier Tonnen war dies bereits eine Variante, nun wird diese auch auf die Arbeit an den Hoops übertragen.
Im Training nutze ich den fliegenden Start gerne für Hunde, denen das Starten, besonders auf seitliche Distanz, noch schwerfällt. Viele Hunde benötigen zahlreiche Wiederholungen des Starttrainings, bis sie auch auf Entfernung zu ihrem Menschen sicher starten. Sind sie dann erst einmal am Laufen, arbeiten sie selbständig.

Notwendige Geräte:
7 Hoops, 2 Tonnen

Um den Start daher zunächst für den Hund einfacher zu gestalten, eignet sich diese Übung gut. Aber nicht nur das. Das Training des fliegenden Starts ist eine gute Vorübung, um den Hund auch einmal aus dem Lauf heraus zu sich zu rufen und zu einem anderen Gerät zu schicken. Dies kann zum Beispiel in einem Parcours sinnvoll sein. Läuft der Hund hier ein falsches Gerät an, kann man ihn zu sich heranrufen, neu ausrichten und zum korrekten Hindernis schicken. Zwar muss man dadurch bei einem Turnier mit Fehlerpunkten rechnen, muss den Hund aber nicht scharf abstoppen oder gar den Lauf komplett abbrechen. Letzteres sollte schließlich immer vermieden werden.

Sequenz 1

Begeben Sie sich in den Führbereich und richten Sie Ihren Hund so vor sich aus, dass er nach rechts in Richtung Tonne schaut. Starten Sie ihn mit dem Signal „Außen". Kurz bevor er die Tonne umläuft, schicken Sie ihn mit „Go" durch den nächsten Hoop. Drehen Sie langsam mit Ihrem Hund mit und versuchen Sie, diese Übung bis zu Hindernis (10) mit so wenigen Hörzeichen als möglich zu führen. Achten Sie darauf, dass Sie an der Tonne langsam mit der Bewegung Ihres Hundes mitdrehen und Ihre Körperfront immer Richtung Hund ausgerichtet ist. (Siehe Grafik S.180)

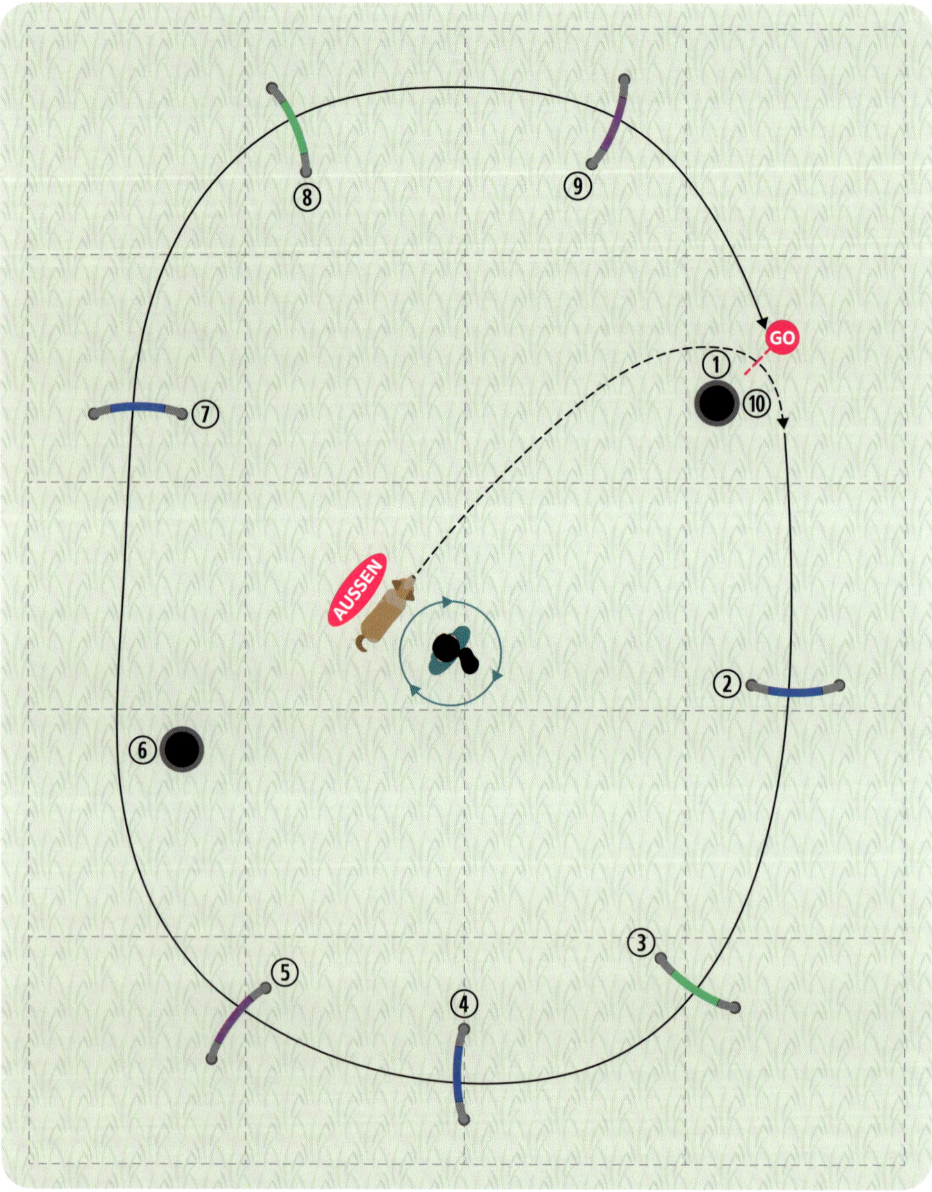

In dieser Sequenz können Sie den fliegenden Start trainieren.

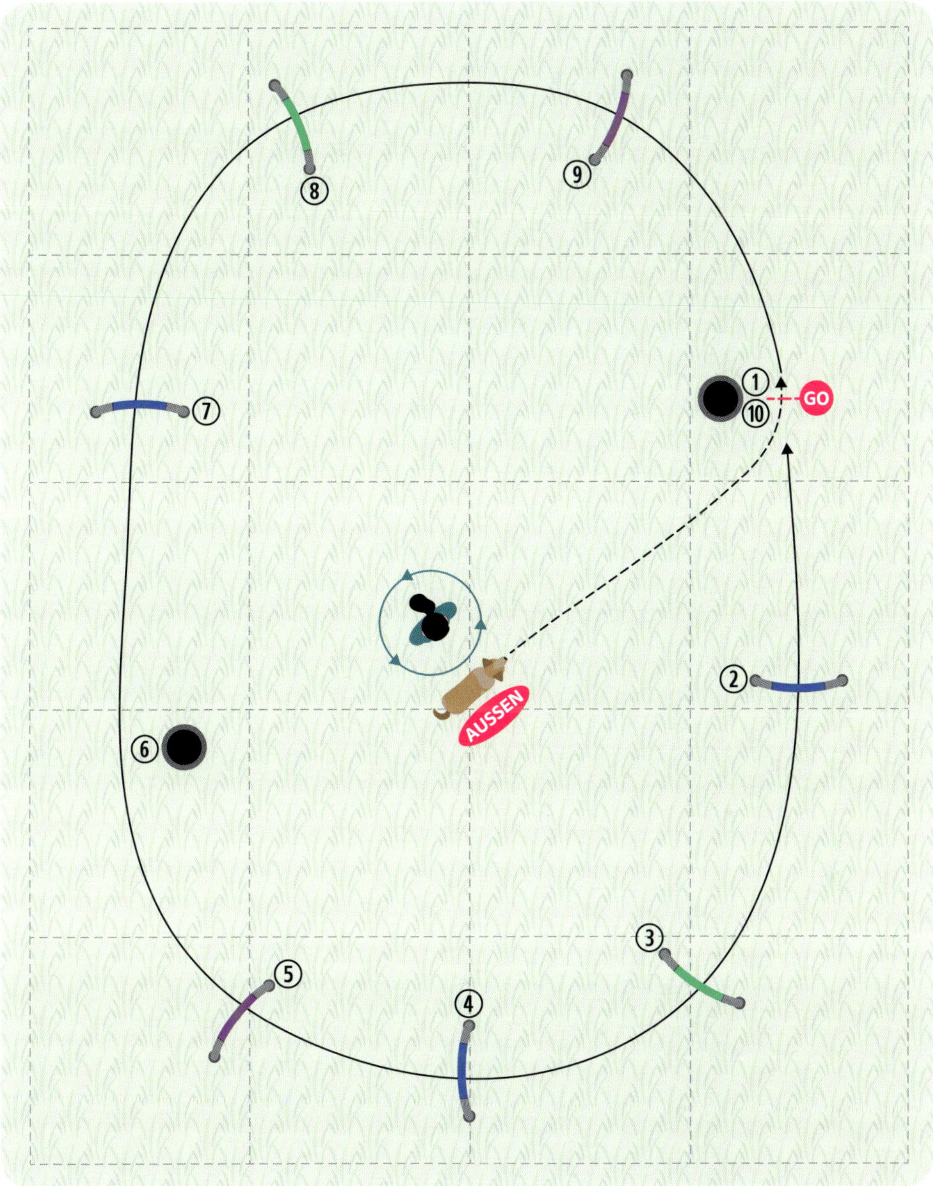

Diese Sequenz können Sie von beiden Seiten trainieren. Lassen Sie für die andere Seite Ihren Hund so vor sich starten, dass er nach links zur Tonne (10) schaut und die Sequenz dann in Laufrichtung nach links absolviert. Die Hindernisabfolge lautet dann: 10-9-8-7-6-5-4-3-2-1.

Sequenz 2

Beherrscht Ihr Hund den fliegenden Start an den Tonnen und lässt sich danach gut weiterschicken, können Sie diesen Start auch an Hoops trainieren.

Nutzen Sie für dieses Training die vorhandene Sequenz. Begeben Sie sich in den Führbereich und richten Sie Ihren Hund so aus, dass er nach rechts zu Hoop (3) schaut. Damit Ihr Hund diesen Hoop als erstes durchläuft, muss Ihre Ausrichtung unbedingt stimmig sein. Achten Sie darauf, dass Ihr Hund das Gerät gut wahrnehmen kann und dass Sie ihn nicht durch einen anderen Hoop schicken. Mit dem Hörzeichen „Go" starten Sie Ihren Hund. Lassen Sie ihn dann die Geräte in folgender Reihenfolge absolvieren: 3-4-5-6-7-8-9-10-2.

Haben Sie diese Sequenz flüssig geführt, trainieren Sie den Start auch von der anderen Seite. Hierfür soll Ihr Hund die Geräte in folgender Abfolge absolvieren: 5-4-3-2-1-9-8-7.

Fällt Ihnen das korrekte Ausrichten auf einen Hoop schwer, verlassen Sie den Führbereich und verringern Sie die Distanz zum ersten Hoop.

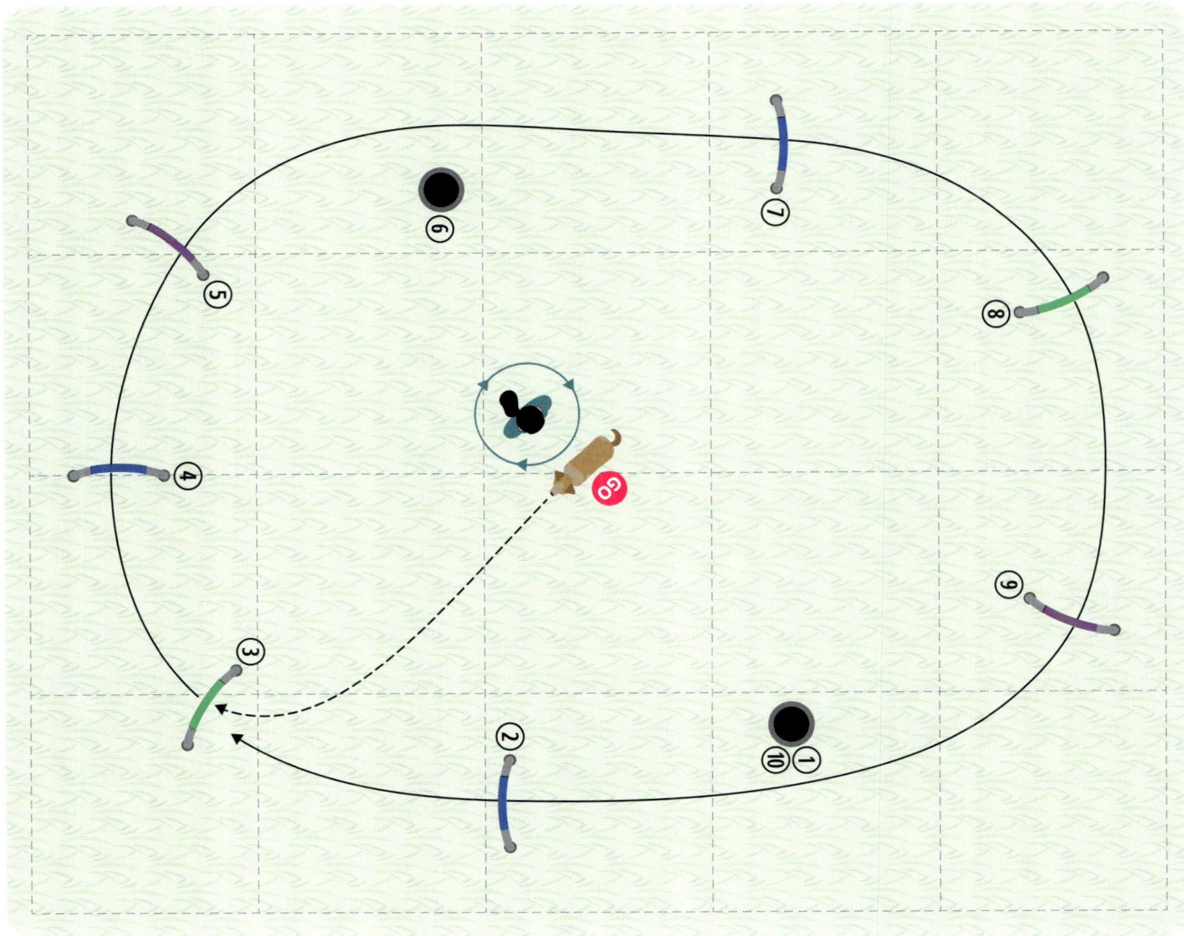
GO
1
2
3
4
5
6
7
8
9
10

Sequenz 3

In dieser Sequenz soll trainiert werden, Ihren Hund aus dem Lauf zu Ihnen zu holen und erneut in einen flüssigen Lauf schicken zu können. Dies kann hilfreich sein, wenn der Hund von der Lauflinie abgekommen ist. In einem Turnier wird das absichtliche Heranrufen des Hundes durch den Führbereich zwar mit fünf Fehlerpunkten bewertet, jedoch können Sie den Lauf so ohne Abbruch fortsetzen. Insbesondere bei Hunden, die bei einem Abbruch schnell die Motivation verlieren, ist diese Vorgehensweise absolut empfehlenswert und im Training werden ja auch keine Fehlerpunkte vergeben.

Schicken Sie Ihren Hund in einem fliegenden Start linksherum um Tonne (1) und von hier bis zu Hoop (9). Kurz vor dem Hoop sprechen Sie Ihren Hund mit „Hasi" an, sodass er nach dem Hoop auf Sie zuläuft. Nehmen Sie ihn nun mit der linken Hand an und schicken ihn hinter Ihrem Rücken herum, sodass Sie ihn dann von Ihrer rechten Seite aus zur Tonne (10) schicken können. Von hier soll Ihr Hund wieder in einen flüssigen Lauf übergehen und die Geräte 11 – 14 absolvieren.

Das Herumschicken hinter Ihrem Rücken kann mit „Rum" erfolgen. Es gibt aber auch Hunde, die bei diesem Hörzeichen ein Gerät im Rücken des Menschen suchen. Sollte dies der Fall sein, helfen Sie Ihrem Hund, indem Sie eine Pylone nah hinter sich stellen, welche Sie im Trainingsverlauf wieder abbauen. Oder trainieren Sie ein separates Signal für das Herumlaufen hinter Ihnen, wenn der Hund hierbei kein Hindernis absolvieren soll.

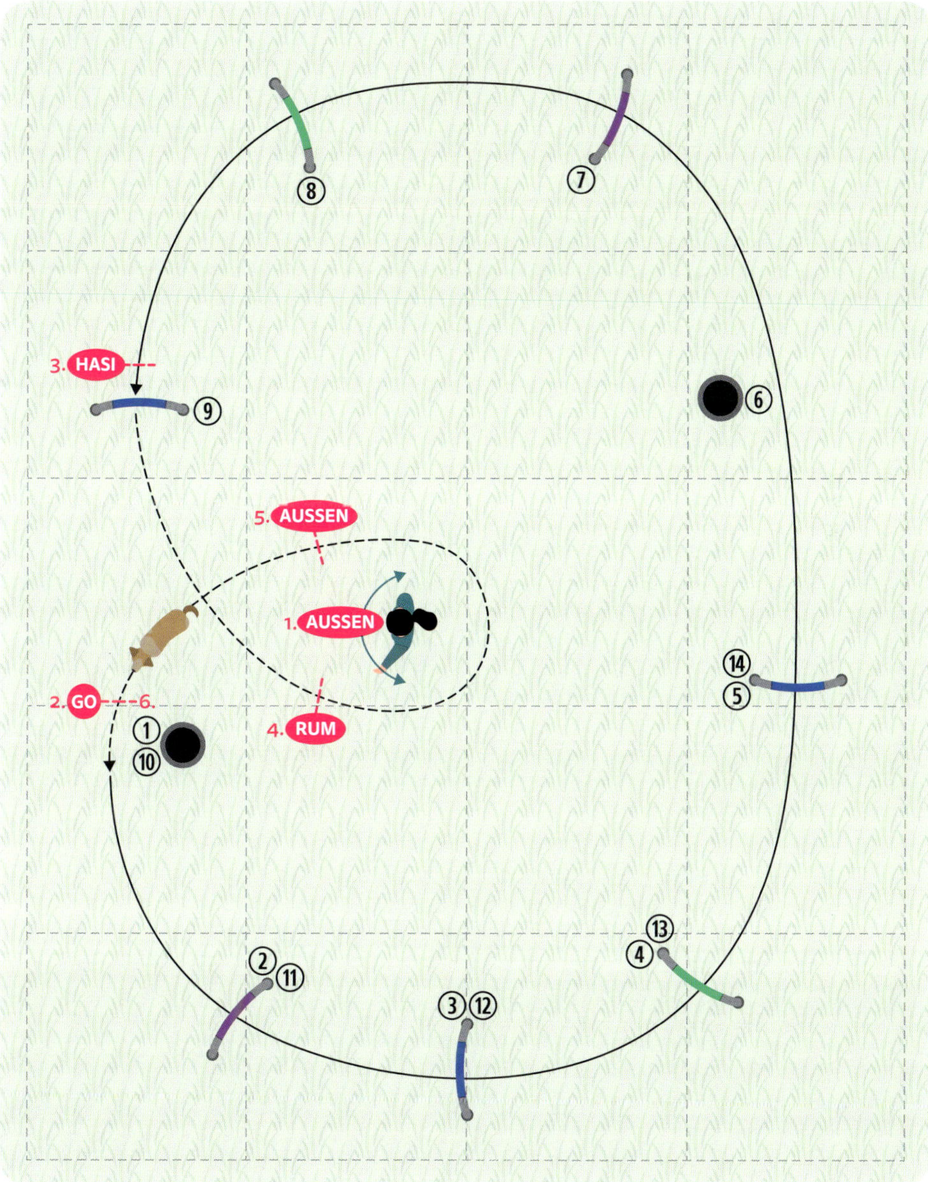

1. AUSSEN
2. GO
3. HASI
4. RUM
5. AUSSEN
6.
1
2
3
4
5
6
7
8
9
10
11
12
13
14

10.
Weitere Sequenzen für die Arbeit im Parcours

Damit sich Ihr Hund sicher durch einen kompletten Parcours führen lässt, ist es wichtig, ihn auf unterschiedliche Gerätekombinationen vorzubereiten. Dies lässt sich am besten in Form von Sequenztraining umsetzen.
Bisher hat Ihr Hund gelernt, mehrere Hoops zu absolvieren und kennt es, auch längere Strecken an Tonnen zurückzulegen. In den folgenden Sequenzen soll er nun lernen, die weiteren Geräte in unterschiedlichen Kombinationen mit Hoops und Tonnen ebenfalls sicher zu bewältigen. Was für uns einfach erscheint, muss Ihr Hund jedoch unbedingt in kleinen Schritten lernen, um es später in einem Parcours abrufen zu können.

Geradeaus nach der Tonne

Ihr Hund hat bereits gelernt, eine Gerade aus drei Hoops zu absolvieren. Nun soll er lernen, dies auch dann zu tun, wenn das zweite Hindernis eine Tonne darstellt.
Bei der Tonne weiß der Hund nie, wie er diese zu absolvieren hat. Soll er nach der Tonne in Ihre Richtung laufen? Soll er die Tonne um 180 Grad umrunden oder geradeaus weiter? Letzteres wird in diesem Sequenztraining trainiert.
Wichtig ist deshalb, dass Sie an einer Tonne immer rechtzeitig ein weiteres Signal geben, das Ihrem Hund sagt, wie es nach diesem Gerät weitergeht. Soll er nach der Tonne geradeaus durch einen Hoop laufen, wählen Sie das Hörzeichen „Go". Grundsätzlich ist es sinnvoll, an der Tonne immer mit einer Signalkombination zu arbeiten.
Schicken Sie Ihren Hund mit dem Hörzeichen „Außen" zur Tonne. Kurz bevor Ihr Hund die Tonne erreicht, geben Sie das

Notwendige Geräte:
2 Hoops, 1 Tonne

Hörzeichen „Go", um den nächsten Hoop anzulaufen, das Signal „Hasi", um nach der Tonne in Ihre Richtung zu laufen oder „Vor", um nach der Tonne geradeaus weiterzuarbeiten und eine Verleitung auszublenden.
Beim nun folgenden Sequenztraining kann es bei schnellen Hunden sein, dass die Zeit für „Go" – „Außen" – „Go" nicht ausreichend ist. In diesem Fall starten Sie Ihren Hund mit „Go". Wenn er bereits sehr selbständig arbeitet, wird er auch ohne das Hörzeichen „Außen" die Tonne anlaufen, da diese in gerader Linie das nächste Hindernis darstellt. Wichtig ist dann aber dennoch, dass Sie kurz vor der Tonne ein „Go" für den Hoop danach geben.

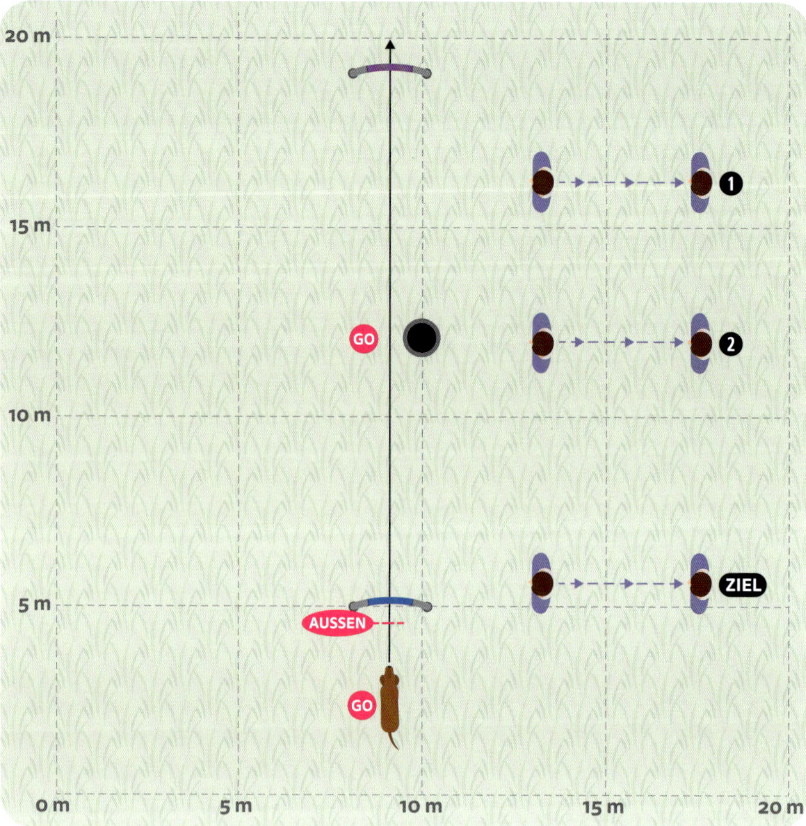

Das Trainingsziel:

Das Ziel des Sequenztraining ist es, dass Ihr Hund lernt, eine Gerade aus zwei Hoops und einer Tonne zu absolvieren. Hierbei steht der Mensch zunächst in geringer seitlicher Distanz zum Hund. Im weiteren Trainingsverlauf wird die seitliche Distanz sowie die Distanz nach vorn ausgebaut. So lernt der Hund, die Sequenz zuverlässig zu absolvieren, egal, wo sein Mensch sich gerade befindet.

Die Lauflinie des Hundes befindet sich beim Geradeaus nach der Tonne vom Mensch aus gesehen immer hinter dem Gerät.

Der Trainingsaufbau:

Erster Trainingsschritt:

Positionieren Sie Ihren Hund vor dem ersten Hoop. Begeben Sie sich mit geringer seitlicher Distanz (etwa zwei bis drei Schritte) nach vorn zwischen die Tonne und den letzten Hoop. Starten Sie Ihren Hund von hier mit „Go". Kurz bevor Ihr Hund die Tonne passiert, geben Sie erneut das Hörzeichen „Go", damit er bereits an der Tonne die Information hat, dass es danach direkt durch den nächsten Hoop geht.

Zweiter Trainingsschritt:

Nach einem erfolgreichen Durchgang steigern Sie in kleinen Schritten die seitliche Distanz auf der bekannten Position. Nach jedem korrekten Durchgang gehen Sie etwas weiter zur Seite weg, bis die seitliche Distanz mindestens sieben Schritte beträgt.

Dritter Trainingsschritt:

Verkleinern Sie nun wieder die seitliche Distanz, gehen dafür aber auf die Höhe der Tonne, um Ihren Hund zu starten. Durchläuft er die Sequenz weiterhin fehlerfrei, steigern Sie auch in dieser Position schrittweise die Distanz zur Seite.

Vierter Trainingsschritt:

Arbeiten Sie sich weiter in Richtung des ersten Hoops. Steigern Sie die Distanz zur Seite und nach vorn immer nur dann, wenn Ihr Hund den vorherigen Durchgang sicher absolviert hat. Passen Sie die Steigerungen an das Lerntempo und den Trainingsstand Ihres Hundes an.

Geradeaus nach dem Tunnel

Auch das Weiterlaufen nach vorne nach dem Tunnel muss separat trainiert werden. Gerade beim Tunnel taucht der Hund in diesen ein und sieht dann seinen Menschen für einen kurzen Moment nicht.
Bei der Arbeit auf Distanz führt dies dazu, dass der Hund nach dem Herauslaufen erst einmal in Richtung Mensch sieht. Das kann schnell dazu führen, dass der Hund auf den Menschen zuläuft und von der Lauflinie abkommt. Um dies von vornherein zu verhindern, ist es besonders wichtig, dass der Hund bereits im Tunnel die Information bekommt, in welche Richtung er danach weiterarbeiten soll. Das Gerät, das nach dem Tunnel absolviert werden soll, muss der Mensch deshalb immer kurz vor dem Tunnel ankündigen. Der Aufbau der seitlichen Distanz zum Tunnel sollte unbedingt in kleinen Schritten erfolgen. Dadurch bekommt Ihr Hund an diesem Gerät die notwendige Sicherheit.

Das Trainingsziel:

Der Hund soll lernen, eine Gerade aus zwei Hoops und einem Tunnel zu absolvieren. Hierbei liegt der Fokus insbesondere darauf, dass der Hund lernt, nach dem Tunnel geradeaus weiter zuarbeiten, auch bei großer Distanz zu seinem Menschen.

Der Trainingsaufbau:

Der Trainingsaufbau ist identisch mit dem Trainingsaufbau der vorherigen Übung: Geradeaus nach der Tonne – Der Trainingsaufbau (s. S. 187 f.).

Notwendige Geräte:
2 Hoops, 1 Tunnel

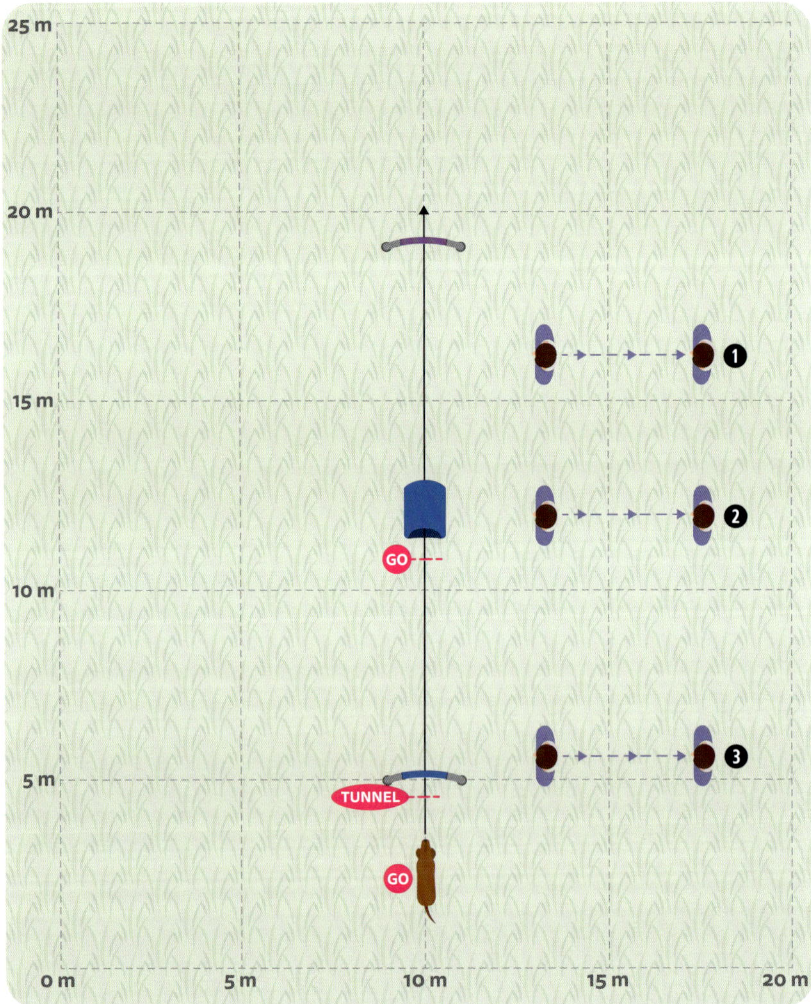

Das Weiterarbeiten nach dem Tunnel muss ebenfalls in kleinen Schritten trainiert werden. Es wird sowohl die seitliche Distanz als auch die Distanz nach vorne trainiert.

Geradeaus nach dem Gate

Auch das Weiterarbeiten nach dem Gate sollte separat trainiert werden. Das Training ist hier identisch mit der Vorgehensweise an der Tonne. Auch beim Gate gilt dieselbe Signalgebung, was bedeutet, dass Sie auch hier mit einer Kombination aus zwei Signalen arbeiten sollten.

Mit „Außen" schicken Sie Ihren Hund zum Gate. Kurz davor geben Sie ihm dann das Hörzeichen für das nächste Hindernis oder eine anstehende Richtungsänderung. Auch beim Geradeaus nach dem Gate befindet sich die Lauflinie des Hundes vom Mensch aus gesehen immer hinter dem Gate.

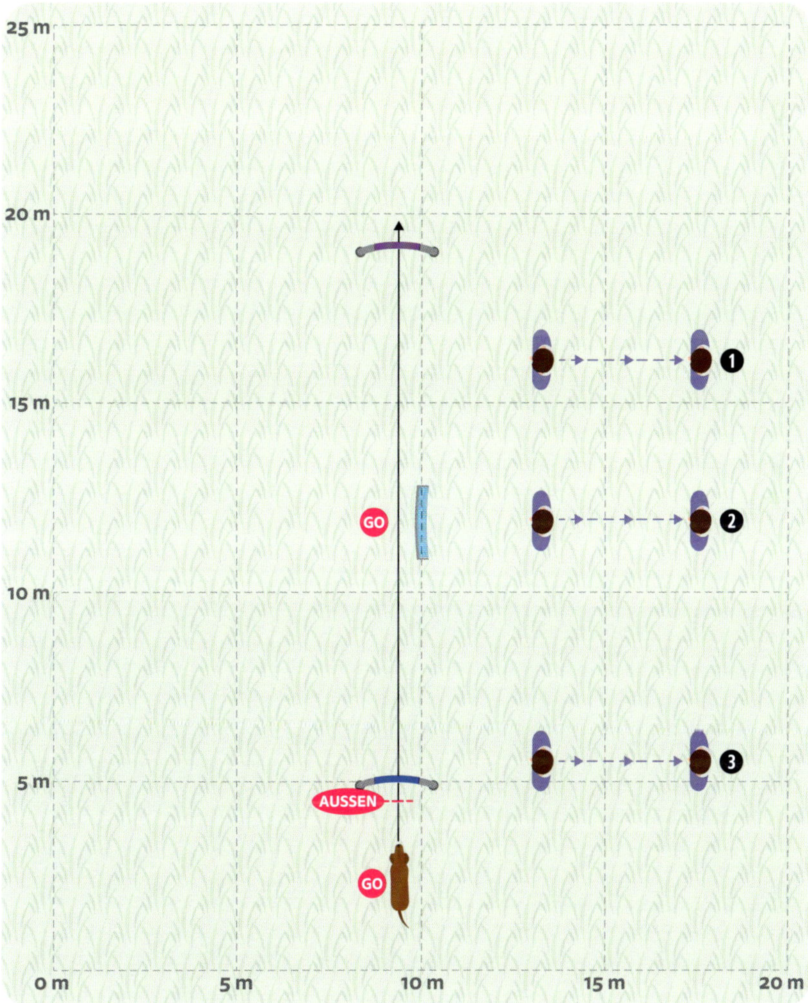

Kreisführung mit unterschiedlichen Hindernissen

Um das Weiterarbeiten nach Tonne/Gate sowie Tunnel weiter zu festigen und zusätzlich mit dem Signal „Vor" zu trainieren, können Sie die bereits bekannte Kreisführung (Kreisführung und Verleitung – Sequenztraining, (s. S. 157 f.) mit den genannten Geräten ergänzen. Damit trainieren Sie eine bekannte Sequenz mit neuen Gerätekombinationen. Ersetzen Sie hierfür den Hoop (5) durch eines der Geräte.

Wenn Sie die Sequenz in der Abfolge der Nummern in den schwarzen Kreisen abarbeiten, können Sie das „Vor" nach Tonne/Gate/Tunnel trainieren.

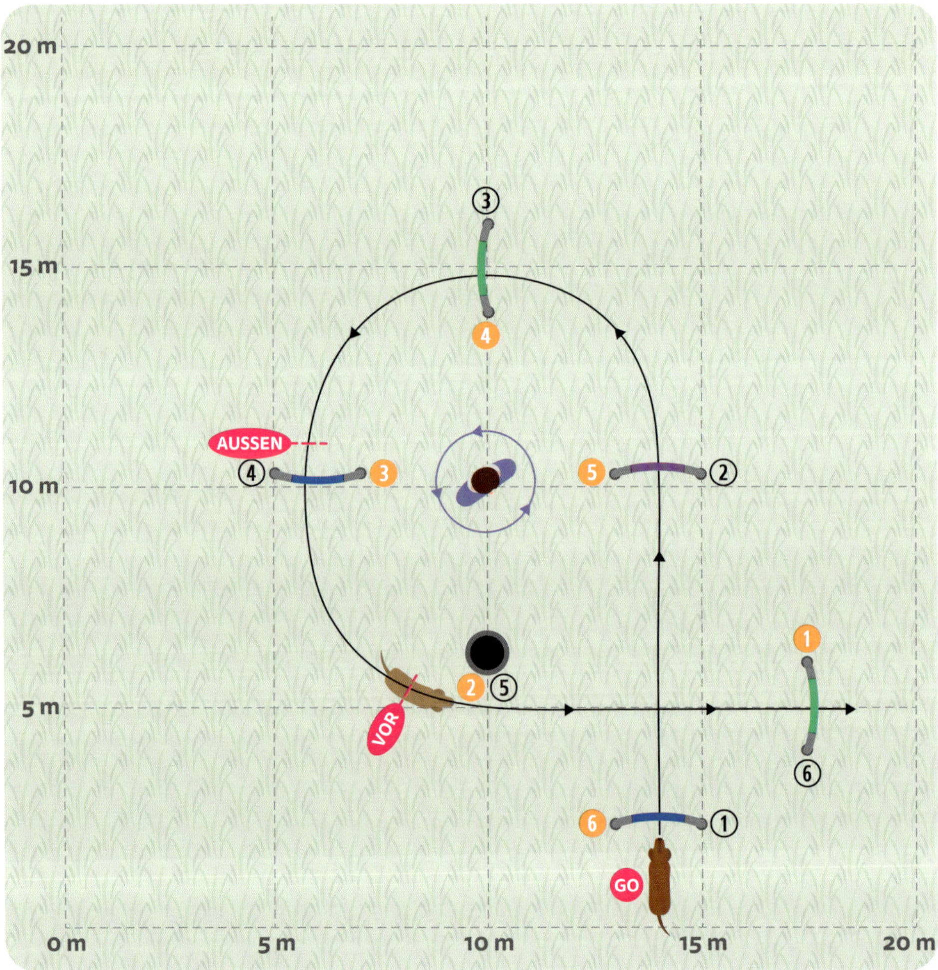

Üben Sie die Sequenz in der Abfolge der Nummern in den gelben Kreisen, so üben Sie das Weiterlaufen nach Tunnel/Tonne/Gate in einem Bogen.

Denken Sie beim Austausch der Hindernisse daran, die korrekten Hörzeichen zu verwenden. Bei Tonne und Gate demnach „Außen" und „Vor" (Sequenz nach Nummern im schwarzen Kreis), bzw. „Außen" und „Go" (Sequenz nach Nummern im gelben Kreis) und beim Tunnel entsprechend „Tunnel" und „Vor" sowie „Tunnel" und „Go".

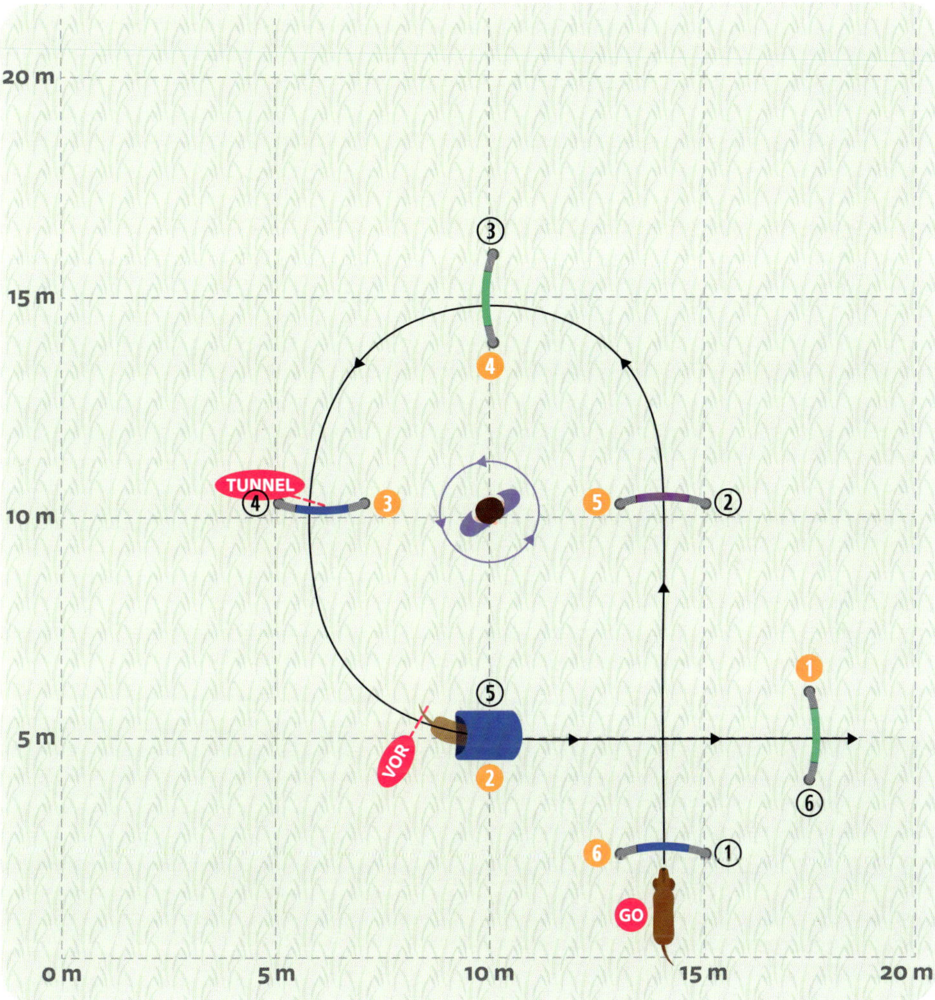

Gerätekombinationen im rechten Winkel

In der oben beschriebenen Sequenz haben Sie die Geräte bereits so trainiert, dass Ihr Hund diese auch dann absolviert, wenn sie im Bogen zwischen zwei Hoops stehen. Zusätzlich können Sie weitere Varianten trainieren, indem Sie die Übung: Der rechte Winkel (S. 106 ff.) wiederholen und das zweite Hindernis durch eine Tonne/ein Gate oder den Tunnel austauschen. Variieren Sie hierbei die Positionen zu Ihrem Hund und bereiten ihn so auf verschiedene Geräteabfolgen in unterschiedlichen Distanzen vor.

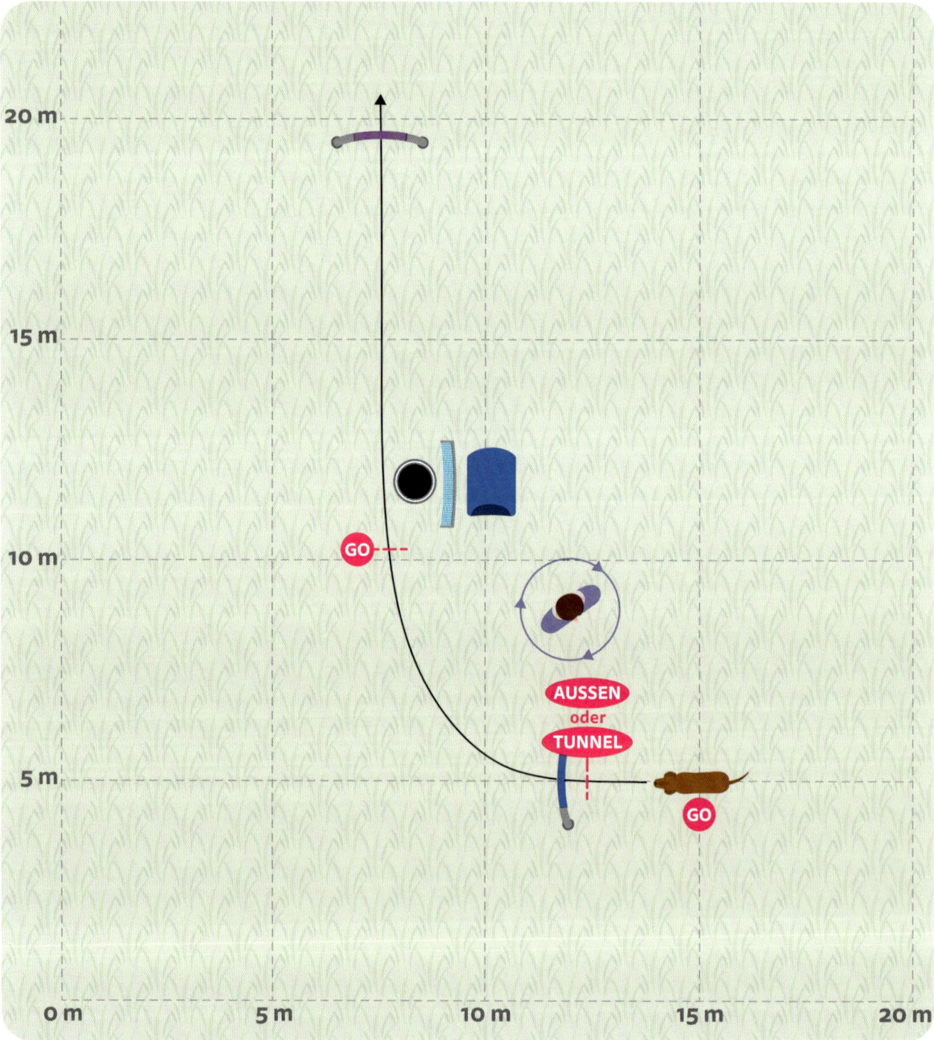

Gerätekombinationen im U

Damit das Absolvieren der unterschiedlichen Gerätekombinationen auch aus dem Lauf heraus trainiert werden kann, empfiehlt es sich, dies an einem erweiterten U zu trainieren. Stellen Sie hierfür ein U aus sechs Hindernissen, welches Sie an der Kopfseite durch zwei weitere Geräte ergänzen – es handelt sich damit um eine Anordnung in Form der Zahl null.

Tauschen Sie Hoops durch andere Hindernisse wie Tonne/Tunnel/Gate aus und schaffen Sie so unterschiedlichste Varianten.

Starten Sie Ihren Hund immer an einem Hoop und achten Sie darauf, dass er auf Sie zu oder auf Ihrer Höhe startet. Passen Sie damit die Schwierigkeit am Start dem Trainingsstand Ihres Hundes an. Überlegen Sie sich vor dem Start die Abfolge und die Anzahl der zu absolvierenden Hindernisse und in diesem Zuge auch die Signale, die dafür zum Einsatz kommen sollen.

Denken Sie daran, beide Laufrichtungen zu trainieren. Wenn Ihr Hund sich sicher führen lässt, steigern Sie die Schwierigkeit, indem Sie Ihren Hund nicht nur aus der Mitte, sondern aus unterschiedlichen Positionen führen. Durch die entstehenden Distanzunterschiede zu den Geräten sorgen Sie für Abwechslung und neue Anforderungen an sich und Ihren Hund.

Arbeitet Ihr Hund bereits zuverlässig auf Distanz, ergänzen Sie die langen Seiten der Null aus Geräten um zwei weitere Hindernisse, um die Übung so auf noch größere Entfernung zu trainieren. (Siehe Grafik S.196)

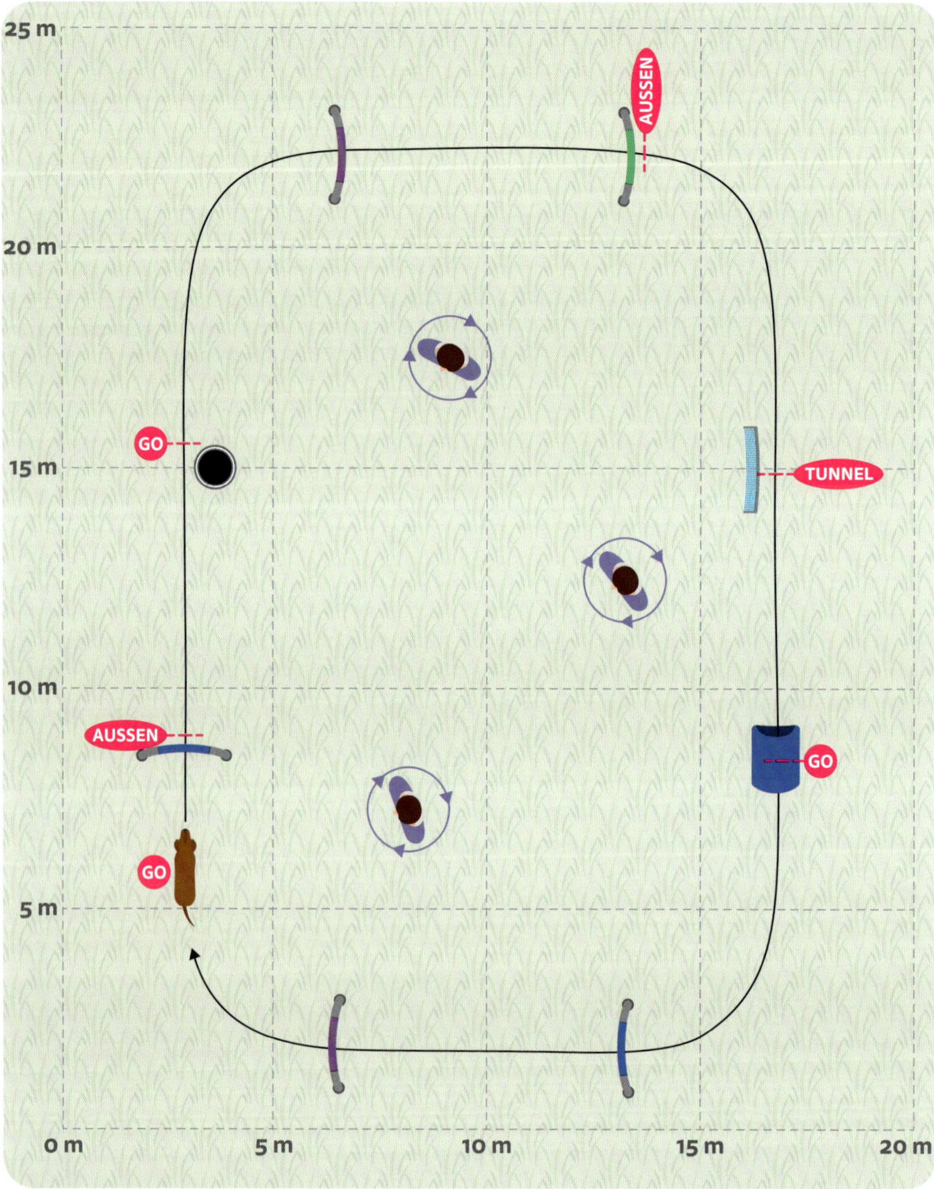

Übung: Gerätekombinationen im U, siehe S. 195

Die Wendetonne

Notwendige Geräte:
2 Hoops, 1 Tonne

In den vorherigen Übungen hat Ihr Hund gelernt, die Tonne aus unterschiedlichen Anlaufwinkeln anzulaufen, zu umlaufen und auch danach gerade weiterzuarbeiten. In Parcours wird die Tonne gerne auch als Wendetonne eingesetzt, an der ein Richtungswechsel stattfindet: Der Hund umläuft die Tonne von außen in einem Bogen von 180 Grad und arbeitet danach entgegen der ursprünglichen Laufrichtung weiter. Was zunächst einfach erscheint, wird bei zunehmender Distanz zum Menschen deutlich schwieriger. Kommen in einem Parcours noch Verleitungen durch Hindernisse zwischen Mensch und Hund hinzu, kann die Wendetonne ein sehr anspruchsvolles Hindernis darstellen. Je nach Hund ist es sinnvoll, ein separates Hörzeichen für die Wendetonne einzuführen. Gerade schnelle und auch große Hunde haben bei einem separaten Signal die Möglichkeit, das Tempo vor der Tonne zu reduzieren, sich zu versammeln und die Tonne dadurch in einem engeren Bogen zu umlaufen. Das kommt natürlich auch dem Ausblenden von Verleitungen entgegen, soll aber in erster Linie die Belastungen auf die Gelenke minimieren.

Im Trainingsaufbau auf dieser Seite zeige ich Ihnen, wie Sie das Umlaufen der Wendetonne auf Distanz trainieren. Möchten Sie für das enge Umlaufen der Tonne ein separates Hörzeichen einführen, sehen Sie sich dazu die Übung „Tonne" – ein neues Signal für die Wendetonne (S. 199 ff.) an.

Das Trainingsziel:

Der Hund soll lernen, die Tonne von außen in einem 180-Grad-Bogen zu umlaufen. Danach soll er entgegen der vorherigen Laufrichtung weiterarbeiten. Dies lernt er zunächst auf Distanz nach vorn und im nächsten Schritt auch mit zunehmender seitlicher Distanz.

Der Trainingsaufbau:

Erster Trainingsschritt:

Bringen Sie Ihren Hund vor dem ersten Hoop in Startposition. Positionieren Sie sich mit einer geringen seitlichen Distanz zwischen dem zweiten Hoop und der Tonne. Starten Sie Ihren Hund mit dem Hörzeichen „Go" und schicken Sie ihn mit dem Signal „Außen" um die Tonne.

Je nach Hund gibt es nun unterschiedliche Vorgehensweisen. Umläuft Ihr Hund die Tonne sehr weitläufig, sprechen Sie ihn kurz vor der Tonne mit „Hasi" an, damit er danach in Ihre Richtung läuft.

Umläuft Ihr Hund die Tonne immer sehr eng, genügt ein „Außen" zum Anlaufen der Tonne. Sobald Ihr Hund sich hinter der

Tonne befindet, warten Sie, bis sein Kopf in Ihre Richtung schaut, dann geben Sie das Signal „Go", um ihn durch die beiden Hoops zu schicken.

Zweiter Trainingsschritt:

Nach jedem erfolgreichen Durchgang vergrößern Sie schrittweise die Distanz nach vorne, bis Sie mittig zwischen dem ersten und zweiten Hoop stehen können.

Dritter Trainingsschritt:

Können Sie Ihren Hund durch die Sequenz schicken, wenn Sie sich in geringer seitlicher Distanz mittig zwischen dem ersten und zweiten Hoop befinden, ist es Zeit für

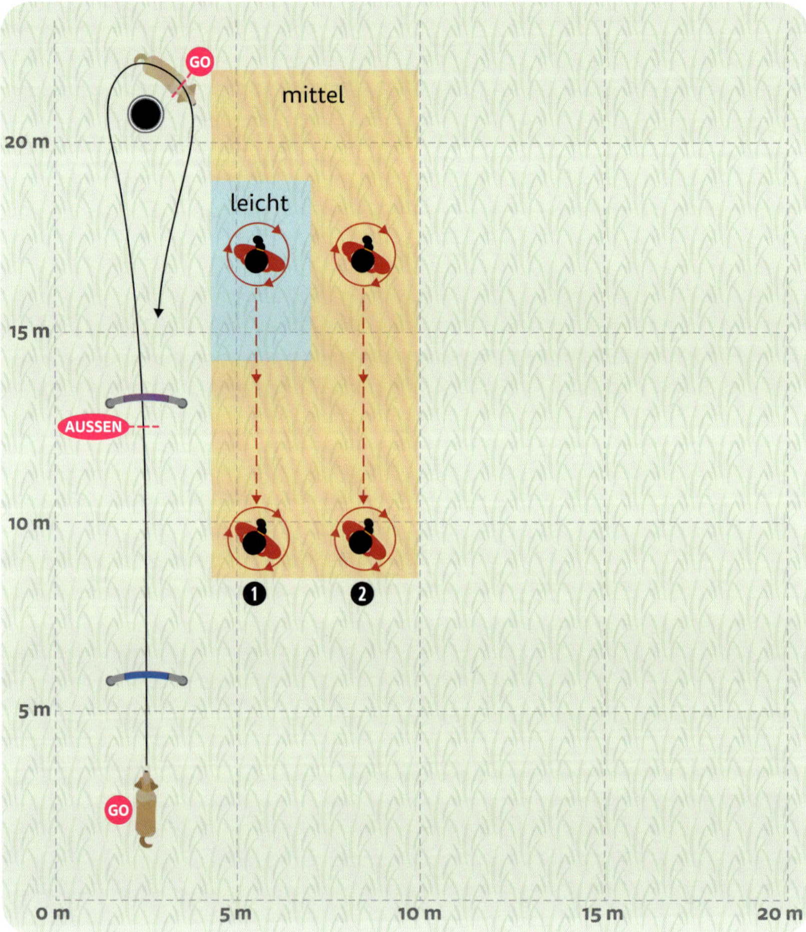

Wählt der Mensch seine Führposition ober- oder unterhalb des orangenen Bereichs, oder führt er seinen Hund aus noch größerer seitlicher Distanz, ist der Schwierigkeitsgrad der Übung schwer.

den nächsten Schritt. Gehen Sie wieder nach vorne zwischen den zweiten Hoop und die Tonne und vergrößern Sie in dieser Position die seitliche Distanz. Arbeiten Sie sich auf dieser neuen seitlichen Distanz in kleinen Schritten bis zur Mitte vom ersten und zweiten Hoop.

Vierter Trainingsschritt:

Steigern Sie die seitliche Distanz und die Distanz nach vorne, bis Sie diese Sequenz auch aus einer großen seitlichen Distanz führen können.
Denken Sie daran, dass Sie dieses Sequenztraining von beiden Seiten ausführen, sodass Sie Ihren Hund führen können, egal ob Sie sich links oder rechts zur Lauflinie befinden.

„Tonne" – ein neues Signal für die Wendetonne

Möchten Sie ein neues Signal für das enge Umlaufen der Tonne in einem 180-Grad-Bogen einführen, eignet sich die folgende Übung.

Notwendige Geräte:
1 Tonne, 3 Hoops

Das Trainingsziel:

Ihr Hund soll auf ein neues Signal erlernen, die Tonne in einem engen Bogen als Wendetonne zu absolvieren.

Der Trainingsaufbau:

Stellen Sie die drei Hoops um die Tonne herum auf. Achten Sie darauf, dass die Ausleger der Hoos ganz nah an der Tonne stehen, sodass es keinen Freiraum zwischen Hoop und Tonne gibt.

Erster Trainingsschritt:

Positionieren Sie sich mit Ihrem Hund in geringer Distanz, etwa zwei Schritte entfernt, vor der Tonne. Schicken Sie ihn nun durch die Hoops um die Tonne herum. Wenn Sie ihn mit dem Signal „Außen" schicken, kann es passieren, dass er die drei Hoops im Gesamten umläuft, in diesem Fall schicken Sie ihn mit dem Hörzeichen „Go". Sollte es Ihrem Hund schwerfallen, die Tonne so eng zu umlaufen, helfen Sie ihm, indem Sie ihn durch die Hoops locken. Ihr Hund muss hier zunächst lernen, sein Tempo zu reduzieren und die Tonne anders zu umlaufen. Das enge Wenden verlangt dem Hund viel Kraft ab.

Schicken Sie Ihren Hund von beiden Seiten um die Tonne und belohnen Sie ihn nach jedem Durchgang. Umläuft Ihr Hund die Tonne von beiden Seiten eng und lässt dabei keinen Hoop aus, ist es Zeit für den nächsten Trainingsschritt.

Diana schickt Liv aus geringer Distanz um die Tonne, sodass sie hierbei die drei Hoops durchläuft.

Zweiter Trainingsschritt:

Lässt sich Ihr Hund sicher in einem engen Bogen durch die drei Hoops um die Tonne schicken, führen Sie das neue Signal „Tonne" ein. Geben Sie dieses immer kurz vor dem bereits bekannten Signal. Nach einigen Wiederholungen löst das neue Signal das bekannte Signal ab und wird zum neuen Hörzeichen.

Diana führt das Signal „Tonne" für das enge Umlaufen ein.

Dritter Trainingsschritt:

Steigern Sie nun in kleinen Schritten die Distanz zur Tonne, indem Sie sich mit Ihrem Hund immer weiter wegstellen. Schicken Sie ihn von jeder Seite mit dem Signal „Tonne" um das Hindernis. Nach jedem erfolgreichen Durchgang von beiden Seiten stellen

Nun stehen nur noch zwei Hoops an der Tonne.

Sie sich mit Ihrem Hund einen Schritt weiter weg. Wiederholen Sie dies, bis Sie Ihren Hund auch auf eine Distanz von etwa 15 Metern eng um die Tonne schicken können.

Vierter Trainingsschritt:

Entfernen Sie nun den hinteren Hoop an der Tonne. Die beiden seitlichen Hoops bleiben stehen. Schicken Sie Ihren Hund aus geringerer Distanz mit dem Hörzeichen „Tonne“ herum. Vergrößern Sie die Entfernung schrittweise nach jedem erfolgreichen Durchgang.

Liv hat gelernt, die Tonne auf „Tonne“ auch dann eng zu umlaufen, wenn keine Hoops mehr drumherum aufgestellt sind.

Fünfter Trainingsschritt:

Entfernen Sie nun auch nach und nach die beiden seitlichen Hoops. Wenn Ihr Hund die Tonne von der rechten Seite anläuft, entfernen Sie den rechten Hoop. Läuft ihr Hund die Tonne von der linken Seite aus an, den linken Hoop. So steht nur noch ein Hoop, welcher Ihrem Hund als Hilfestellung dient, die Tonne so anzulaufen, dass er diese eng umläuft. Entfernen Sie sich nach jedem erfolgreichen Durchgang schrittweise von der Tonne.

Sechster Trainingsschritt:

Entfernen Sie nun alle Hoops und schicken Sie Ihren Hund zunächst aus kleiner Distanz mit dem Hörzeichen „Tonne“ um diese herum. Umläuft Ihr Hund die Tonne eng von beiden Seiten, steigern Sie schrittweise die Distanz zum Gerät.

Erst wenn Ihr Hund diese Übung korrekt absolviert, sollten Sie das neue Signal beim Sequenz- und Parcourstraining verwenden.

Die Endlosschleife

Notwendige Geräte:
2 Hoops, 2 Tonnen

An dieser Sequenz können Sie die Wendetonne in Endlosschleife trainieren.
Bringen Sie Ihren Hund vor dem ersten Hoop in Startposition. Wählen Sie eine Position mit geringer seitlicher Distanz. Starten Sie Ihren Hund und führen Sie ihn durch die Geräte in der Abfolge 1-2-3-4-5-6-7. Die beiden Tonnen sind immer von außen anzulaufen. Nach jedem erfolgreichen Durchgang verändern Sie Ihre Startposition. Trainieren Sie das Führen von beiden Seiten aus unterschiedlichen Distanzen.

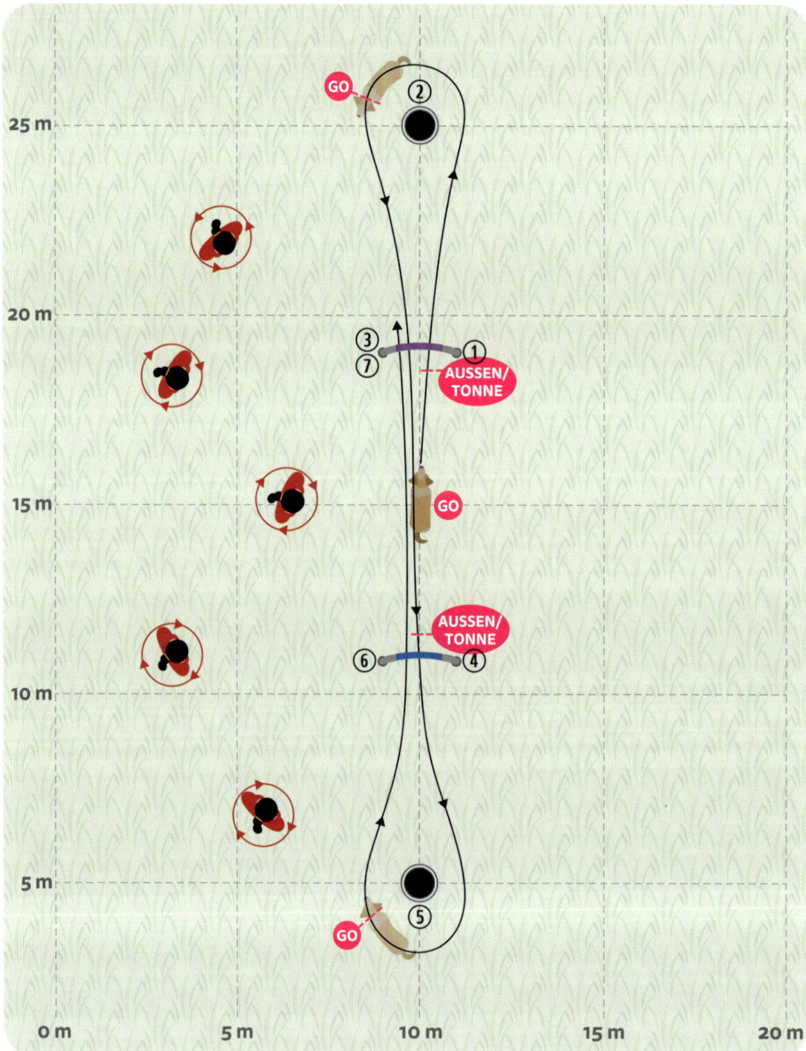

Die doppelte Wendetonne am kleinen U

Eine schöne Übung, um die Wendetonne aus dem Lauf heraus zu trainieren, ist das Training an einem schmalen U.
Bringen Sie Ihren Hund vor Hoop eins in Startposition und begeben Sie sich auf die Höhe zwischen dem zweiten Hoop und der Tonne. Wählen Sie die seitliche Distanz so, dass Sie sich genau in der Mitte des U´s befinden. Starten Sie Ihren Hund von hier und führen Sie ihn durch den Parcours. Achten Sie darauf, dass Sie die Wendetonne frühzeitig, also bereits am vorherigen Gerät, ankündigen, damit Ihr Hund sie gut absolvieren kann. Da bei diesem Training zum Umlaufen der Tonne weitere Geräte ins Sichtfeld des Hundes kommen, könnten diese ihn dazu verleiten, den Bogen an der Tonne deutlich größer zu laufen.

Notwendige Geräte:
4 Hoops, 2 Tonnen, 1 Gate

Führen Sie Ihren Hund durch den Parcours bis zu Hindernis (13), so haben Sie die Wendetonne aus dem Lauf von beiden Seiten trainiert. Sollte er auf einer Seite Schwierigkeiten haben, trainieren Sie diese Seite separat, indem Sie ihn deutlich weniger Hindernisse am Stück absolvieren lassen.
Nach jedem erfolgreichen Durchgang können Sie den Führbereich innerhalb des U´s verändern und dadurch die Schwierigkeit steigern.
Um für Abwechslung zu sorgen, können Sie Ihren Hund ab und an auch an Hindernis (7) starten lassen, und zunächst die linke Seite des U´s absolvieren lassen. Die Hindernisabfolge lautet dann: 7-8-9-10-11-12-13-4-3-2-1. (Siehe Grafik S. 204)

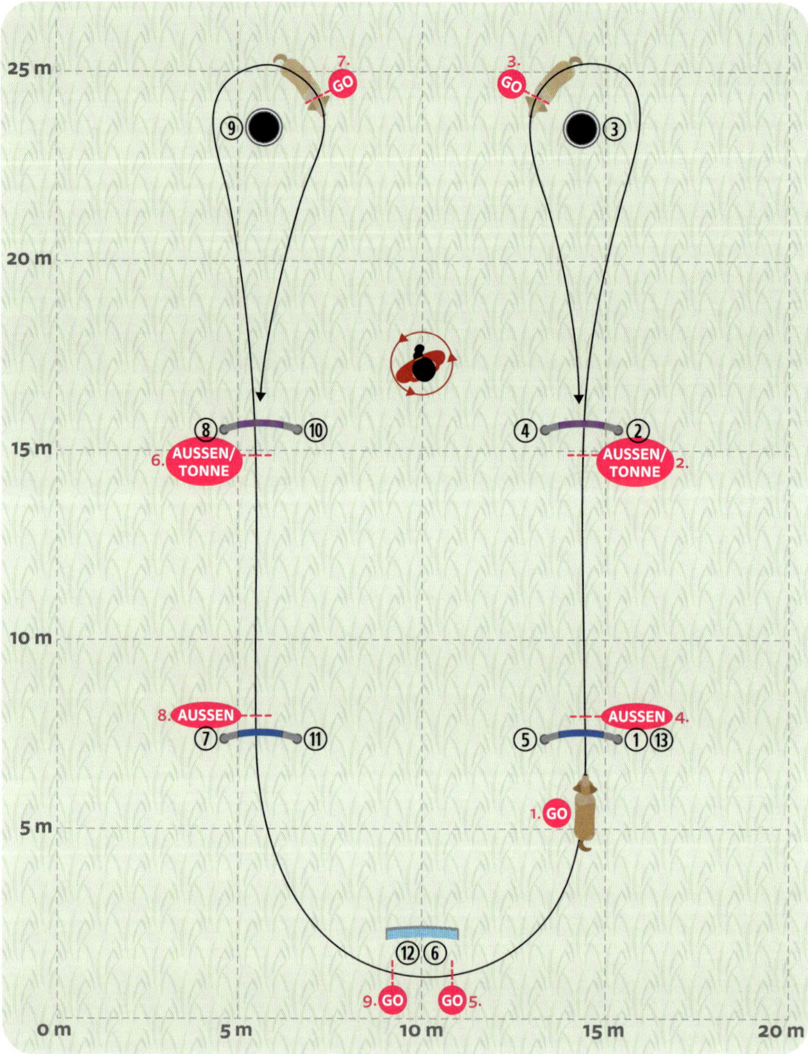

Übung: Die doppelte Wendetonne am kleinen U, siehe S. 203.

Das Wendegate

Wie an der Tonne kann es auch an einem Gate vorkommen, dass der Hund dieses umlaufen und direkt im Anschluss daran entgegengesetzt der Laufrichtung weiterarbeiten soll. Neben der Wendetonne gibt es daher auch das Wendegate.
Das Training am Wendegate gestaltet sich identisch mit dem Training an der Tonne.

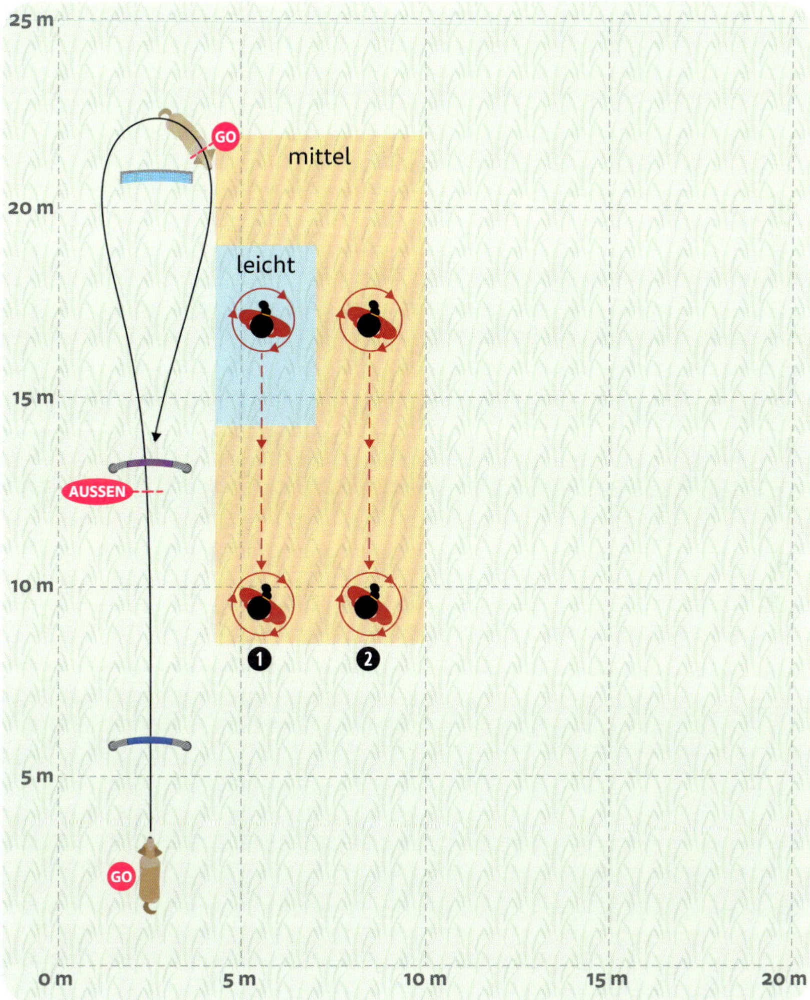

Wählt der Mensch seine Führposition ober- oder unterhalb des orangenen Bereichs, oder führt er seinen Hund aus noch größerer seitlicher Distanz, ist der Schwierigkeitsgrad der Übung schwer.

11. Das Parcours-training

Um das Training zu analysieren, macht Caro Videoaufnahmen. Hierfür hat sie ihr Handy auf einem kleinen Stativ befestigt.

Nachdem Ihr Hund die Geräte, die Führelemente, die Distanz nach vorne und zur Seite sowie die ersten Sequenzen erfolgreich erlernt hat, ist es an der Zeit, mit dem Parcourstraining zu starten.
Hierbei ist wichtig, dass Sie nicht von vornherein den Anspruch an sich und Ihren Hund haben, einen ganzen Parcours auf Anhieb am Stück zu absolvieren. Vielmehr sollten Sie die nachfolgenden Parcours als Trainingshilfen sehen, die Sie darauf vorbereiten, Parcours auch auf Anhieb laufen zu können.
Bedenken Sie, dass nicht nur Ihr Hund eine längere Strecke und mehr Geräte absolvieren muss. Auch Sie müssen sich die Abfolge merken und Ihren Hund über einen längeren Zeitraum punktgenau führen können. Insbesondere Letzteres wird gerne unterschätzt.
Sind Sie und Ihr Hund unerfahren mit einem kompletten Parcours, sollten Sie diesen zunächst in kleinere Sequenzen unterteilen.
So können Sie sich schrittweise herantasten und Ihren Hund häufig belohnen. Erst wenn jede Sequenz des Parcours im Einzelnen sicher abrufbar ist, sollten Sie die Sequenzen aneinanderreihen.

Belohnungspunkte

Beim Sequenztraining wird Ihr Hund jeweils am Ende einer Sequenz belohnt. So können Sie sich einen Parcours in zwei bis drei Sequenzen erarbeiten und Ihren Hund motiviert halten. Die Belohnung am Ende einer Sequenz sollte am Belohnungspunkt erfolgen. Das bedeutet, dass die Belohnung in Richtung dieses gedachten Punktes geworfen wird. Der Belohnungspunkt ist in den hier aufgezeigten Sequenzen immer so ausgerichtet, dass er auf das nächste Hindernis der nachfolgenden Sequenz zeigt. Damit soll beim Hund eine Erwartungshaltung an das folgende Gerät nach der Sequenz geschaffen werden. Trainiert man beispielsweise die erste Sequenz eines Parcours, befindet sich der Belohnungspunkt nach dem letzten Gerät aus der ersten Sequenz in Richtung des ersten Gerätes aus der zweiten Sequenz. Möchte man später die Sequenzen kombinieren, kann so erreicht werden, dass der Hund nach Absolvieren der ersten Sequenz bereits zum ersten Hindernis der zweiten Sequenz läuft, sodass man hier direkt anknüpfen kann. Belohnt man seinen Hund hingegen immer nach dem Durchlaufen des letzten Hindernisses der ersten Sequenz bei sich, kann es passieren, dass er auch dann, wenn er im weiteren Training weiterlaufen soll, den Lauf an derselben Stelle abbricht und auf seinen Menschen zuläuft, weil er hier eine Belohnung erwartet. Um dies zu vermeiden, empfiehlt es sich, das Spielzeug immer zum gedachten Punkt, dem Belohnungspunkt, zu werfen.
Gerade zu Beginn des Parcourstrainings empfehle ich Ihnen, sich an die hier im Buch vorgegebenen Sequenzen zu halten.

Diese sind aufeinander aufbauend und zeigen jeweils die empfohlenen Belohnungspunkte mit an. Sollten Sie einmal selbst einen Parcours in Sequenzen einteilen, achten Sie aus den oben genannten Gründen unbedingt darauf, den Belohnungspunkt immer auf das nachfolgende Hindernis der nächsten Sequenz auszurichten.

Allgemeine Informationen zur Parcoursfläche

Ganz gleich, ob Sie sich selbst einen Parcours ausdenken oder ob Sie einen anhand eines Parcoursplanes aufstellen möchten: Achten Sie unbedingt immer auf die örtlichen Gegebenheiten. Um das Verletzungsrisiko zu minimieren, sollte der Boden der zur Verfügung stehenden Fläche eben sein und keine Löcher aufweisen. Idealerweise ist er weder gefroren noch durch extreme Nässe rutschig, im Sommer sollte darauf geachtet werden, dass er durch die Trockenheit nicht zu hart ist.
Bäume, Agility-Geräte oder Lichtmasten, aber auch Maulwurfshügel können Ihren Hund irritieren und Verleitungen darstellen. Maulwurfshügel sollten daher flach gerecht werden, um weder eine Stolperfalle darzustellen noch den Hund dazu zu verleiten, sie zu umlaufen. Sind Bäume oder Pfosten auf der Fläche, sollten Sie die Geräte danach ausrichten und Tonne oder Hoop direkt an einem Pfosten / Baum platzieren, sodass Ihr Hund darin keine Verleitung sieht.
Achten Sie darauf, dass die Fläche möglichst gerade ist und kein starkes Gefälle aufweist. Die ideale Fläche zum Stellen eines Parcours hat eine Größe von 800 m² mit einer Mindestbreite von 25 m.
Gerade für Einsteigerparcours sind aber auch kleinere Flächen prima geeignet.
Haben Sie auf Ihrer Fläche Bäume oder Pfosten, bauen Sie den Parcours um diese unbeweglichen Gegenstände herum auf und passen Sie ihn gegebenenfalls an.

Der Aufbau des Parcours

Auch das Aufstellen eines Parcours bedarf Übung seitens des Menschen.
Prüfen Sie anhand des Parcoursplanes, wie Sie diesen am besten auf Ihrer Fläche umsetzen möchten. Stellen Sie sich dann alle notwendigen Geräte bereit und beginnen Sie an der langen oder kurzen Seite des Parcours. Sie müssen den Aufbau nicht unbedingt mit dem ersten Hindernis laut Plan beginnen. Stellen Sie nun erst die äußeren Geräte des Parcours auf. Erst danach widmen Sie sich den Hindernissen in der Mitte. Gehen Sie die angegebenen Maße in Schritten ab. Bedenken Sie hier-

bei Ihre individuelle Schrittlänge und wählen Sie diese gegebenenfalls etwas kleiner oder größer. Haben Sie alle Geräte aufgestellt, schauen Sie sich an, ob der Parcours stimmig wirkt und mit dem Parcoursplan übereinstimmt. Insbesondere bei Geräten, die im Bogen angelaufen werden, kann es sinnvoll sein, die Abstände noch einmal abzulaufen und zu überprüfen.

Das Abgehen des Parcours

Auf einem Turnier ist der Parcoursverlauf weder Mensch noch Hund vorab bekannt. Hier wird vor dem Start des ersten Teams der Parcours für einige Minuten zur Begehung freigegeben. In dieser Zeit darf der Mensch ohne seinen Hund auf den Parcours, um ihn sich einzuprägen. Aber auch ohne Turnierstart ist das Abgehen des Parcours sehr wichtig. Um Ihren Hund führen zu können, müssen Sie den Parcours gut kennen und auch seine Anforderungen idealerweise bereits im Vorfeld erkennen.

Gehen Sie im ersten Schritt den Laufweg des Hundes ab und prägen sich so die Abfolge der Hindernisse ein. Am besten laufen Sie die gesamte Strecke neben den Geräten entlang. Haben Sie die korrekte Reihenfolge im Kopf, gehen Sie den Weg Ihres Hundes erneut und schauen Sie von jedem Hindernis auf der Lauflinie zum Führbereich. Hierhin wird Ihr Hund immer dann blicken, wenn er bei Ihnen nachfragt. So sehen Sie auch, welche Hindernisse Ihrem Hund auf seiner Lauflinie noch vor Augen kommen. Durch diese Vorgehensweise lassen sich vermeintliche Verleitungen entdecken, die Ihren Hund von seiner Lauflinie abbringen könnten.

Im nächsten Schritt stellen Sie sich in den Führbereich und betrachten die Hindernisse aus dieser Position. Überdenken Sie nun, welche Signale Sie Ihrem Hund geben müssen, damit er die Hindernisse in der vorgegebenen Reihenfolge absolviert. Überlegen Sie ebenfalls, wann Sie Ihrem Hund durch einen Impuls helfen können und wann Sie Ihre Signale sagen, um ihm rechtzeitig die notwendigen Informationen zukommen zu lassen. Seien Sie auch hier geduldig mit sich. Das Einprägen eines Parcours mit allen genannten Schritten kann für den Menschen anspruchsvoll sein und bedarf der Übung.

Macht der Hund einen Fehler im Parcours, so ist der Grund dafür häufig ein Führfehler des Menschen. Um diesen Fehler schnell zu analysieren und das Training so anzupassen, dass der Hund richtig läuft und belohnt werden kann, ist es ratsam, sich von einem Trainer coachen zu lassen.

Tipp

Wenn Sie alleine und ohne Trainer üben, gewöhnen Sie sich an, sich beim Training zu filmen. So können Sie nach jedem Durchgang den Lauf analysieren und Führfehler ausfindig machen.

12. Trainingsparcours

Trainingsparcous für Anfänger und leicht Fortgeschrittene

Die aufgezeigten Parcours eignen sich insbesondere für Mensch-Hund-Teams, die gerade erst mit dem Training von ganzen Parcours starten.
Um beide auf das Durchlaufen eines gesamten Parcours vorzubereiten, startet das Training in Sequenzen. Das bedeutet, dass die Parcours jeweils in zwei bis drei Sequenzen unterteilt sind.
Diese Sequenzen sind beispielhaft und können je nach Belieben angepasst werden, indem zum Beispiel die Sequenz verlängert oder auch verkürzt wird.
Haben Sie die Sequenzen mit Ihrem Hund einzeln absolviert, können Sie diese zusammenfügen und versuchen, den Parcours am Stück zu laufen.
Hierfür können zu Beginn durchaus mehrere Trainingseinheiten notwendig sein.
Zu jedem Parcours sowie zu jeder Sequenz gibt es ergänzend zum Parcours-/Sequenzplan eine Erklärung mit Hinweisen zu Schwierigkeiten und Anregungen zum Führen des Hundes durch diese Sequenz.
Achten Sie hierbei darauf, dass jeder Mensch und auch jeder Hund anders sind. So gibt es sehr schnelle, eigenständig arbeitende Hunde, bei denen das Führen mit deutlich weniger Signalen möglich ist. Da kann es durchaus sinnvoll sein, dass der Hund neben dem „Go" am Start nur weitere Hörzeichen erhält, wenn er nachfragt, oder wenn er in Richtung des Menschen laufen soll. Es gibt aber auch Hunde, die an Tonne, Gate und bei einem „Vor" kontinuierlich die Hilfestellung durch verbale Signale und einen Impuls des Menschen benötigen.
Die Anregungen zu den Parcours sind daher als Hilfestellungen zu sehen. Bei diesen Anleitungen beziehe ich mich auf die von mir verwendeten Signale. Sollte Ihr Hund andere Signale für die Übungen und Geräte erlernt haben, so sind natürlich diese zu verwenden.

Parcours 1

Dieser Parcours ist ein idealer Einsteiger-Parcours. Der Grundaufbau stellt eine Geräteanordnung in Form einer Null dar. Durch die Geräteabfolge gibt es nur ein Hindernis, das eine Verleitung für den Hund darstellt. Sollten Sie mit Ihrem Hund bisher keine Parcourserfahrung gesammelt haben, trainieren Sie den Parcours zunächst in einzelnen Sequenzen. Wenn Sie sich diese erfolgreich erarbeitet haben, beginnen Sie, alles zusammenzufügen.

Notwendige Geräte:
4 Hoops, 2 Tonnen, 1 Gate

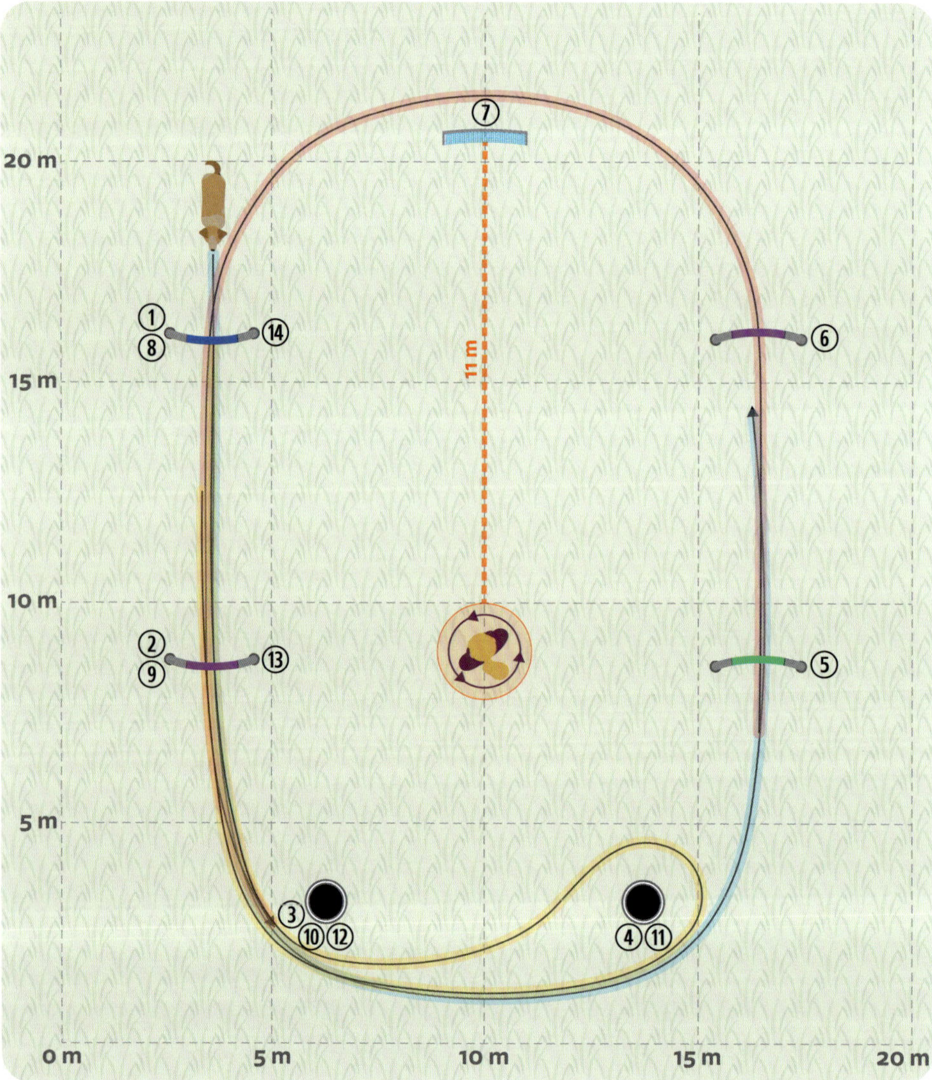

Sequenz 1 (1 – 5)

Ihr Hund läuft die Hindernisse (1) bis (5). Schicken Sie ihn mit dem Signal „Außen" um die Tonne (3) und geben Sie ihm dort das Signal, weiter zur nächsten Tonne (4) zu laufen. An der Tonne weiß Ihr Hund nie, ob er nach dem „Außen" zu Ihnen laufen oder geradeaus weiter laufen soll, weshalb das zweite Signal nach dem „Außen" so wichtig ist. An der zweiten Tonne (4) geben Sie Ihr Hörzeichen „Go", damit Ihr Hund rechtzeitig die Information erhält, nach der Tonne durch den folgenden Hoop (5) zu laufen. Während der letzte Hoop dieser Sequenz durchlaufen wird, sagen Sie „Jackpot" und belohnen Ihren Hund im Anschluss mit der Superbelohnung. Werfen Sie diese in Richtung Gerät (6). Hier befindet sich der ideale Belohnungspunkt, um die Sequenzen später zusammenzufügen. Drehen Sie sich während des Laufs Ihres Hundes konsequent mit ihm mit, achten Sie also darauf, dass Ihr Bauchnabel und damit Ihre Körperfront dabei immer auf Ihren Hund ausgerichtet ist.

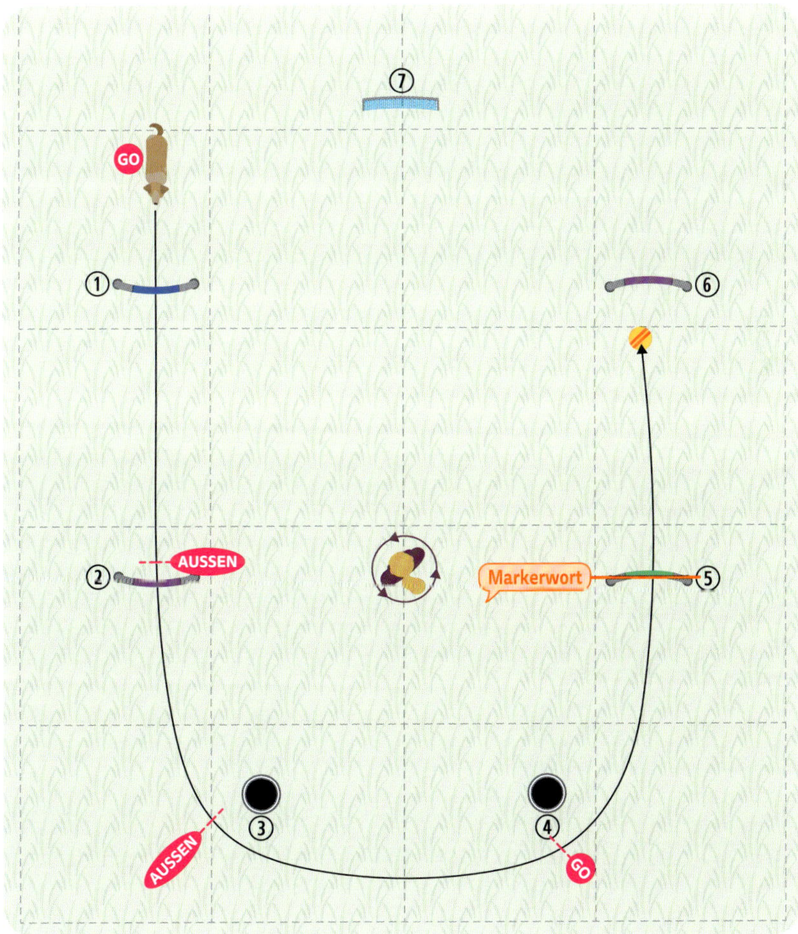

Sequenz 2 (5–9)

Bringen Sie Ihren Hund vor Hoop (5) in Startposition und starten Sie ihn mit einem „Go". Zum Gate schicken Sie ihn mit dem Signal „Außen". Kurz vor, spätestens jedoch am Gate geben Sie dann ein weiteres „Go", damit er am Hindernis bereits die Information hat, dass er danach weiter durch den folgenden Hoop laufen soll. Führen Sie ihn bis zu Hoop (9). Beim Durchlaufen des Zielhoops (9) erfolgt Ihr Markerwort, Ihre Belohnung richten Sie zu Hindernis (10) aus.

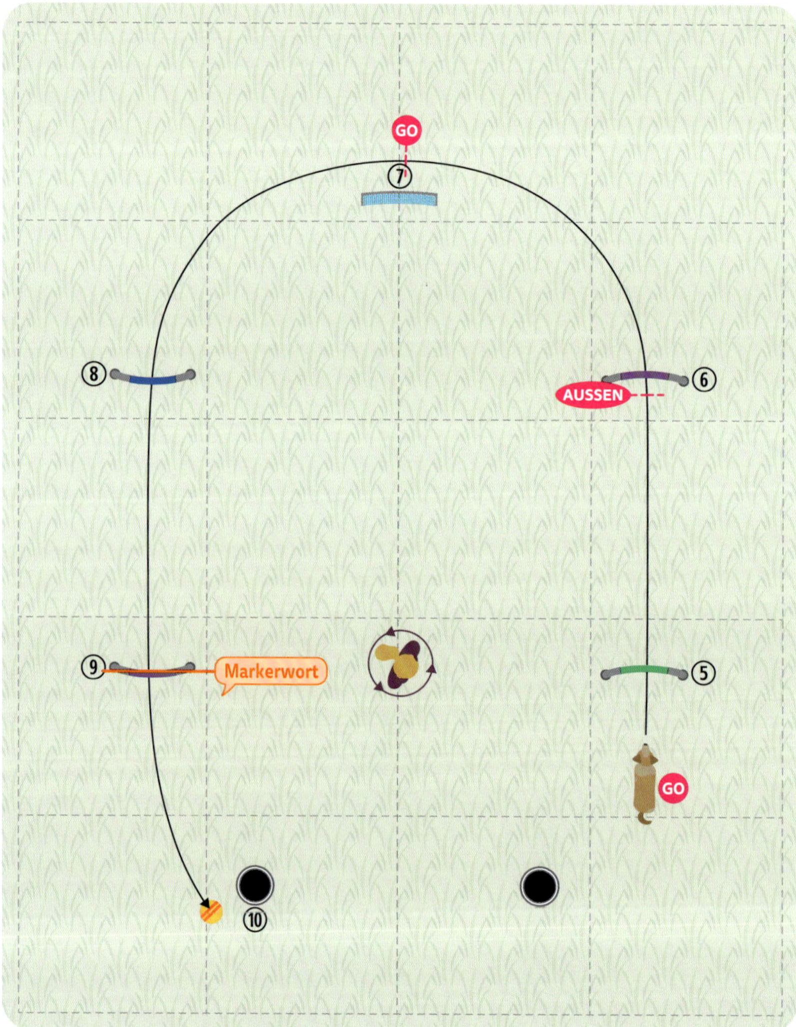

Sequenz 3 (9 – 14)

Legen Sie Ihren Hund mit großem Abstand vor Hoop (9) ab, damit er nicht auf Ihrer Höhe starten muss. Starten Sie ihn mit „Go" und schicken Sie ihn dann mit „Außen" zur Tonne (10) und einem erneuten „Außen" zur zweiten Tonne (11). Beginnen Sie nun rechtzeitig vor der zweiten Tonne (11), Ihren Hund mit „Hasi" anzusprechen, damit er bereits vor der Tonne weiß, dass er danach zu Ihnen eindrehen soll. Helfen Sie Ihrem Hund gegebenenfalls mit einem Sichtzeichen, indem Sie Ihren Arm seitlich herausstrecken und den Oberkörper etwas nach hinten lehnen.

Ihr Hund muss rechtzeitig auf die Wendung vorbereitet werden, damit er nicht Hoop (5) durchläuft, der hier eine Verleitung darstellt. Sobald Ihr Hund nach der Tonne (11) zu Ihnen schaut, leiten Sie das Anlaufen der Tonne (12) ein. Geben Sie hierzu Ihr Hörzeichen „Außen" und drehen Sie sich mit Ihrem Hund zum anzulaufenden Hindernis. Achten Sie hierbei ganz besonders darauf, dass Sie mit der Körperfront Ihren Hund begleiten und sie sich nicht zu schnell wegdrehen. Letzteres kann sonst dazu führen, dass Ihr Hund die Tonne auslässt und direkt Hoop (13) durchläuft.

Begleiten Sie Ihren Hund weiter bis zu Hindernis (14). Hier ertönt Ihr Markerwort, woraufhin direkt im Anschluss die Belohnung erfolgt. (Siehe Grafik S. 216)

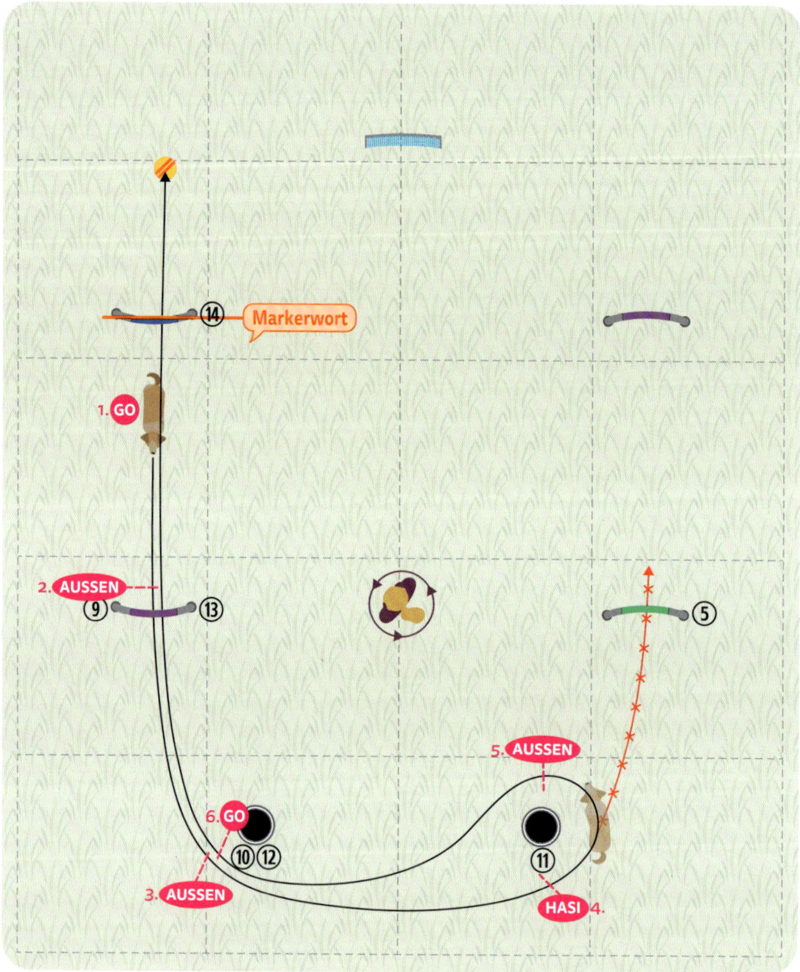

Sequenz 3 (9–14), siehe S. 215

Allgemeines zum Parcours

Die Schwierigkeit in diesem Parcours stellt der Richtungswechsel an der Tonne (11) dar. Hier ist es besonders wichtig, den Hund bereits vor der Tonne frühzeitig mit „Hasi" anzusprechen, damit er sich nach der Tonne Richtung Mensch ausrichtet und nicht durch die Verleitung (5) läuft. Wann Sie das „Hasi" einleiten, hängt vom Lauftempo Ihres Hundes ab. Je schneller der Hund, desto früher muss auch das Hörzeichen erfolgen.

Bereitet Ihnen nur die letzte Sequenz Schwierigkeiten, trainieren Sie diese separat. Sollte es trotzdem zu schwer sein, können Sie die Verleitung (5) zunächst entfernen oder deutlich weiter wegstellen.

Parcours 2

An diesem Trainingsparcours kann der einfache Richtungswechsel trainiert und das Signal „Vor" gefestigt werden.

Notwendige Geräte:
7 Hoops

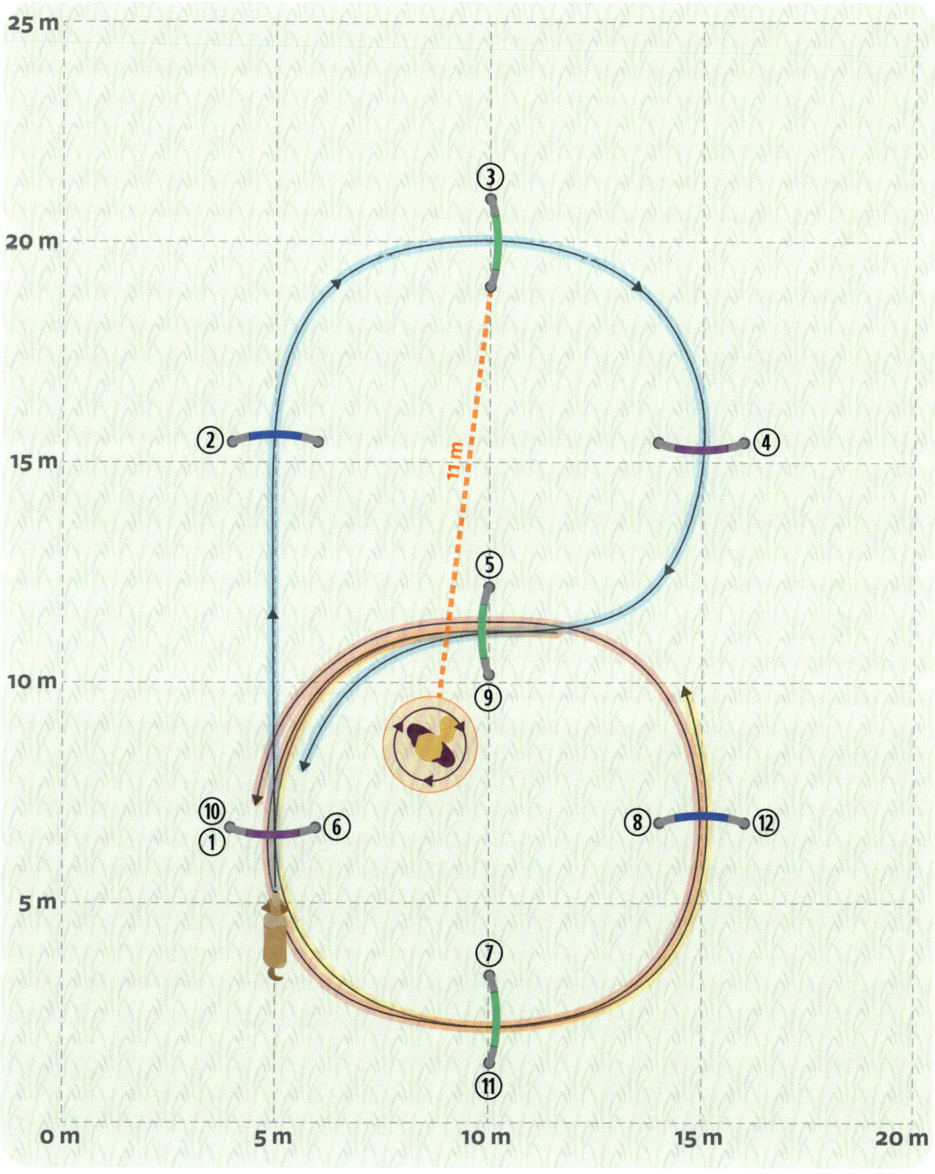

Sequenz 1 (1 – 5)

Starten Sie Ihren Hund am ersten Hindernis mit dem Hörzeichen „Go". Nun müssen Sie ihm mit einem „Vor", gegebenenfalls unterstützt durch einen Impuls, helfen, dass er geradeaus weiter Richtung Hoop (2) arbeitet. Nah am Führbereich steht Hoop (5), der aus Hundesicht eine Verleitung darstellt und mit Hilfe des Hörzeichens „Vor" ausgeblendet werden muss.

Führen Sie Ihren Hund weiter bis zu Hindernis (4). Sprechen Sie ihn hier frühzeitig, bereits vor Hoop (4), mit „Hasi" an, um den Bogen auf Hoop (5) einzuleiten. Ihr Markerwort erfolgt beim Durchlaufen von Gerät (5), der Belohnungspunkt ist in Richtung Hindernis (6) auszurichten.

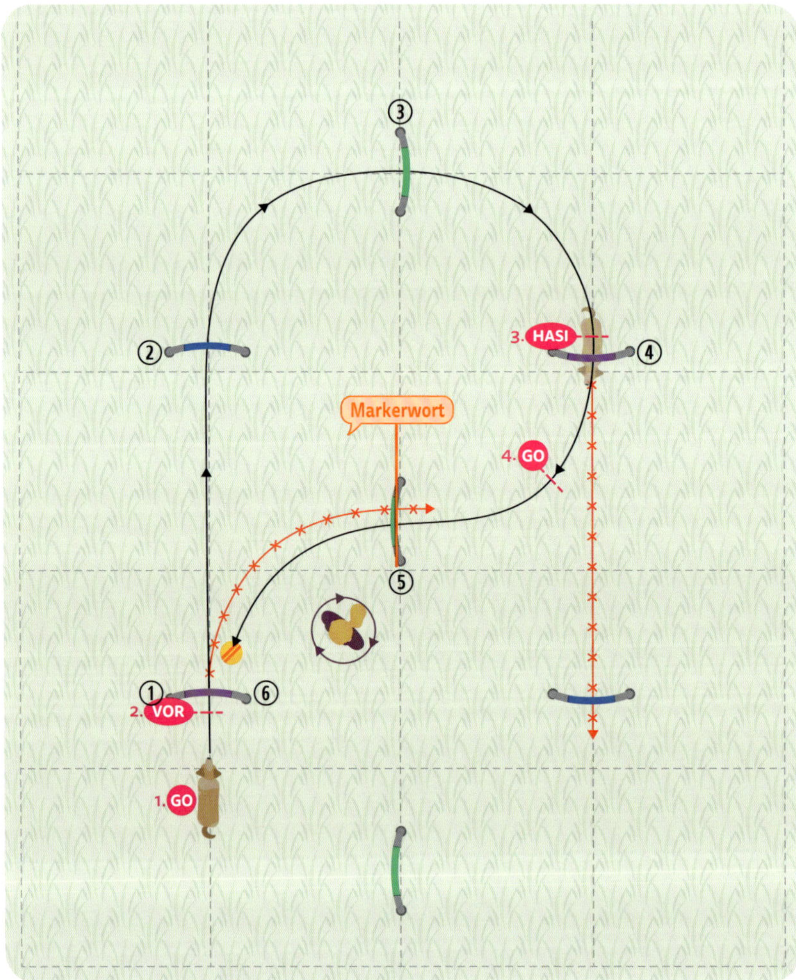

Sequenz 2 (5 – 9)

Starten Sie Ihren Hund an Hindernis (5) und führen Sie ihn im Kreis durch die Hoops (6), (7) und (8). Sprechen Sie ihn vor Hoop (8) rechtzeitig mit „Hasi" an, damit er nach Hoop (8) in Ihre Richtung zum Zielhoop (9) läuft und nicht geradeaus durch die Verleitung (4). Werfen Sie die Belohnung zum Belohnungspunkt Richtung Gerät (10).

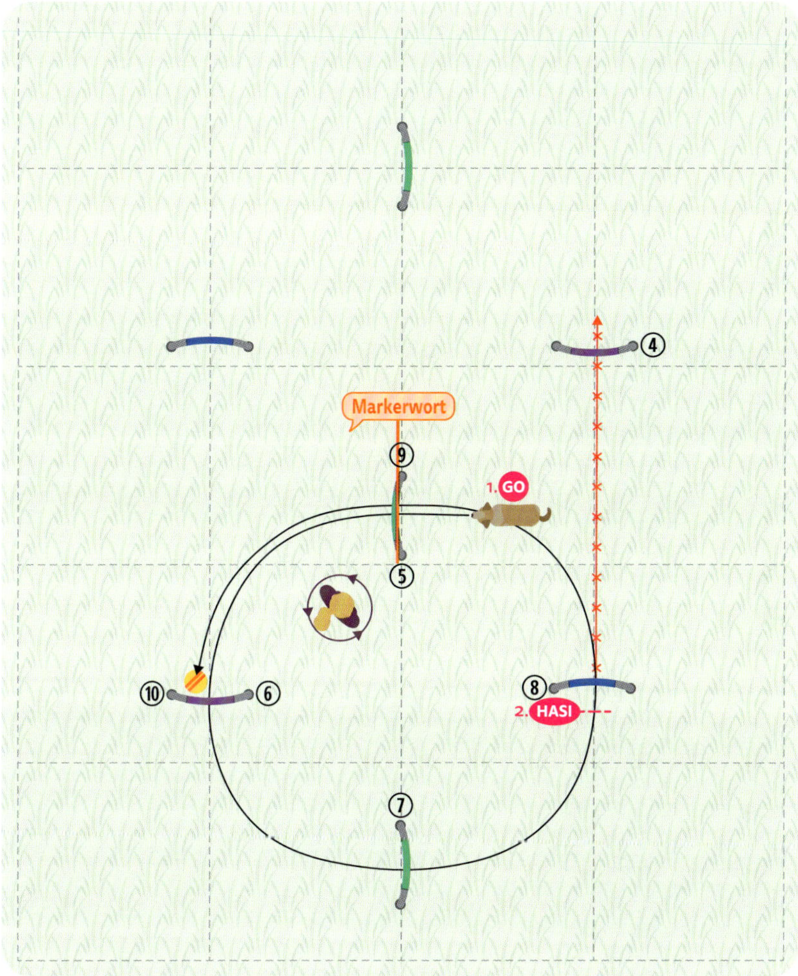

Sequenz 3 (9 – 12)

Starten Sie Ihren Hund an Hoop (9) und führen Sie ihn im Kreis bis zum Zielhoop (12).

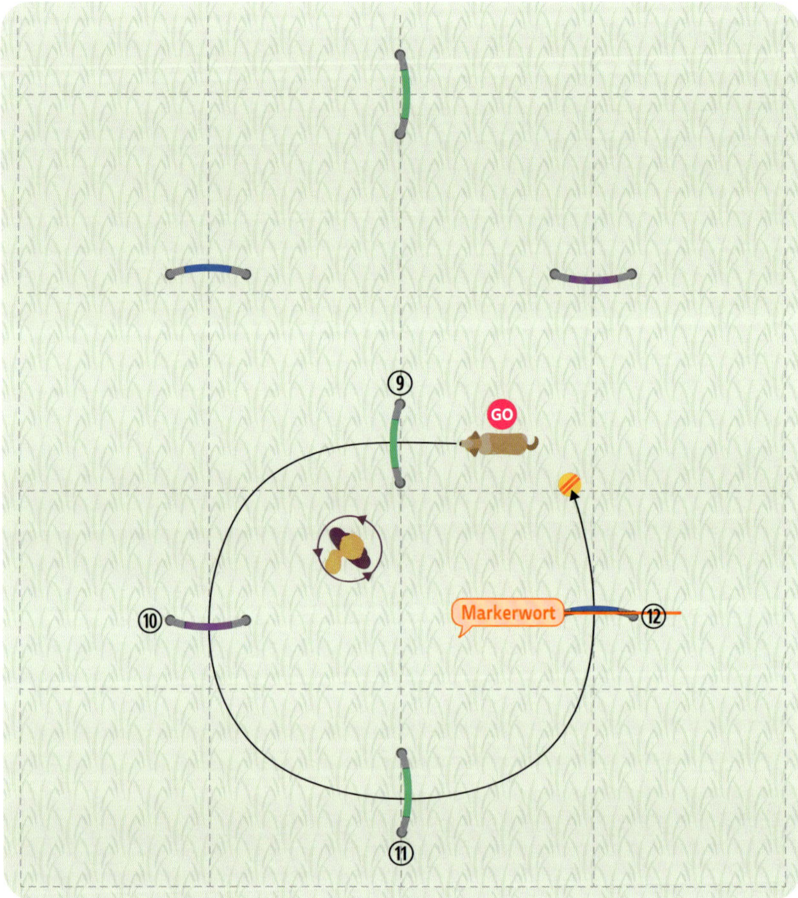

Allgemeines zum Parcours

Bei diesem Trainingsparcours können Sie an Ihrem Timing arbeiten. Einige Hindernisse stellen Verleitungen dar, sodass Sie lernen müssen, Ihren Hund zu lesen und Ihre Signale rechtzeitig einzuleiten. Denken Sie daran: Sollte Ihr Hund den falschen Weg einschlagen und die Verleitung laufen, dann liegt dies immer an einem Führfehler des Menschen. Absolvieren Sie den Parcours erst dann am Stück, wenn Sie alle Sequenzen einzeln korrekt führen können.

Parcoursvarianten

Variante 1

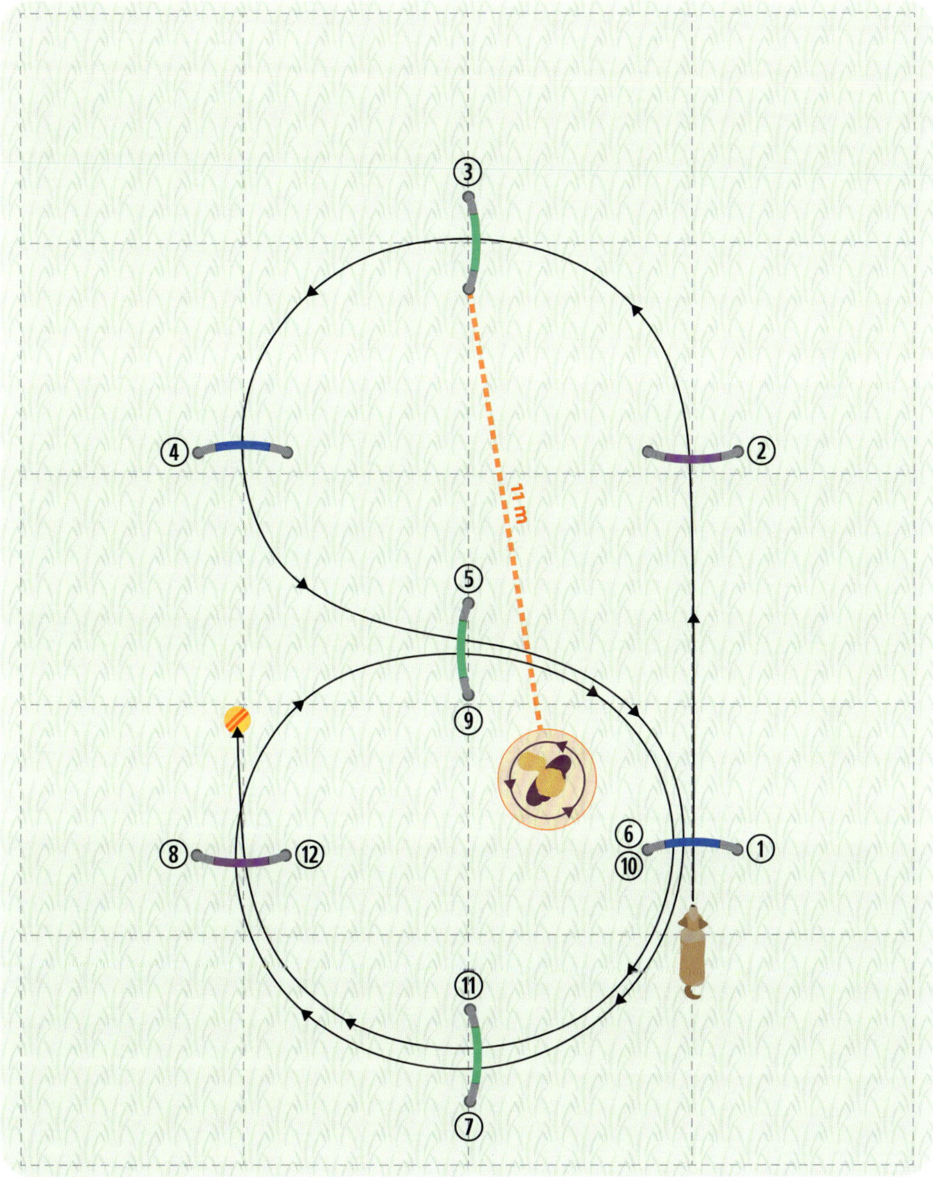

Den vorhandenen Parcours können Sie abwandeln, indem Sie Ihren Hund auf der anderen Seite starten lassen. Der Führbereich wird ebenfalls auf die andere Seite verlegt.

Variante 2

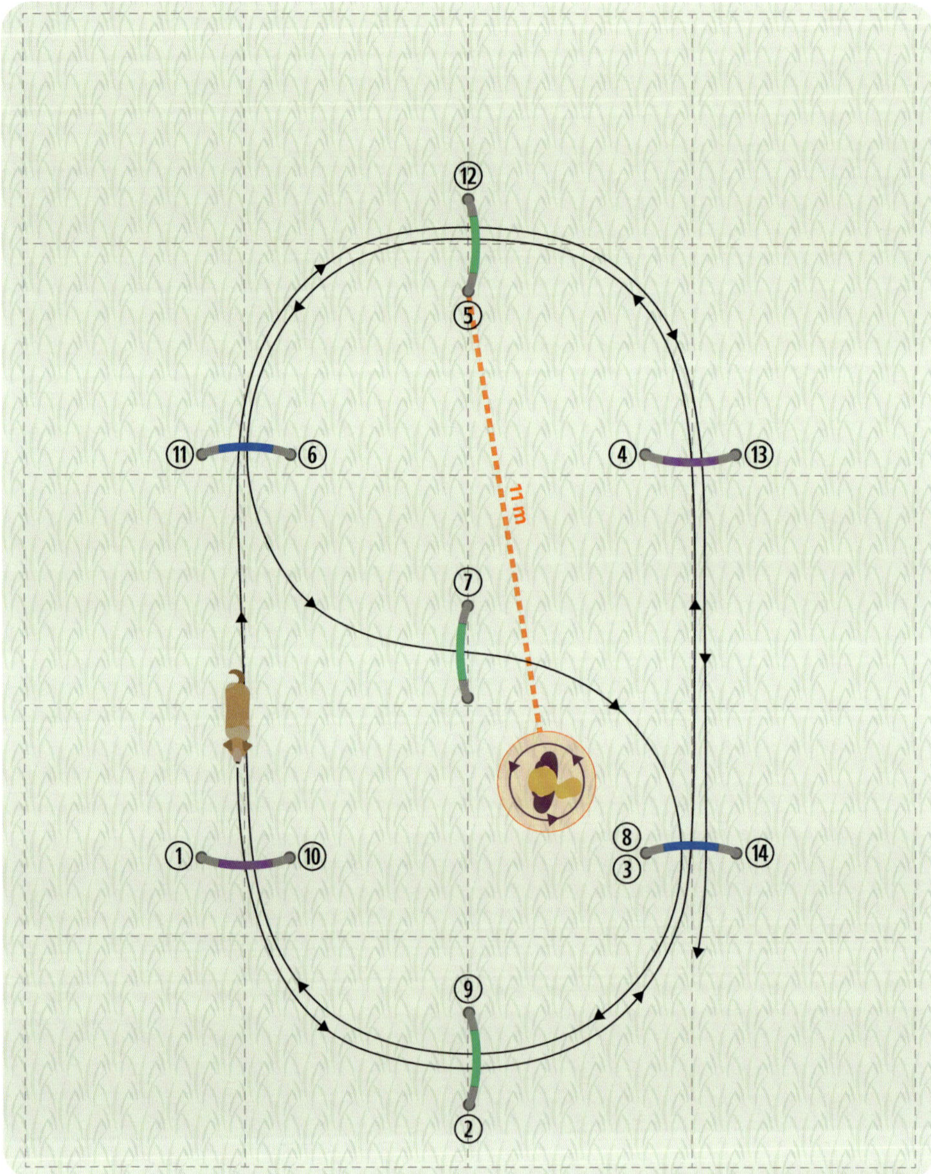

Mit einer geänderten Hindernisabfolge ist sowohl der Start, als auch das „Vor" von Hindernis (10) zu (11) deutlich anspruchsvoller.

Parcours 3

Notwendige Geräte:
6 Hoops, 1 Tunnel, 1 Tonne, 1 Gate

In diesem Parcours muss Ihr Hund unterschiedliche Gerätekombinationen absolvieren. Eine Verleitung muss ausgeblendet werden, außerdem wird ein einfacher Richtungswechsel fällig.

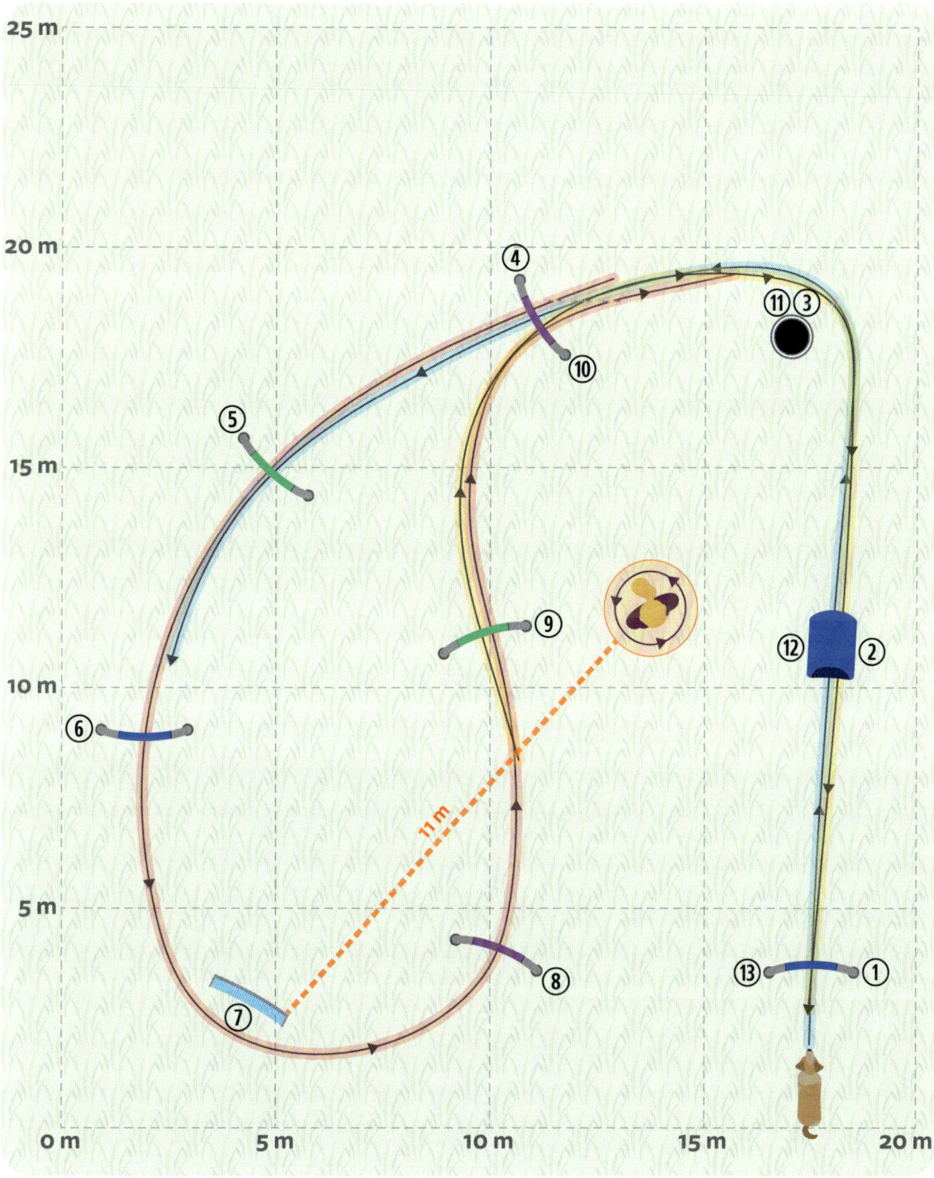

Sequenz 1 (1 – 5)

Starten Sie Ihren Hund am Starthoop und schicken Sie ihn direkt im Anschluss durch den Tunnel. Geben Sie kurz vor dem Tunnel bereits Ihr Signal zum Umlaufen der Tonne, sodass Ihr Hund direkt nach dem Tunnel geradeaus weiterarbeiten kann. An der Tonne schicken Sie ihn weiter zu Hindernis (4). Sprechen Sie nun bereits vor dem Hoop (4) das Signal „Vor" aus und helfen Sie Ihrem Hund, falls notwendig, mit einem Impuls, damit er geradeaus weiter durch Hoop (5) läuft und die Verleitung durch Hindernis (9) ausblenden kann.

Sprechen Sie Ihr Markerwort aus, sobald Ihr Hund durch Hoop (5) läuft und werfen Sie Ihre Belohnung in Richtung Hindernis (6).

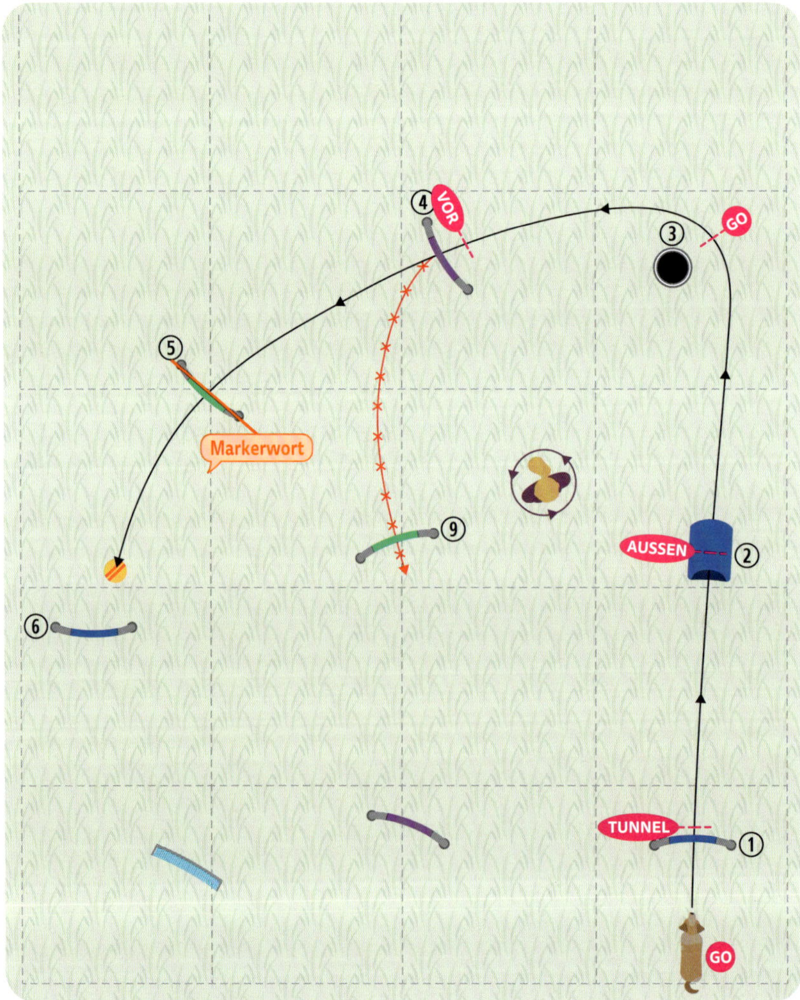

Sequenz 2 (4 – 10)

Starten Sie Ihren Hund an Hoop (4) mit „Go“, direkt gefolgt von „Vor“ zum Ausblenden der Verleitung (9). Bauen Sie Körperspannung auf und führen Sie Ihren Hund auf die weiteste Distanz bis zum Gate. Verringern Sie Ihre Körperspannung, wenn Ihr Hund am Gate ist und sprechen ihn mit „Hasi“ an, damit er nach dem Gate den Hoop (8) in Ihre Richtung durchläuft. Drehen Sie mit Ihrem Hund mit und begleiten Sie ihn beim einfachen Richtungswechsel. Auch wenn der Tunnel (12) weit entfernt steht, stellt er für manche Hunde eine Verleitung dar. Beim Durchlaufen von Hindernis (10) sagen Sie Ihr Markerwort und belohnen im Anschluss in Richtung Tonne (11).

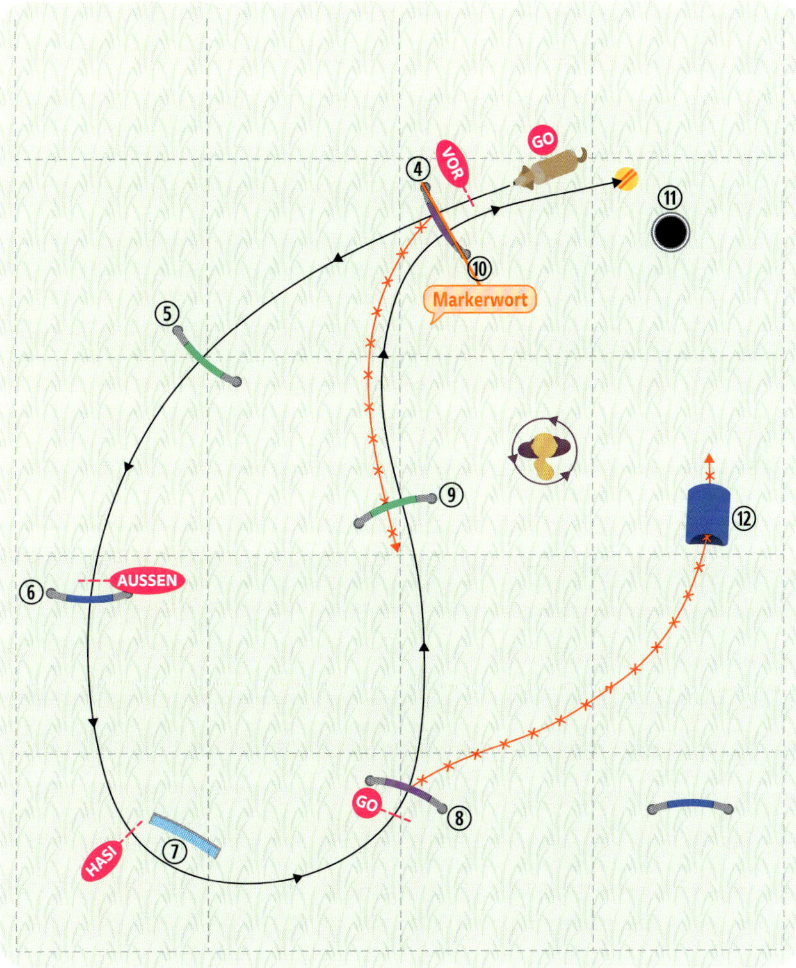

Sequenz 3 (9 – 13)

Starten Sie Ihren Hund an Hoop (9) und führen Sie ihn bis zur Tonne. Geben Sie hier rechtzeitig das Signal für den Tunnel, damit er diesen in gerader Linie anläuft. Um ihn weiter durch den Zielhoop zu schicken, geben Sie das „Go" bereits kurz bevor er den Tunnel durchläuft.

Dreht er nach dem Tunnel seinen Kopf in Ihre Richtung, helfen Sie ihm mit einem körpersprachlichen Impuls, die Lauflinie beizubehalten, indem Sie einen Schritt in Richtung seines Kopfes machen.

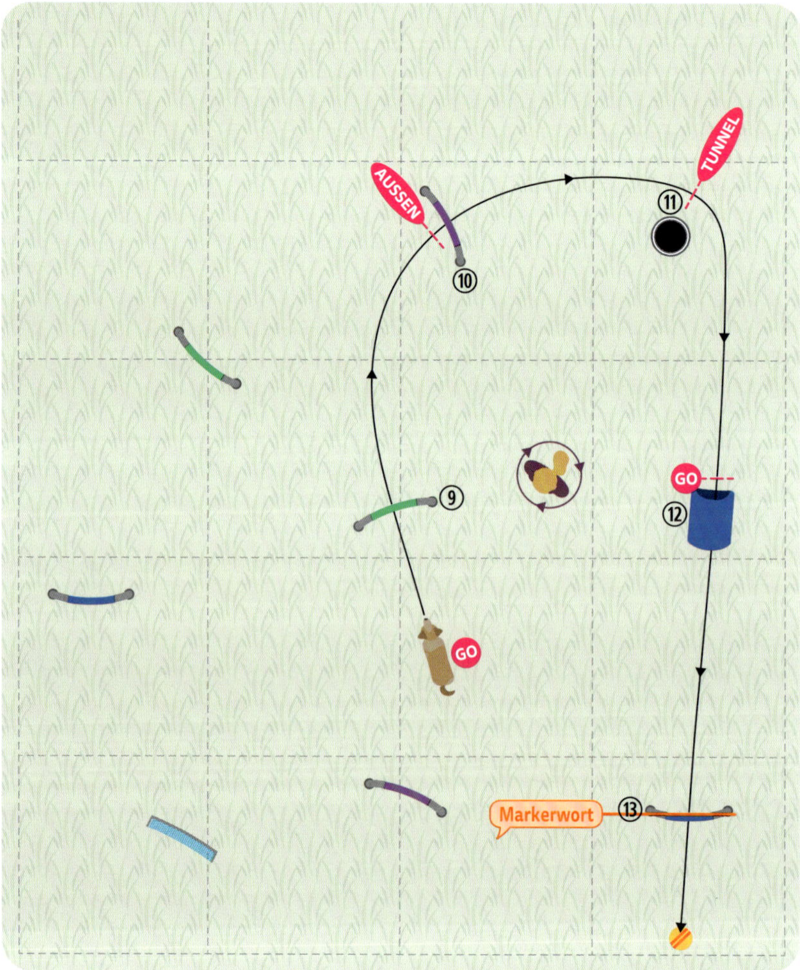

Parcours 4

In diesem Parcours werden verschiedene Gerätekombinationen abgefragt. Es findet ein Richtungswechsel statt und der Hund muss den Tunnel als Verleitung ausblenden. Gerade für Hunde, die gerne durch den Tunnel gehen, kann dies sehr anspruchsvoll sein. Da der Führbereich jedoch nah am Tunnel liegt, kann der Mensch an dieser Stelle durch einen Impuls gut helfen, den Hund auf der korrekten Laufinie zu halten.

Die Distanz vom weitesten Hindernis bis zum Führbereich beträgt zwölf Meter.

Dieser Parcours lässt sich gut in zwei Sequenzen unterteilen.

Notwendige Geräte:
5 Hoops, 1 Gate, 1 Tunnel, 2 Tonnen

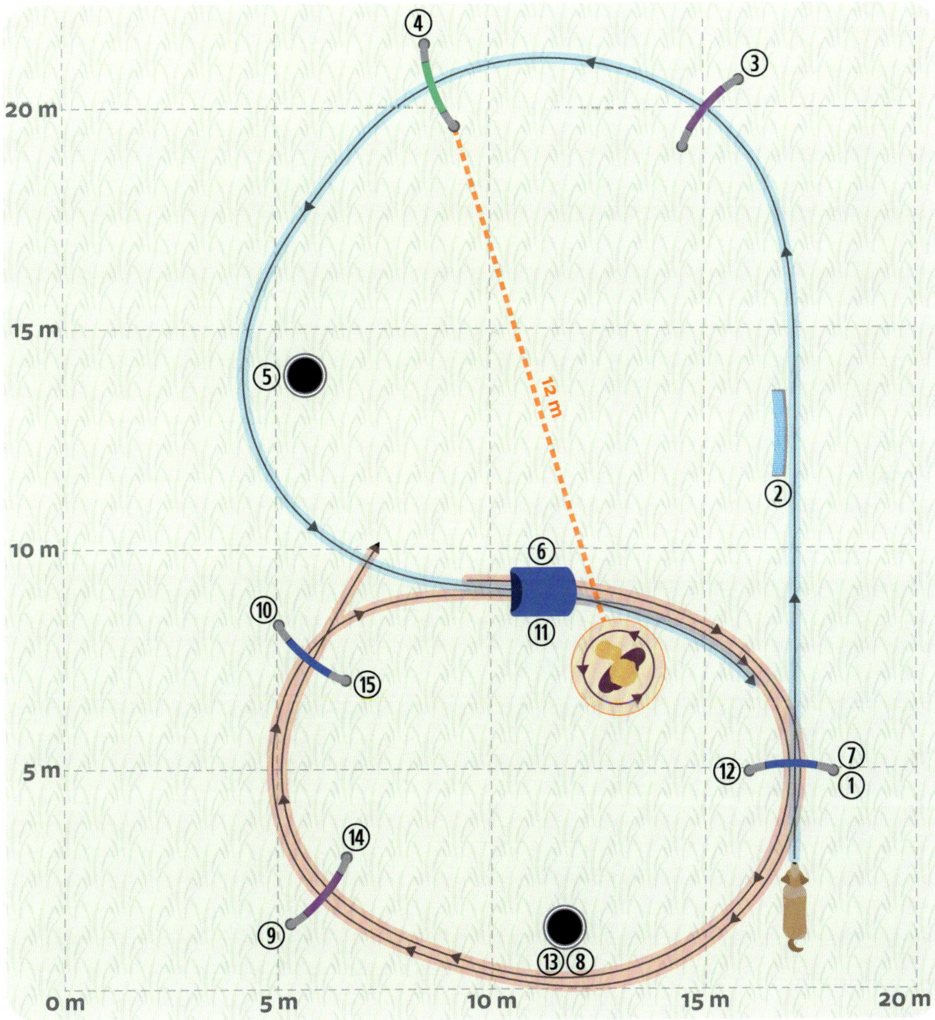

Sequenz 1 (1 – 6)

Starten Sie Ihren Hund an Hoop (1) mit einem „Go“, direkt gefolgt von einem „Vor“, sodass er geradeaus weiter zum Gate läuft und nicht im Bogen zum Tunnel, der eine Verleitung darstellt. Denken Sie daran, am Gate erneut das Signal „Go“ zu geben, damit Ihr Hund nach dem Gate nicht auf Sie zuläuft. Bauen Sie nun Körperspannung auf, um Ihren Hund auf die größte Distanz zu den Hoops (3) und (4) zu schicken. Sobald Ihr Hund Hoop (4) durchlaufen hat, verringern Sie Ihre Körperspannung und sprechen ihn kurz vor der Tonne mit „Hasi“ an, damit er in Ihre Richtung durch den Tunnel läuft und nicht durch Hindernis (10), welches bei zu später Ansprache eine Verleitung für den Hund darstellen kann. Ihr Markerwort kommt beim Durchlaufen des Tunnels, Ihre Belohnung werfen Sie in Richtung Hindernis (7).

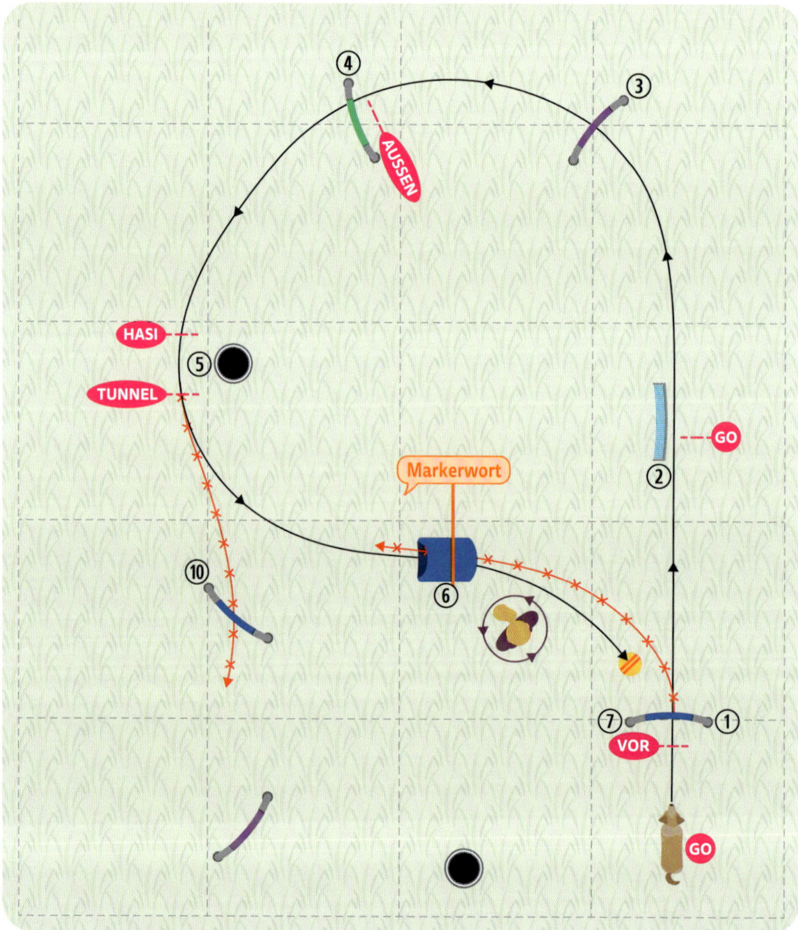

Sequenz 2 (6 – 15)

Starten Sie Ihren Hund am Tunnel. Sollte sich Ihr Hund schwertun, mit dem Durchlaufen des Tunnels zu starten, beginnen Sie an Hindernis (7). Achten Sie bei der Tonne (8) darauf, rechtzeitig Ihr „Go" zum Weiterlaufen durch den nachfolgenden Hoop anzusagen. Begleiten Sie Ihren Hund den restlichen Weg körpersprachlich durch Mitdrehen bis zum Zielhoop (15).

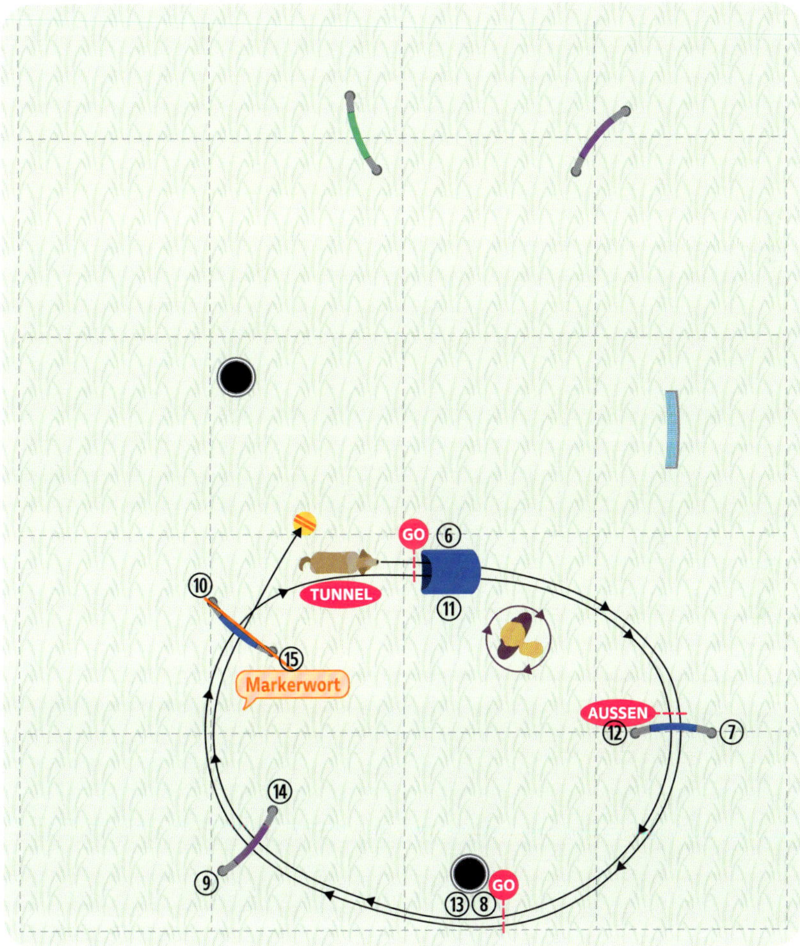

Parcours 5

Notwendige Geräte:
9 Hoops, 1 Gate, 2 Tonnen

In diesem Parcours muss Ihr Hund nahestehende Verleitungen ausblenden, um auf der korrekten Lauflinie zu bleiben. Außerdem enthält der Parcours unterschiedliche Gerätekombinationen sowie einen Richtungswechsel. Beim Start befindet sich der Hund auf sehr großer Distanz zum Menschen.

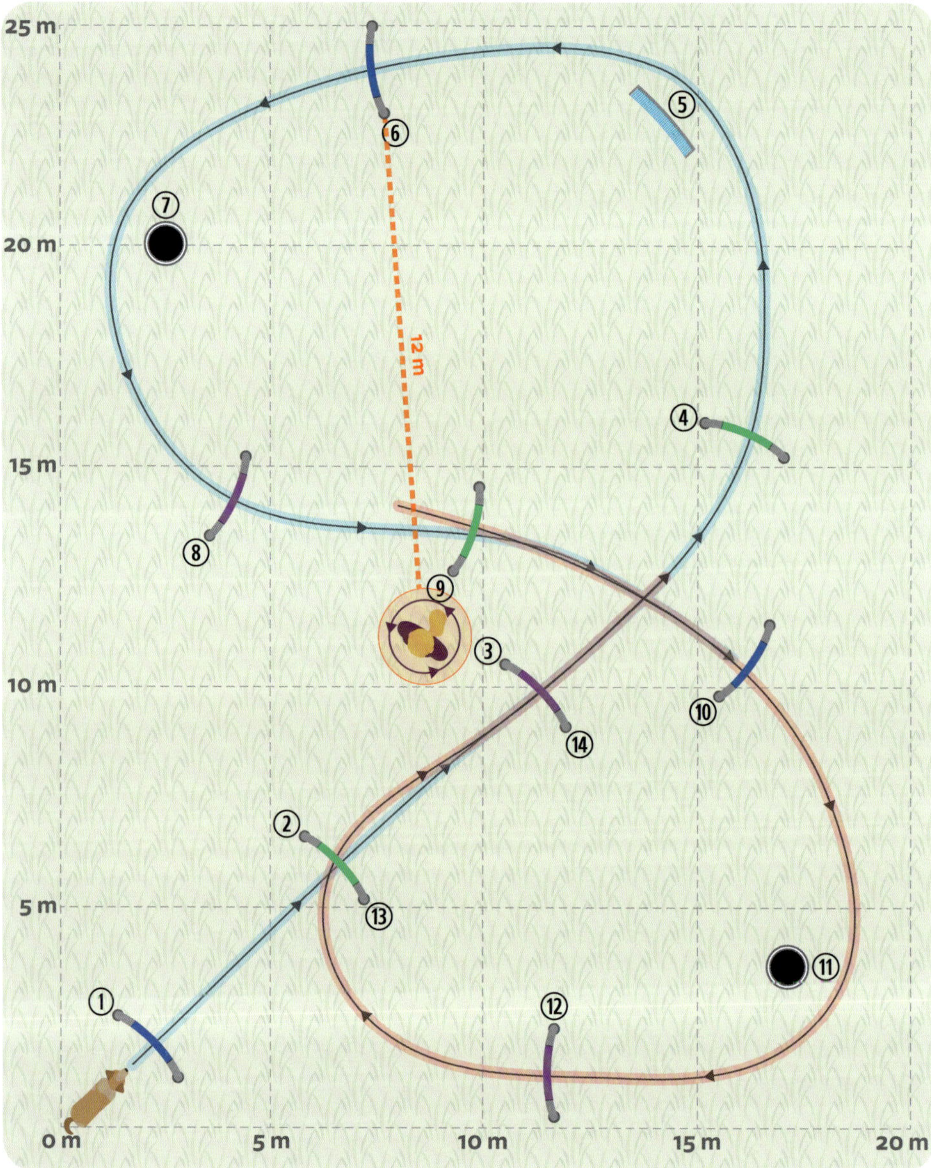

Sequenz 1 (1 – 9)

Starten Sie Ihren Hund mit Ihrem „Go" an Hindernis (1). Kurz vor Hoop (3) schicken Sie ihn mit „Vor" zu Hoop (4). Hier ist es wichtig, dass Sie Ihr Hörzeichen rechtzeitig geben. Es sollte gut gefestigt sein, da Ihr Hund zwischen Hindernis (3) und (4) zwei Verleitungen ausblenden muss – Hoop (9) zur linken Seite und Hoop (10) zur rechten Seite. Je besser das „Vor" als Hörzeichen angenommen und umgesetzt wird, desto weniger müssen Sie körpersprachlich helfen. Schaut Ihr Hund nach Hoop (3) zu Ihnen, helfen Sie mit einem Impuls, damit er auf der Lauflinie bleibt. Setzen Sie den Impuls allerdings nicht zu stark, da Ihr Hund sonst ein „Weg" auf Hindernis (10) einleiten könnte.

Schicken Sie ihn mit dem Signal „Außen" zum Gate und geben dort rechtzeitig das Hörzeichen zum Durchlaufen von Hoop (6). Nun geht es weiter zur Tonne und von da aus zu Hindernis (8). Achten Sie hierbei unbedingt darauf, mit der Körperfront auf Ihren Hund ausgerichtet zu sein, damit er nicht abkürzt und auf Sie zuläuft. Sobald Ihr Hund Hoop (9) durchläuft, sagen Sie Ihr Markerwort und belohnen ihn in Richtung Hoop (10). (Siehe Grafik S. 232)

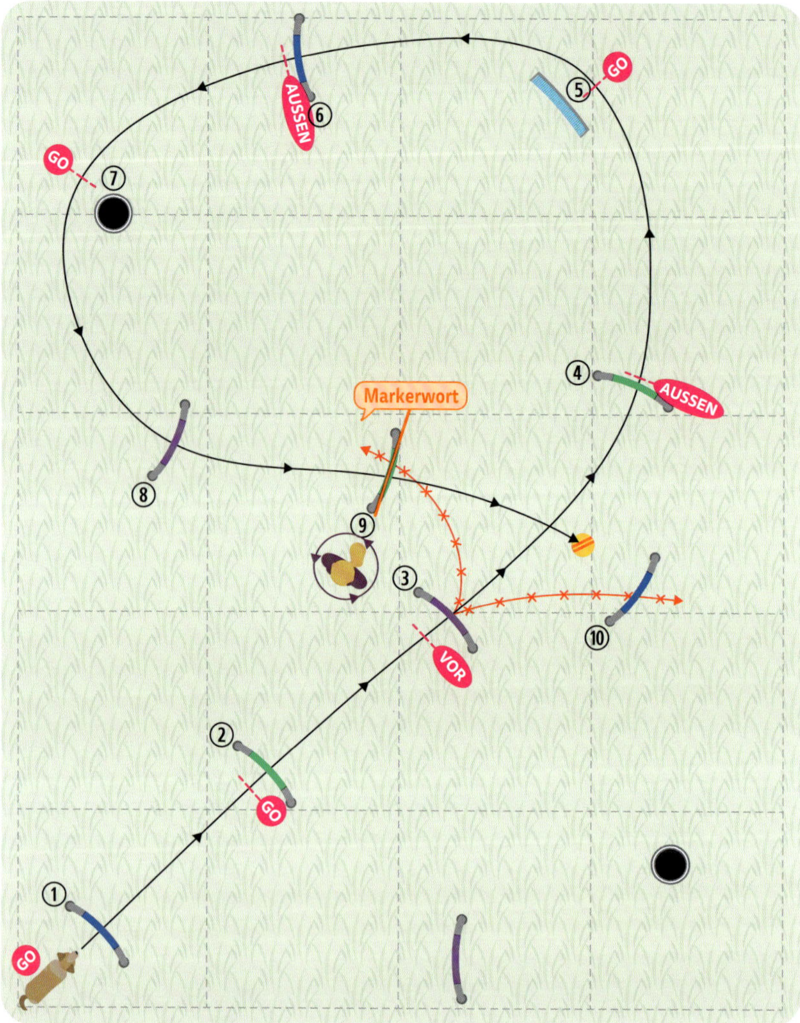

Sequenz 1 (1–9), siehe S. 231

Sequenz 2 (9–14)

Starten Sie Ihren Hund an Hoop (9) mit „Go" und „Vor", sodass er geradeaus durch Hoop (10) läuft. Auch an dieser Stelle muss er zwei Verleitungen ausblenden – Hoop (4) zur linken und Hoop (14) zur rechten Seite. Bauen Sie dann Körperspannung zur Distanzvergrößerung auf und führen Sie Ihren Hund um die Tonne (11), durch die beiden Hoops (12 und 13) und zum Abschluss durch den Zielhoop (14). Achten Sie von Gerät (12) zu (13) darauf, mit der Front auf Ihren Hund ausgerichtet zu bleiben. Hier kann es gegebenenfalls notwendig sein, zusätzlich einen Impuls zu geben, damit er nicht vor dem Hoop (13) abkürzt und den direkten Weg zu Hoop (14) wählt.

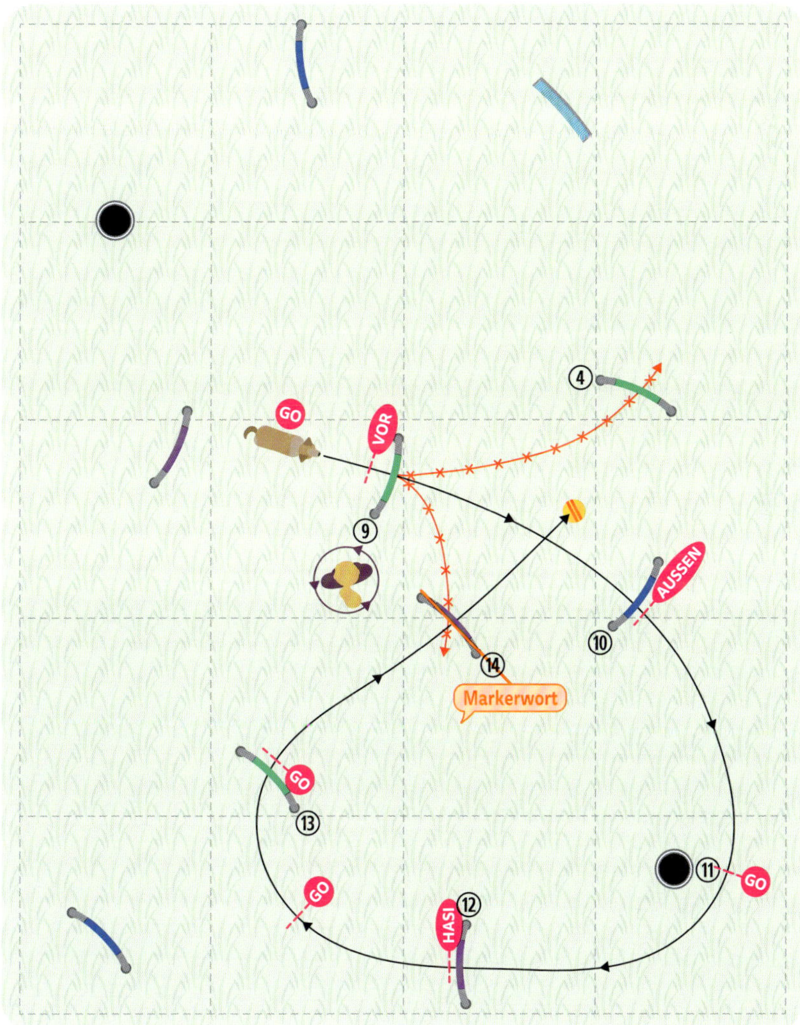

Parcours 6

> **Notwendige Geräte:**
> 7 Hoops, 1 Gate, 3 Tonnen

Dieser Parcours besteht aus unterschiedlichen Gerätekombinationen. Um den Hund auf dem vorgegebenen Laufweg halten zu können, müssen mehrere Verleitungen ausgeblendet werden.

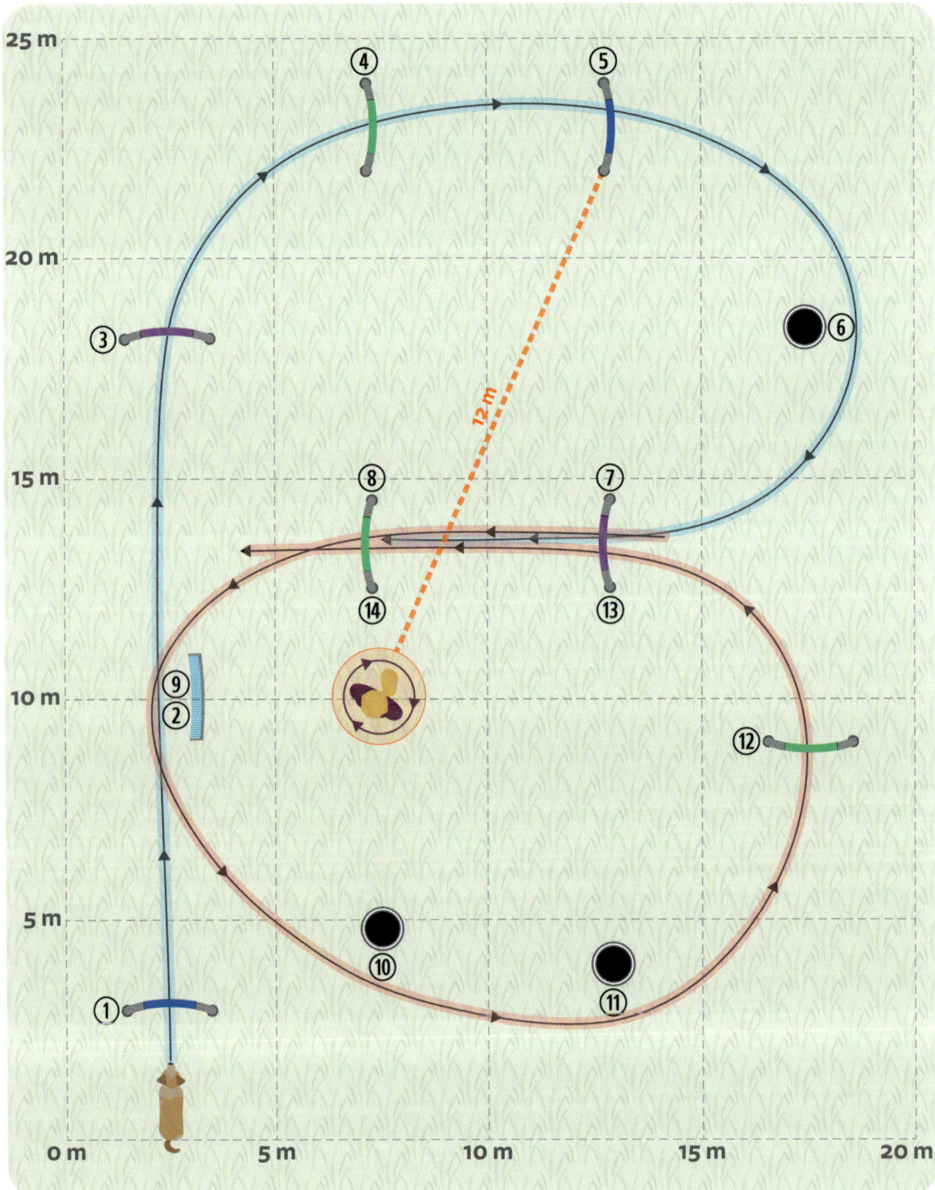

Sequenz 1 (1 – 7)

Starten Sie Ihren Hund an Hoop (1) und schicken ihn von dort direkt geradeaus weiter zum Gate. Geben Sie vor dem Gate frühzeitig Ihr Signal „Vor", damit er danach geradeaus weiterläuft und den Hoop (8), der eine Verleitung darstellt, ausblendet. Bauen Sie Körperspannung auf, um Ihren Hund nun auf die Distanz von bis zu zwölf Metern zu den Hindernissen (4), (5) und (6) zu führen. Leiten Sie an der Tonne (6) rechtzeitig das „Hasi" ein, damit Ihr Hund in Ihre Richtung Hoop (7) durchläuft. An dieser Stelle kann Hoop (12) ihn ansonsten dazu verleiten, geradeaus weiterzulaufen. Hat Ihr Hund Hindernis (7) durchlaufen, sprechen Sie Ihr Markerwort aus und belohnen Sie in Richtung Hoop (8).

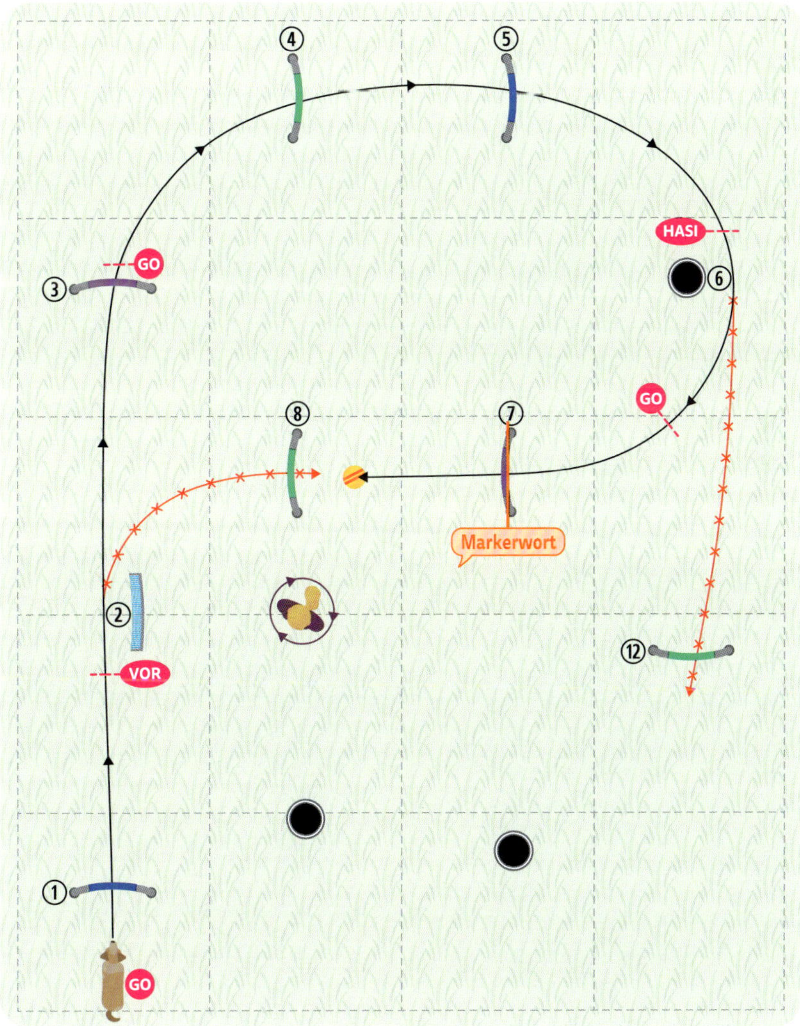

Sequenz 2 (7–14)

Beginnen Sie an Hoop (7). Schicken Sie Ihren Hund mit einem „Außen" um das Gate (9) und sprechen Sie ihn dort frühzeitig mit „Hasi" an, um ihn danach zur Tonne (10) zu führen. Bei einer zu späten Ansprache laufen Sie Gefahr, dass er nach dem Gate geradeaus durch den Hoop (1) läuft. Geben Sie an der Tonne (10) Ihr Signal zum Weiterlaufen. An Hoop (12) erfolgt erneut Ihr Signal „Hasi", um den Laufweg zu Hindernis (13) einzuleiten. Hier stellt die Tonne (6) eine Verleitung dar, die Ihren Hund vom Durchlaufen von Hoop (13) abbringen könnte. Ist der letzte Hoop (14) durchlaufen, belohnen Sie.

Bei sehr schnellen oder auch großen Hunden kann es hilfreich sein, die Sequenz 8-9-10 mit dem Signal „Rum" zu führen.

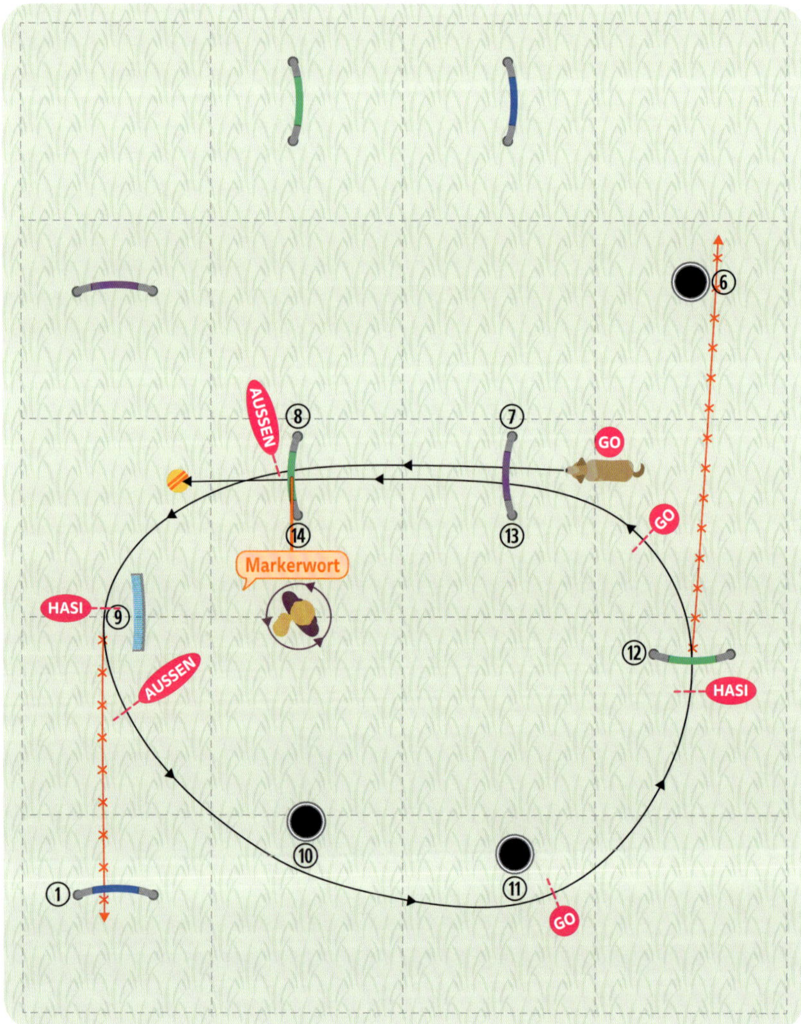

Parcours 7

Dieser Parcours beinhaltet unterschiedliche Gerätekombinationen sowie einen einfachen Richtungswechsel. Die größte Distanz zum weitesten Gerät beträgt zwölf Meter.

Notwendige Geräte:
5 Hoops, 1 Gate, 1 Tunnel, 2 Tonnen

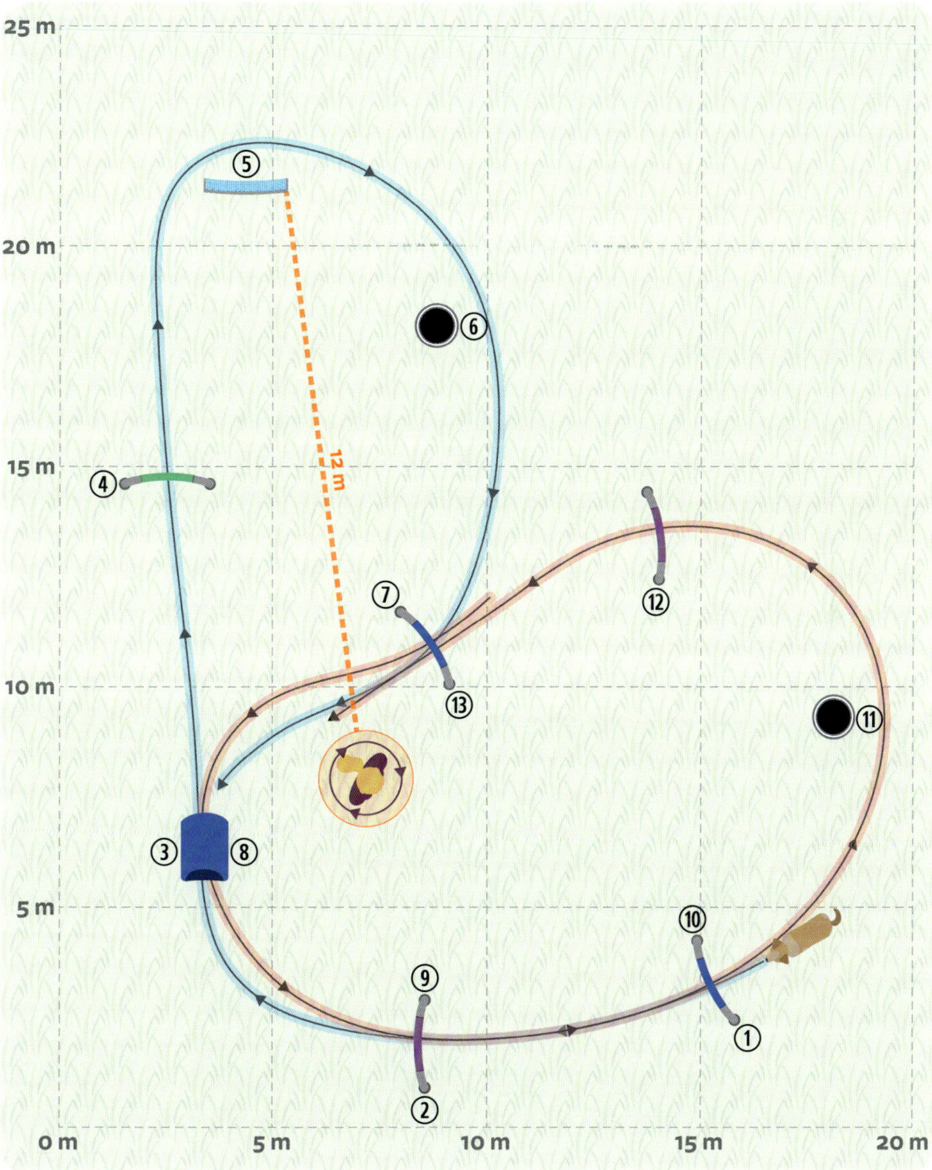

Sequenz 1 (1 – 7)

Starten Sie Ihren Hund an Hoop (1). Aufgrund der seitlichen Distanz kann hier ein Impuls in Form eines Schrittes in Richtung Hund hilfreich sein. Schicken Sie Ihren Hund durch den Tunnel und geben Sie bereits kurz davor das Signal „Vor", um ihn danach geradeaus weiter zu schicken.
Sollte er beim Herauslaufen aus dem Tunnel nachfragen, indem er zu Ihnen blickt, helfen Sie ihm durch einen Impuls, auf der gewünschten Lauflinie zu bleiben. Bauen Sie Körperspannung auf, um ihn bis zum Gate (5) zu schicken. Verringern Sie dann Ihre Körperspannung und sprechen Sie ihn an der Tonne (6) rechtzeitig mit „Hasi" an, damit er den Hoop (7) anläuft und nicht die Verleitung (12). Ihr Markerwort sprechen Sie beim Durchlaufen von Hoop (7) aus und werfen Ihre Belohnung in Richtung Tunnel (8).

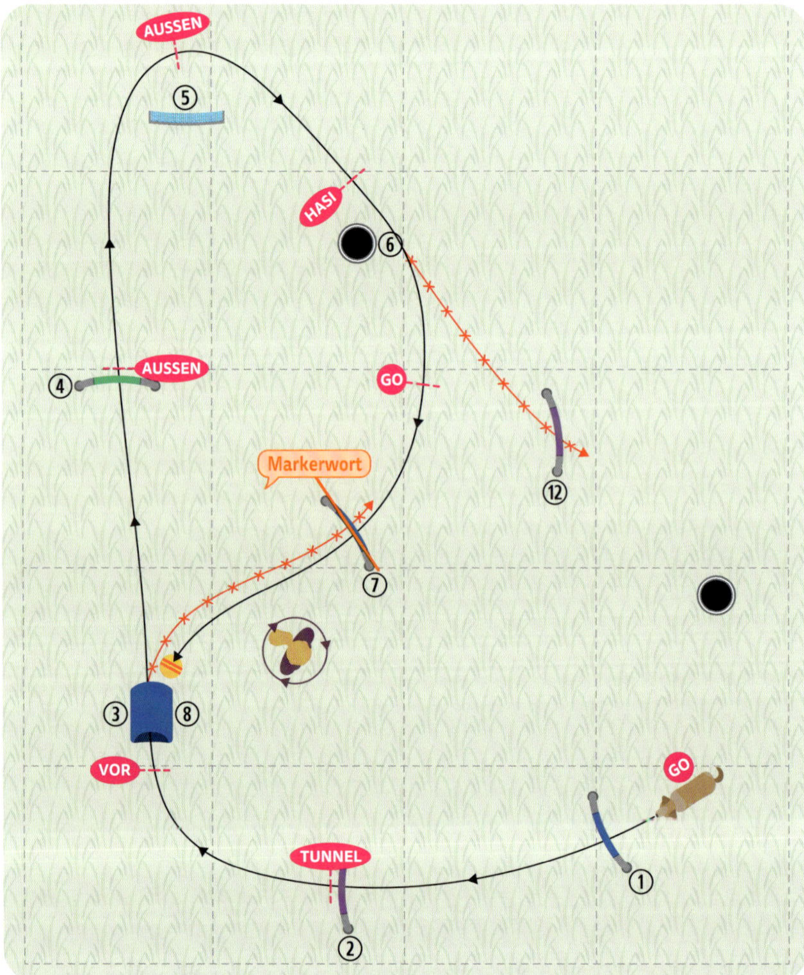

Sequenz 2 (7 – 13)

Starten Sie Ihren Hund an Hoop (7). Führen Sie Ihn durch den Tunnel und geben Sie ihm bereits beim Eintauchen in den Tunnel das Signal „Go" zum Weiterlaufen zu Hoop (9). Begleiten Sie Ihren Hund mit der Körperfront und führen ihn mit den bekannten Signalen bis zum Zielhoop (13).

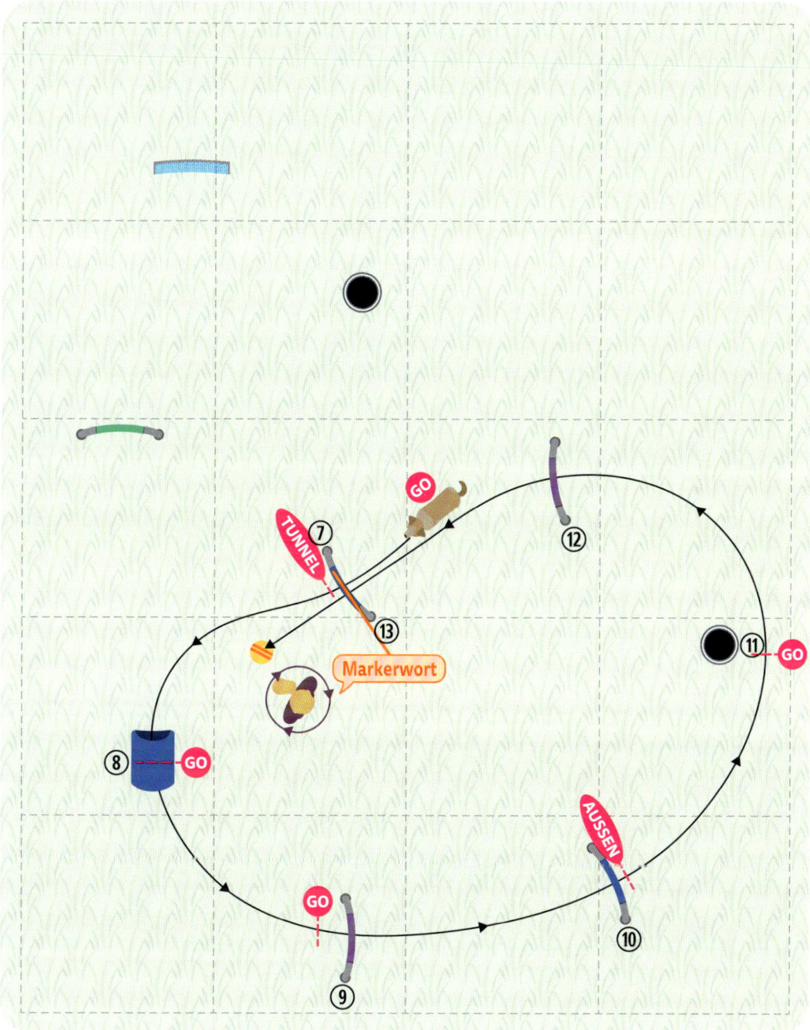

Parcours 8

Notwendige Geräte:
7 Hoops, 2 Tonnen, 1 Gate

Bei diesem Parcours liegt der Schwerpunkt im ständigen Wechsel des Arbeitens in Richtung des Menschen (Signal „Hasi") mit dem Weiterarbeiten geradeaus trotz vieler Verleitungen, die in Richtung des Menschen weisen (Signal„Vor").

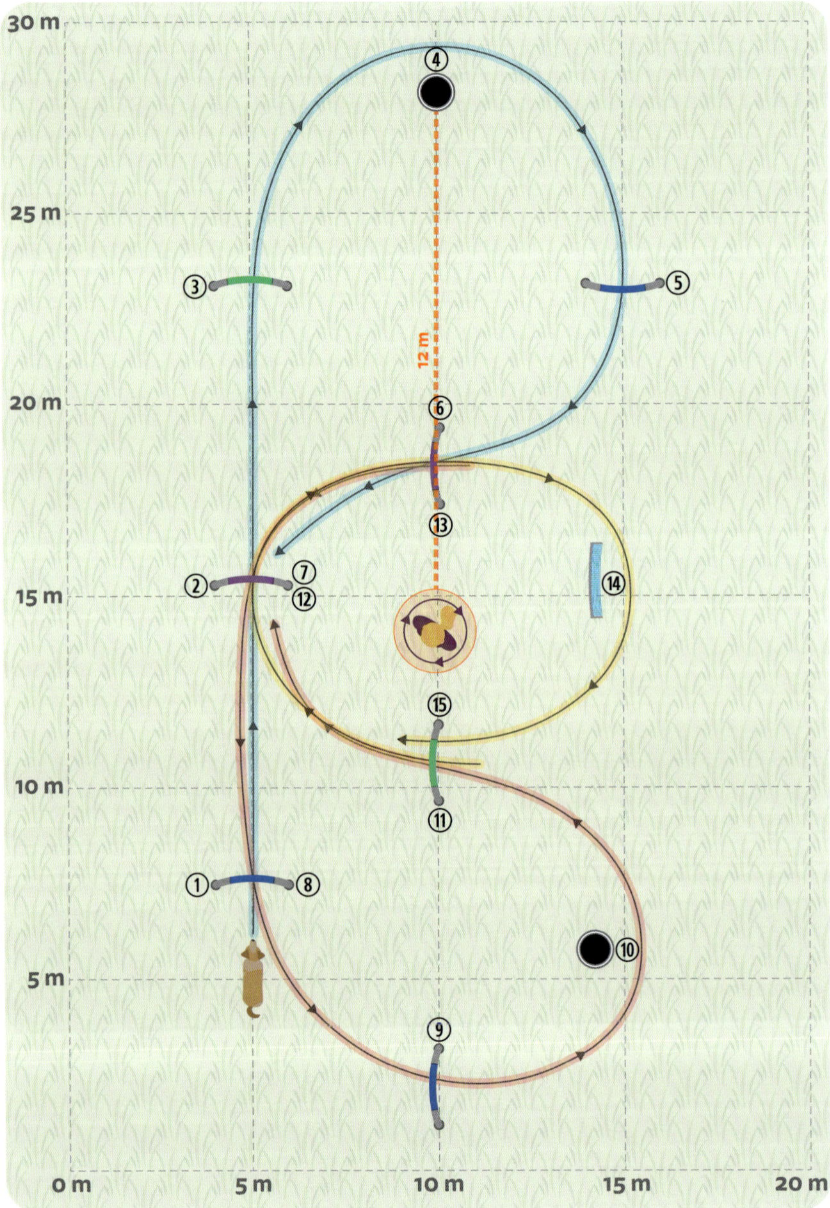

Sequenz 1 (1 – 6)

Starten Sie Ihren Hund an Hoop (1). Führen Sie ihn mit der Körperfront zu Hoop (2) und leiten kurz vor diesem das „Vor“ ein. Dieses ist angebracht, damit er von Hoop (2) zu (3) läuft und die Verleitung (6) ausblendet. Bauen Sie Körperspannung auf und führen Sie ihn auf Distanz bis zur Tonne (4). Verringern Sie dann Ihre Körperspannung und leiten Sie an Hoop (5) frühzeitig das Signal „Hasi“ ein, damit Ihr Hund auf Sie zu durch Hoop (6) läuft und nicht geradeaus weiter am Gate (14) vorbei. Ihre Belohnung richten Sie auf Hoop (7) aus.

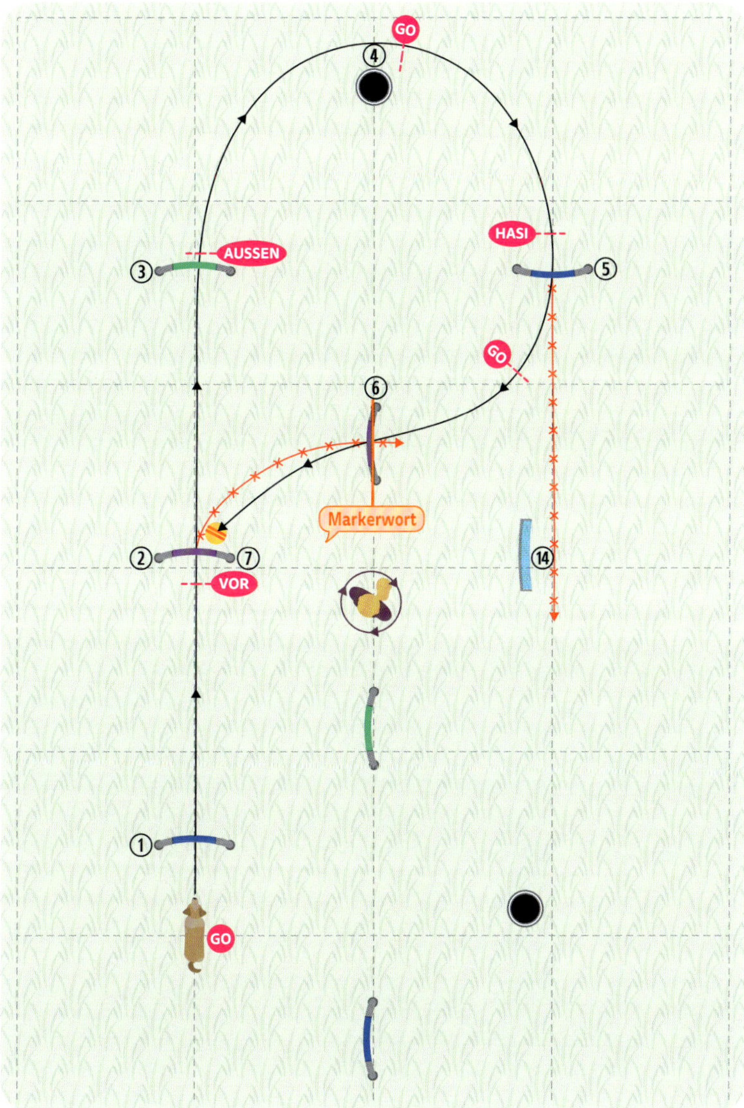

Sequenz 2 (6–11)

Starten Sie Ihren Hund an Hoop (6). Schicken Sie Ihn durch Hoop (7) und leiten Sie bereits vor diesem Ihr „Vor" ein. Ihr Hund muss nun an Ihnen vorbei nach vorne arbeiten und hierbei die Verleitung durch Hoop (11) ausblenden. Bauen Sie Körperspannung auf und führen Ihren Hund durch die Hindernisse (8) und (9). Schicken Sie ihn dann mit dem Signal „Außen" um die Tonne (10) und holen Sie ihn dort mit „Hasi" in Ihre Richtung zu Hoop (11). Das Gate (14) kann bei zu später Ansprache dazu verleiten, geradeaus weiterzulaufen. Ihr Markerwort erfolgt beim Durchlaufen von Hoop (11), die Belohnung werfen Sie zu Hindernis (12).

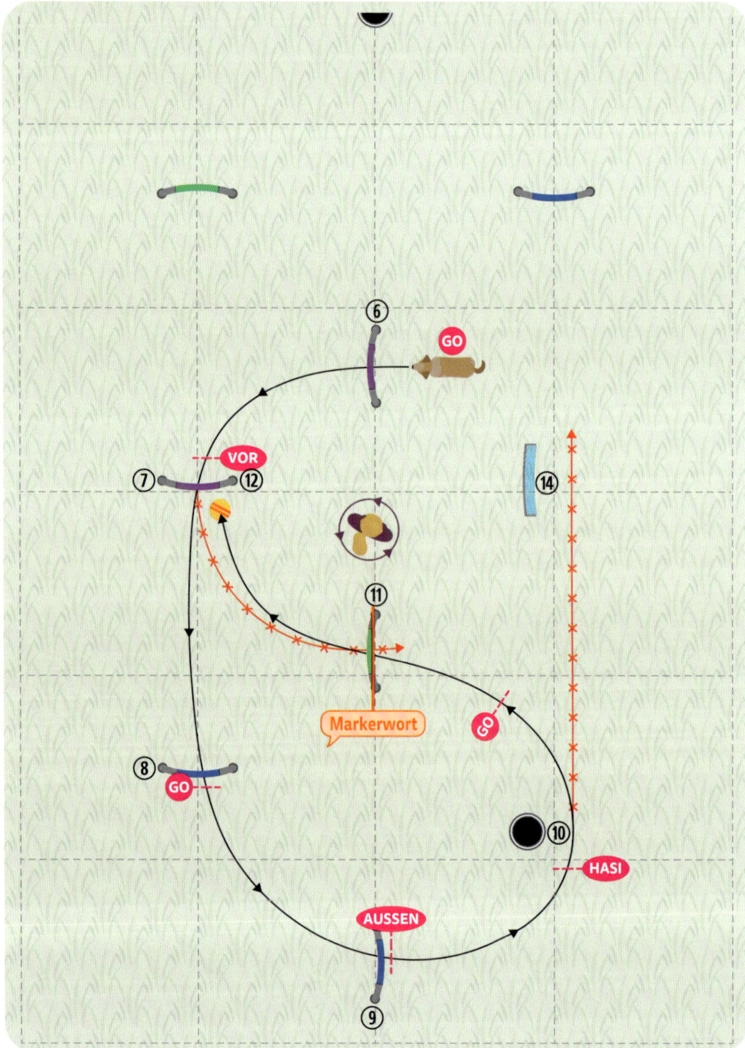

Sequenz 3 (11 – 15)

Ihr Hund startet an Hoop (11). Schicken Sie ihn weiter durch Hoop (12). Auch hier muss nun wieder eine rechtzeitige Ansprache erfolgen, damit er seinen Laufweg in Ihre Richtung zu Hoop (13) aufnimmt und nicht geradeaus weiter durch Hoop (3) läuft. Schicken Sie ihn mit „Außen" um das Gate (14) und holen Sie ihn auch hier wieder zu sich herein, damit er den Zielhoop (15) durchläuft und nicht geradeaus weiter um die Tonne (10).

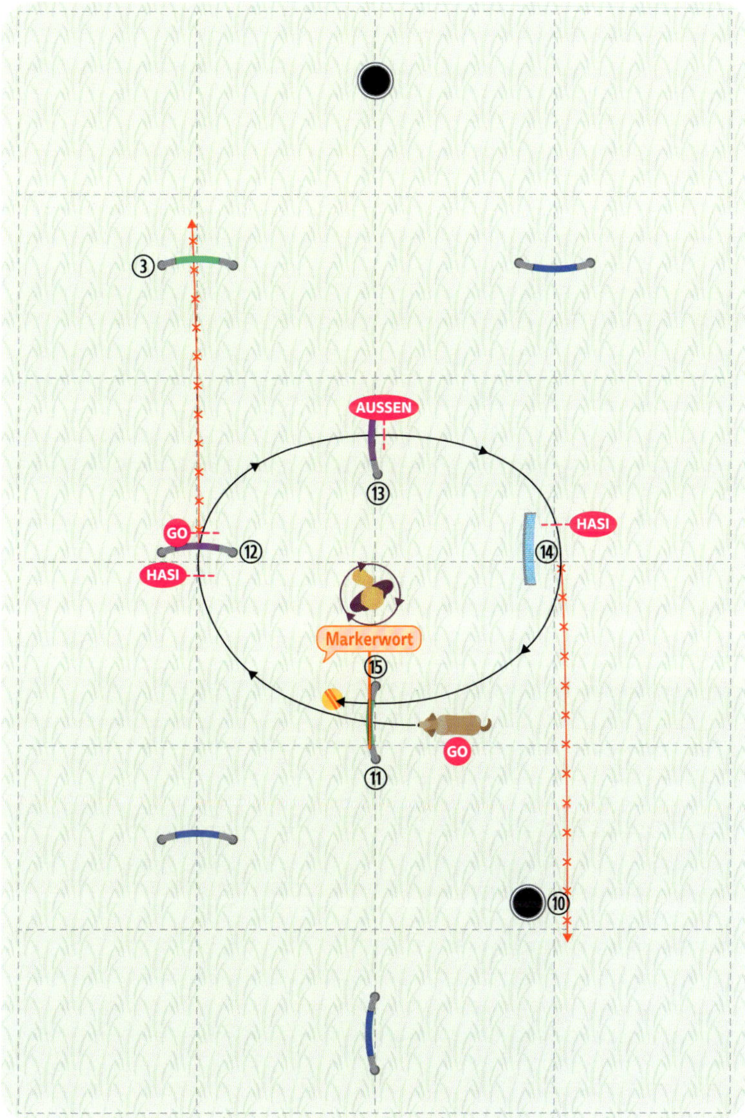

Parcours 9

Durch die große seitliche Distanz beim Start und die Distanz zur Wendetonne ist dieser Parcours eher für fortgeschrittene Teams geeignet.

Notwendige Geräte:
7 Hoops, 1 Gate, 1 Tonne

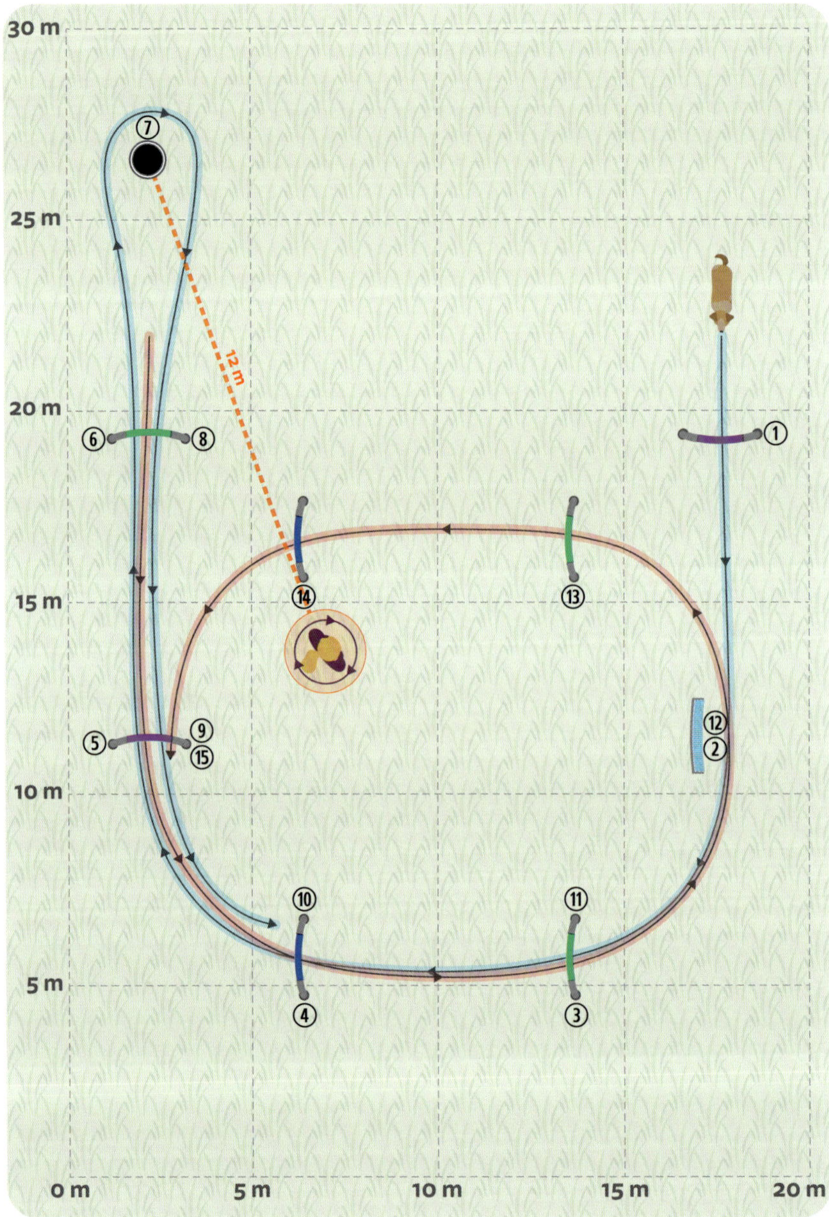

Sequenz 1 (1 – 9)

Starten Sie Ihren Hund an Hoop (1) und schicken ihn von dort aus direkt weiter zum Gate. Da die seitliche Distanz beim Start sehr groß ist, kann es hilfreich sein, dem Hund direkt nach dem Start mit einem „Vor" zum Gate zu schicken. Sollte dies nicht ausreichen, helfen Sie durch einen Impuls oder verringern die seitliche Distanz, indem Sie den Führbereich Ihrem Hund annähern. Geben Sie am Gate rechtzeitig Ihr Signal zum Weiterlaufen, damit Ihr Hund in einem schönen Bogen durch den Hoop (3) läuft. Von Hoop (5) zu Hoop (6) können Sie ebenfalls das „Vor" einsetzen, damit Ihr Hund Hoop (14) ausblendet. Kurz vor Hoop (6) geben Sie ihm das Signal für die Wendetonne (7). Kurz vor Hoop (8) leiten Sie das „Vor" ein, damit er geradeaus weiter zu Hoop (9) läuft.

Ihre Belohnung werfen Sie Richtung Hindernis (10).

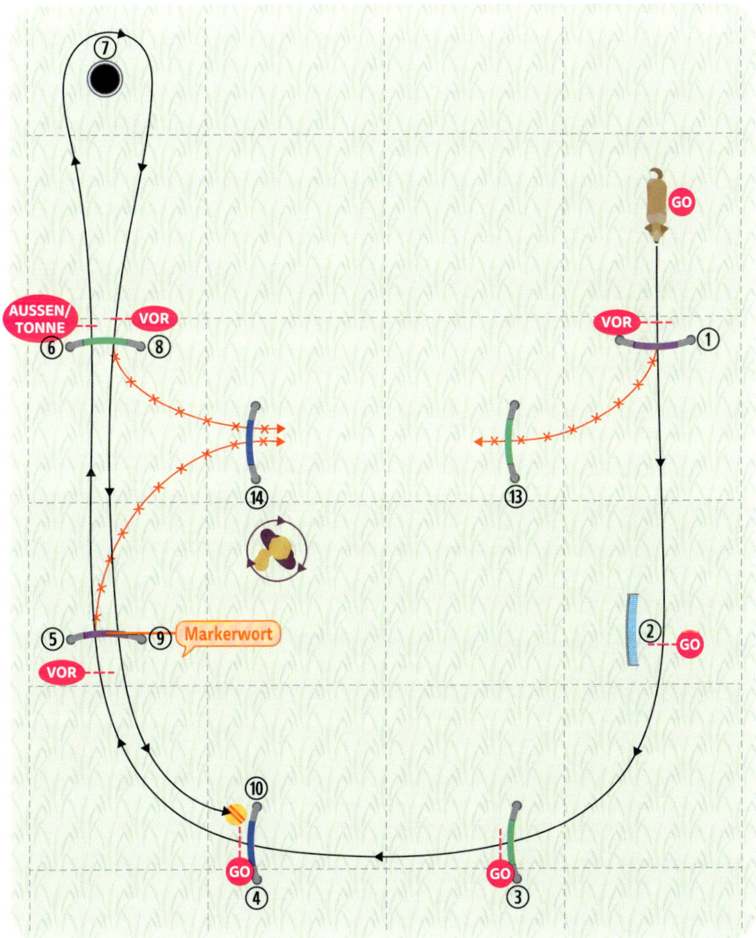

Sequenz 2 (8 – 15)

Starten Sie Ihren Hund an Hoop (8) und führen Sie ihn mit dem „Vor" zu Hoop (9). Achten Sie darauf, mit der Körperfront auf Ihren Hund ausgerichtet zu sein, damit er nicht Richtung Hoop (14) läuft. Führen Sie ihn nun weiter bis zum Gate (12) und sprechen ihn dort frühzeitig mit „Hasi" an, um ihn zu Hoop (13) zu lenken. Bei zu später Ansprache kann es passieren, dass Ihr Hund geradeaus durch Hoop (1) läuft. Geben Sie Ihr Signal „Go" zum Durchlaufen der Hindernisse (13) und (14). Da Hoop (14) sehr nah am Führbereich steht, müssen Sie darauf achten, dass Sie keine zu große Körperspannung aufgebaut haben. Dies kann sonst dazu führen, dass Sie Ihren Hund wegdrücken und er den Hoop außen umläuft. Sollte Ihr Hund die Tendenz zeigen, den Hoop umlaufen zu wollen, sprechen Sie ihn kurz vor dem Hoop (14) mit seinem Namen an, um ihm so durch den Hoop zu helfen. Nach dem Durchlaufen von Hoop (15) erfolgt die Belohnung.

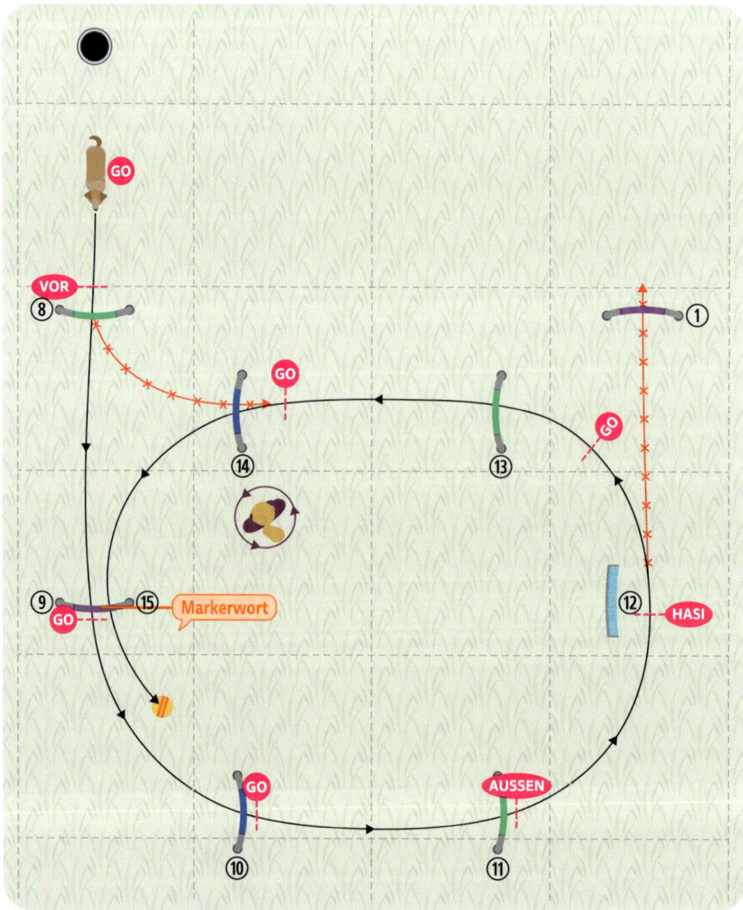

Parcours 10

In diesem Parcours wird die Wendetonne gleich zweimal in unterschiedlichen Situationen abgefragt.

Notwendige Geräte:
5 Hoops, 2 Tonnen, 1 Gate

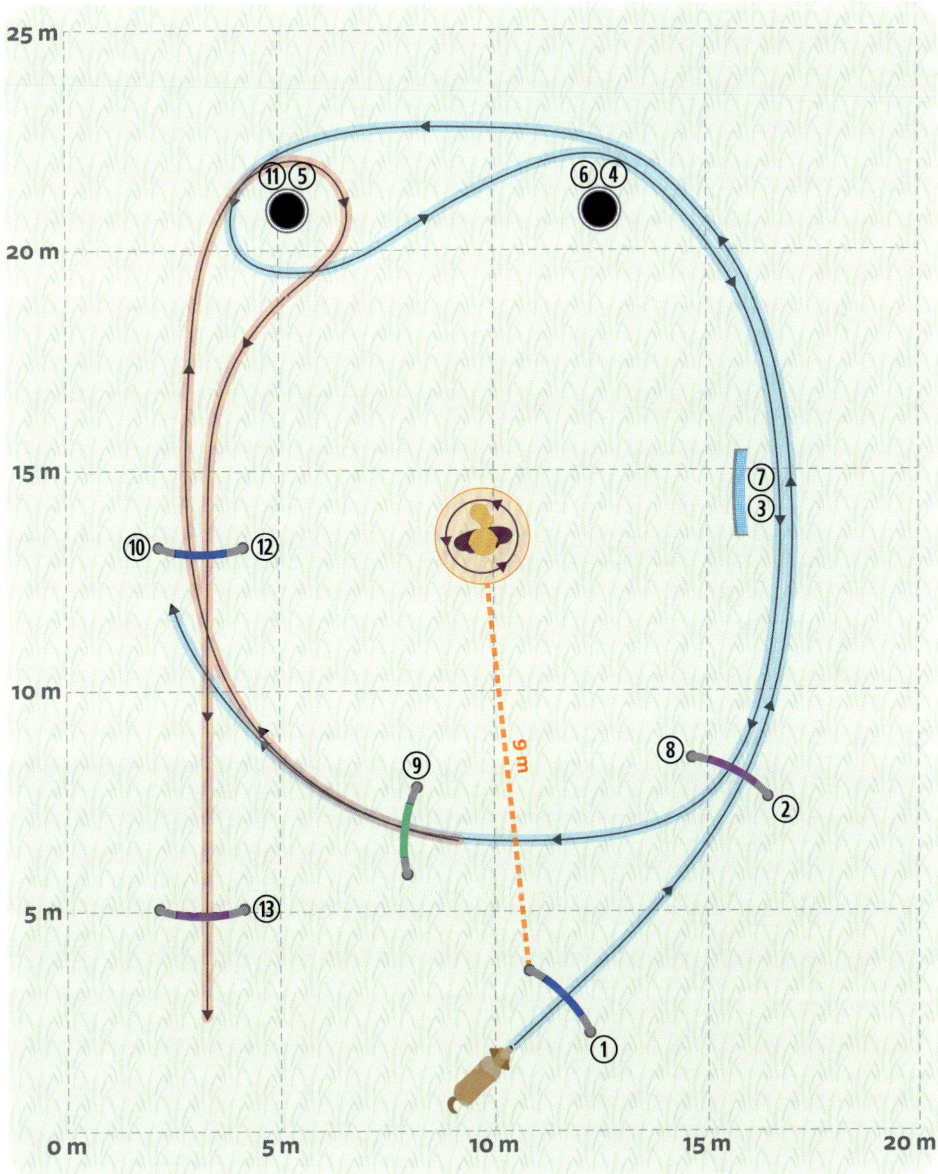

Sequenz 1 (1 – 9)

Starten Sie Ihren Hund an Hoop (1) und führen Sie ihn bis zum Gate (3). Geben Sie dort Ihr Signal zum Umlaufen der Tonne (4) und schicken ihn direkt weiter zu Tonne (5). Diese soll er von außen umlaufen und danach entgegen der ursprünglichen Laufrichtung weiterarbeiten. Der Hoop (10) stellt hier eine schwierige Verleitung dar. Sprechen Sie Ihren Hund unbedingt kurz vor dem Umlaufen der Tonne (5) mit „Hasi" an. Um ihm nach der Wendung den Weg hinter die Tonne (6) zu zeigen, können Sie ihm mit einem Impuls in Form eines Schrittes in seine Richtung helfen. Geben Sie an der Tonne das Signal „Außen" zum Umlaufen des Gates. Dort erhält Ihr Hund das Signal zum Weiterlaufen durch den Hoop (8). Leiten Sie hier rechtzeitig „Hasi" ein, um Ihren Hund durch Hoop (9) zu lenken die Verleitung Hoop (1) auszublenden. Ihr Markerwort sagen Sie beim Durchlaufen von Hoop (9), Ihre Belohnung richten Sie auf Hindernis (10) aus.

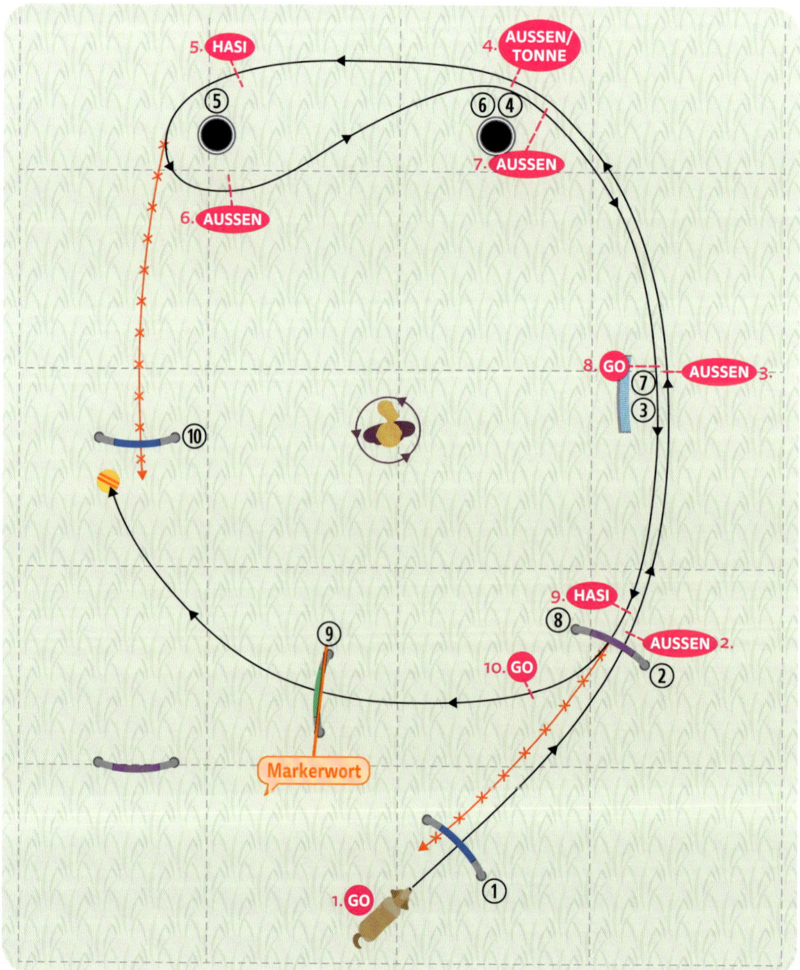

Sequenz 2 (9 – 13)

Starten Sie Ihren Hund an Hoop (9). Führen Sie Ihn bis zur Tonne (11). Dort soll er wieder die Tonne von außen umlaufen und an dieser wenden. Achten Sie auf eine rechtzeitige Ansprache, damit Ihr Hund an der Tonne (11) eine Wendung ausführt und nicht um Tonne (6) weiterläuft. Auch hier können Sie Ihr Signal für das Absolvieren der Wendetonne einsetzen. Kurz vor dem Durchlaufen von Hoop (12) leiten Sie Ihr Signal „Vor" ein, damit Ihr Hund geradeaus zum letzten Hoop (13) läuft und nicht durch die Verleitung (9).

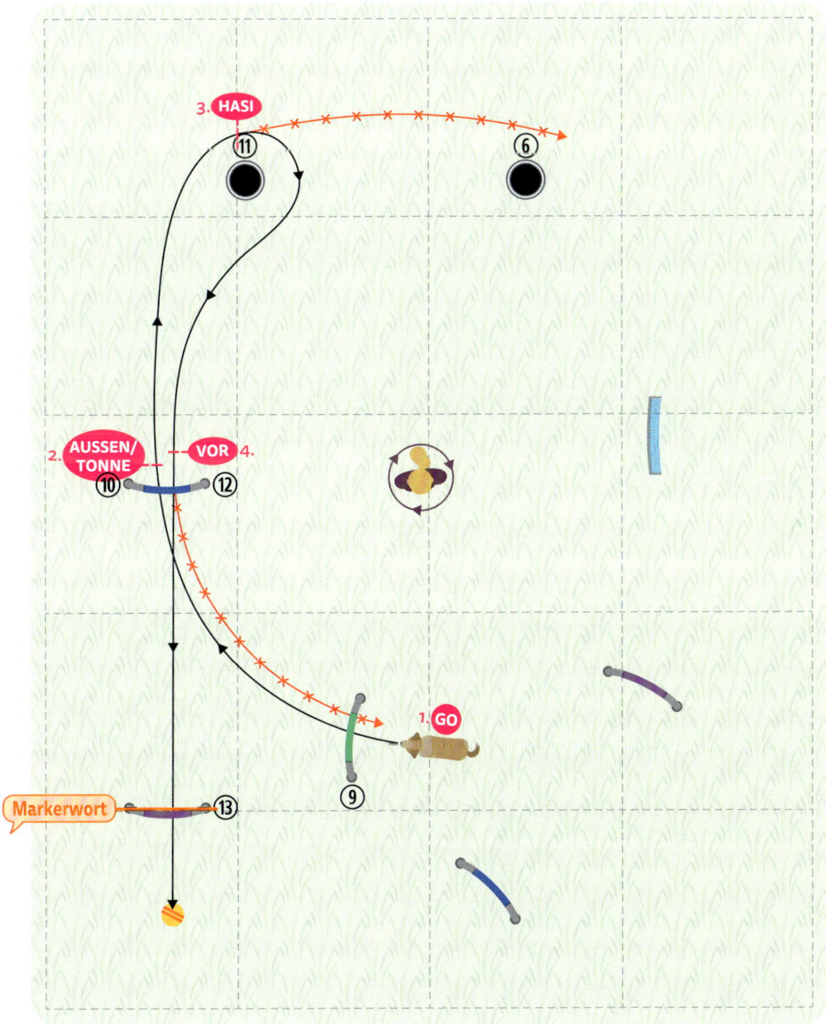

Tonnenparcours

Um das eigene Timing weiter zu verfeinern, eignet sich das Training an Tonnenparcours. Auf einem Turnier können solche Parcours als Spiel angeboten werden.

Notwendige Geräte:
1 Hoop, 6 Tonnen

Ein Tonnenparcours besteht in der Regel aus einem Start- und einem Zielhoop und zahlreichen Tonnen. Dadurch weiß der Hund nie, in welche Richtung es an der nächsten Tonne weitergeht. Der Mensch muss seinen Hund daher sehr genau führen und punktgenau ansagen, wo es im Parcours weitergeht.

Tonnenparcours für Einsteiger

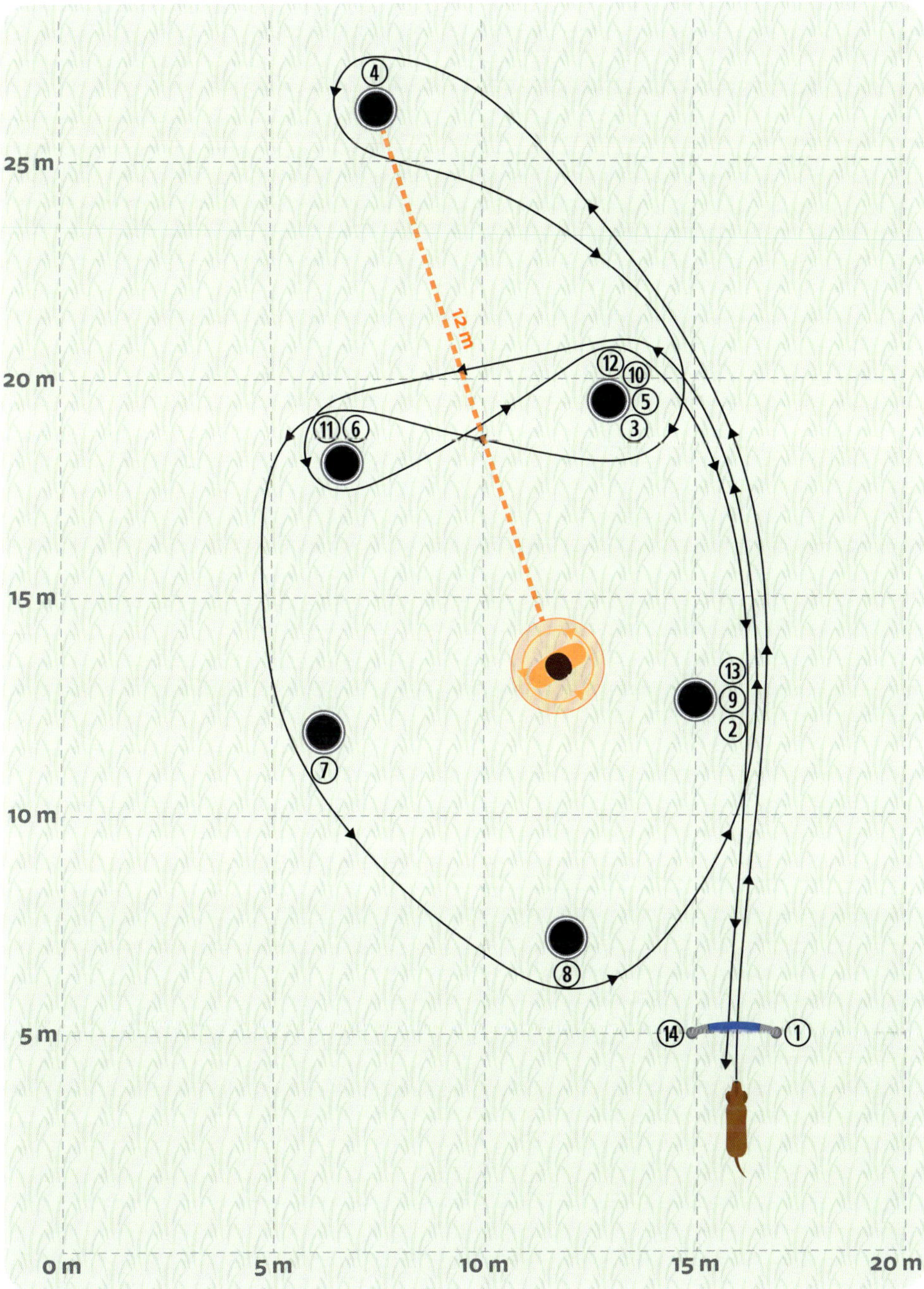

Dieser Tonnenparcours ist für Einsteiger gut geeignet.

Tonnenparcours für Fortgeschrittene

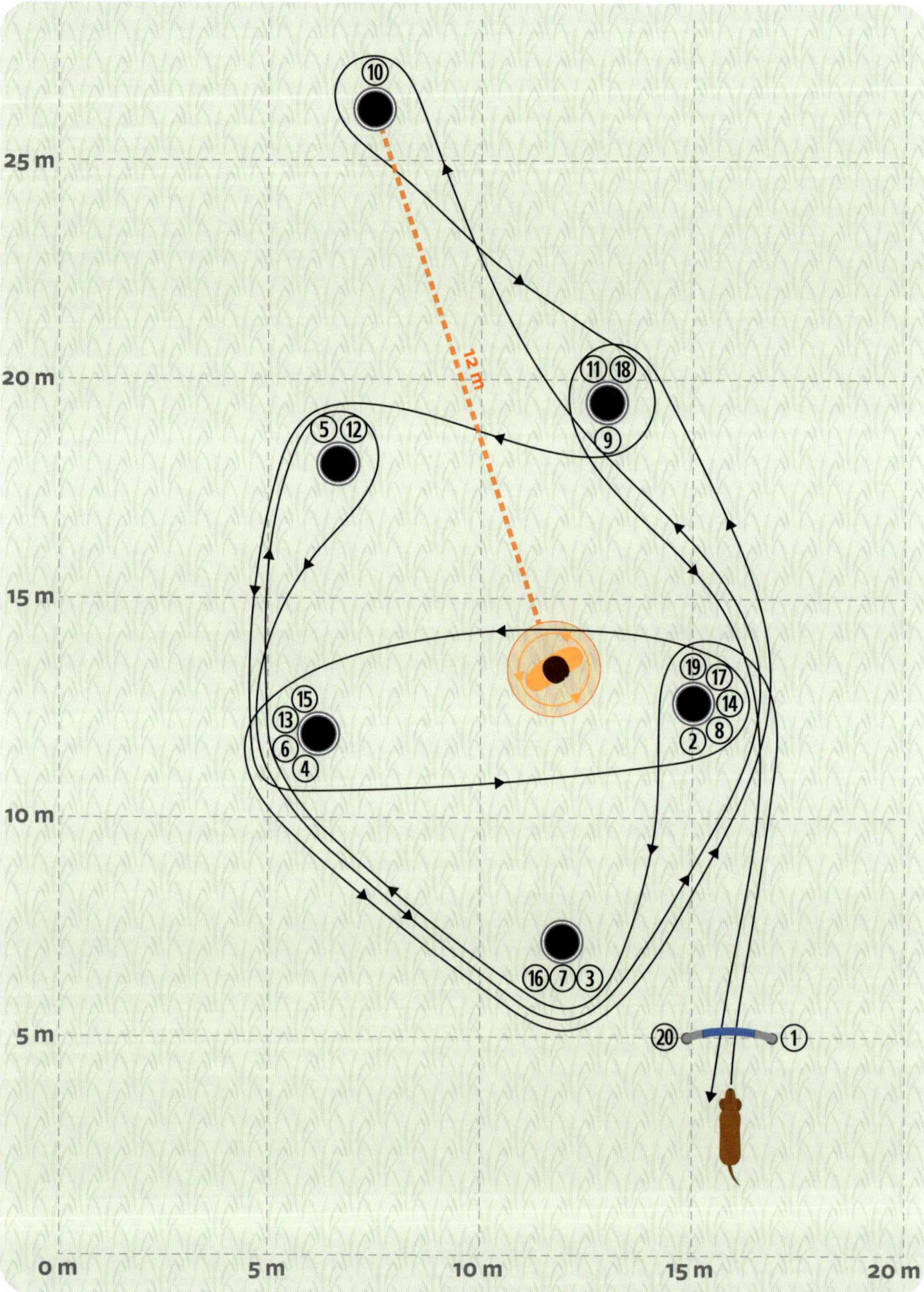

Dieser Tonnenparcours ist deutlich anspruchsvoller und deshalb nur für fortgeschrittene Teams geeignet.

Trainingsparcous für Fortgeschrittene

Die bisher aufgezeigten Parcours sind insbesondere für den Einstieg ins Parcourstraining und somit für Anfänger und leicht fortgeschrittene Teams ausgelegt.

Durch die Veränderung des Führbereichs lässt sich jedoch der Schwierigkeitsgrad eines jeden Parcours steigern oder vereinfachen. Ebenfalls kann der Anspruch an Mensch und Hund durch eine andere Geräteabfolge gesteigert oder vereinfacht werden.

Gerade wenn man in einer Gruppe trainiert, kommt dies einem gemeinsamen Training, auch bei unterschiedlichen Trainingsständen der Hunde, sehr entgegen.

Je nachdem, aus welcher Position der Mensch seinen Hund durch den Parcours schickt, ergeben sich neue Schwierigkeiten und Anforderungen.

Wie solche Variationen aussehen können, möchte ich in den nachfolgenden Parcours aufzeigen.

Parcours 1 *(Variante 1)*

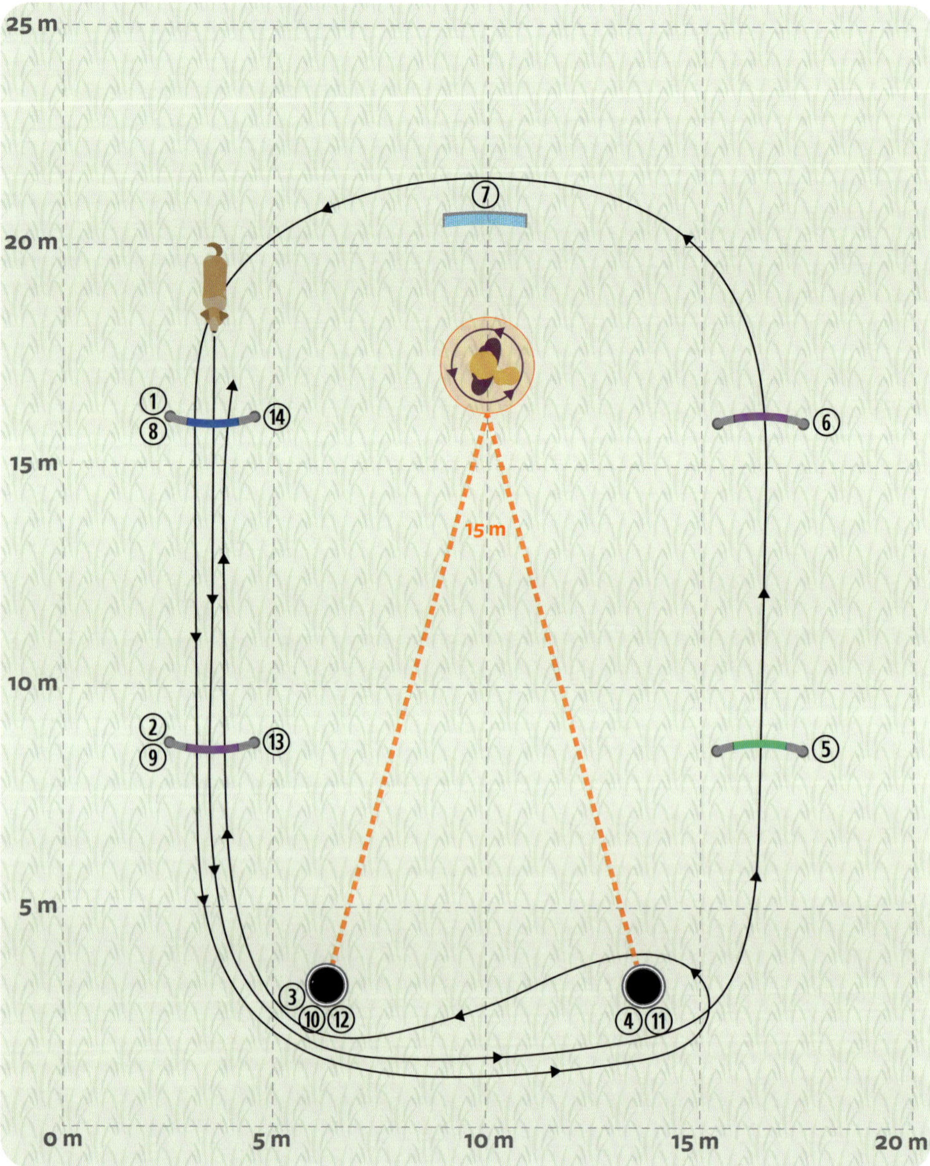

Durch den veränderten Führbereich wird die Distanz zwischen dem Menschen und den Tonnen enorm erweitert. Dadurch wird das Führen der Sequenz von (10) bis (13) deutlich schwerer.

Parcours 1 *(Variante 2)*

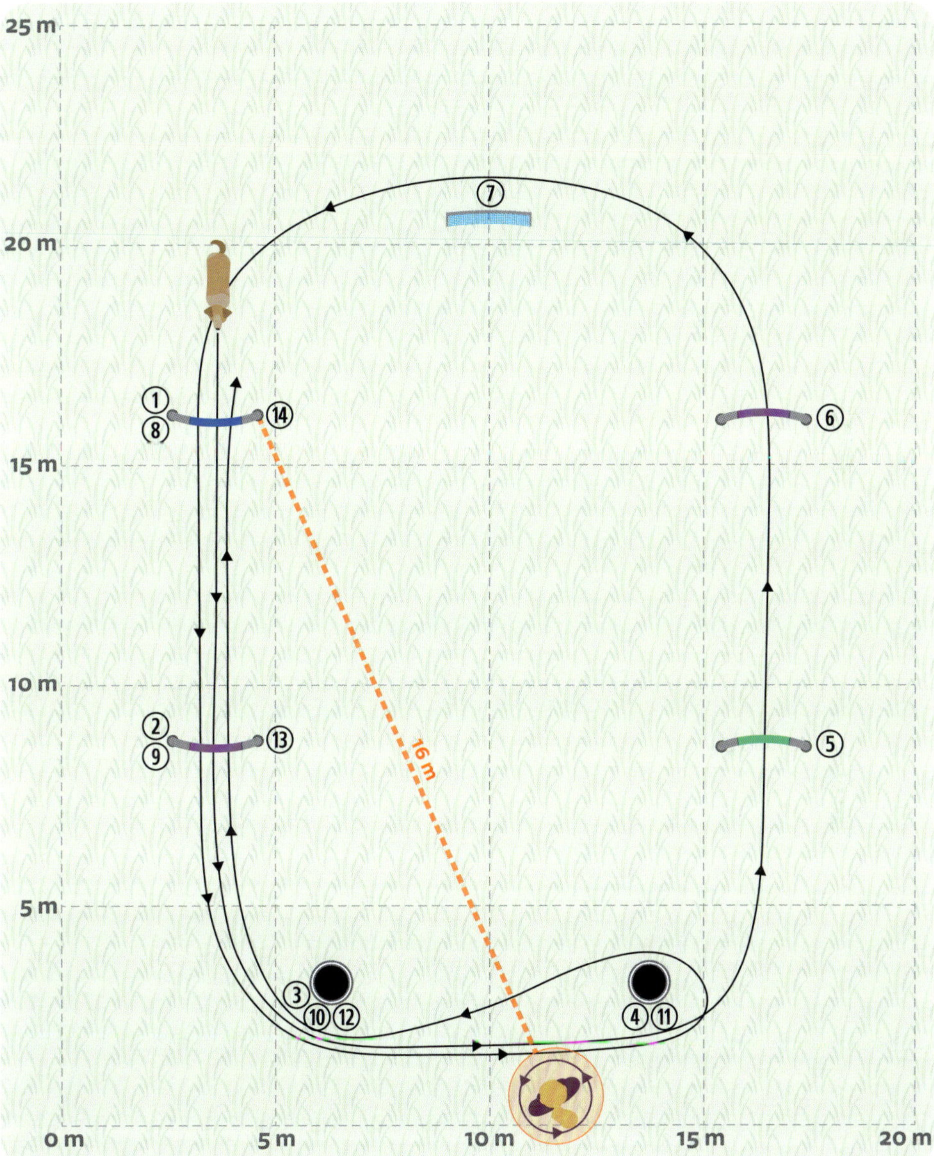

Durch den ausgelagerten Führbereich verändern sich die Distanzen zwischen Mensch und Hund sowie die Signalgebung. Beim Start ist der Mensch sehr weit von seinem Hund entfernt. Die Tonne (11) ist im „Weg" zu Umlaufen. Die Umsetzung dieser Sequenz ist sehr anspruchsvoll für Mensch und Hund.

Parcours 2 (Variante)

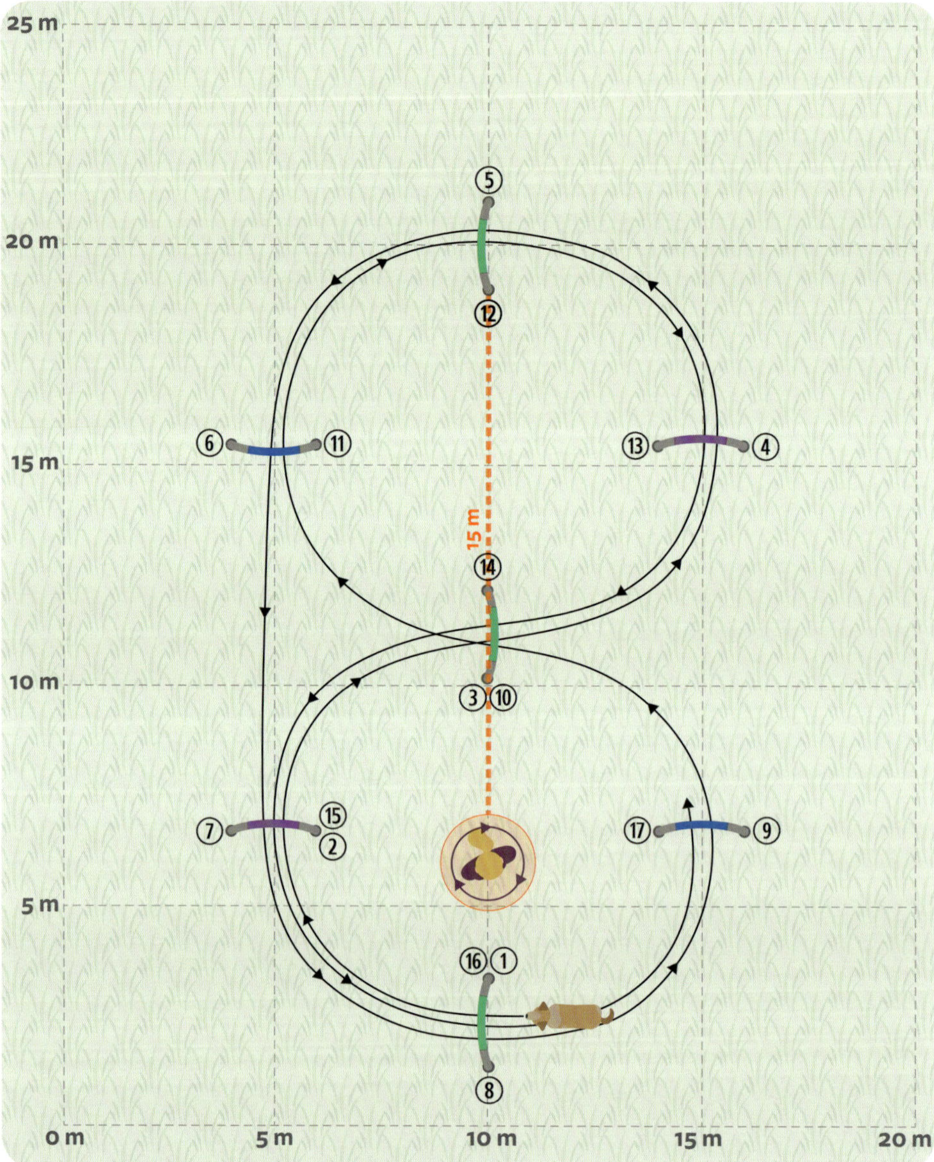

Durch den veränderten Führbereich und die geänderte Hindernisreihenfolge entstehen höhere Anforderungen an Mensch und Hund. Die Lauflinie von Hindernis (3) zu (4) ist mit dem Signal „Weg" zu führen, ebenso von Gerät (10) zu (11). Die Distanz zwischen dem weitesten Gerät und dem Führbereich liegt nun bei 15 Metern.

Parcours 3 (Variante 1)

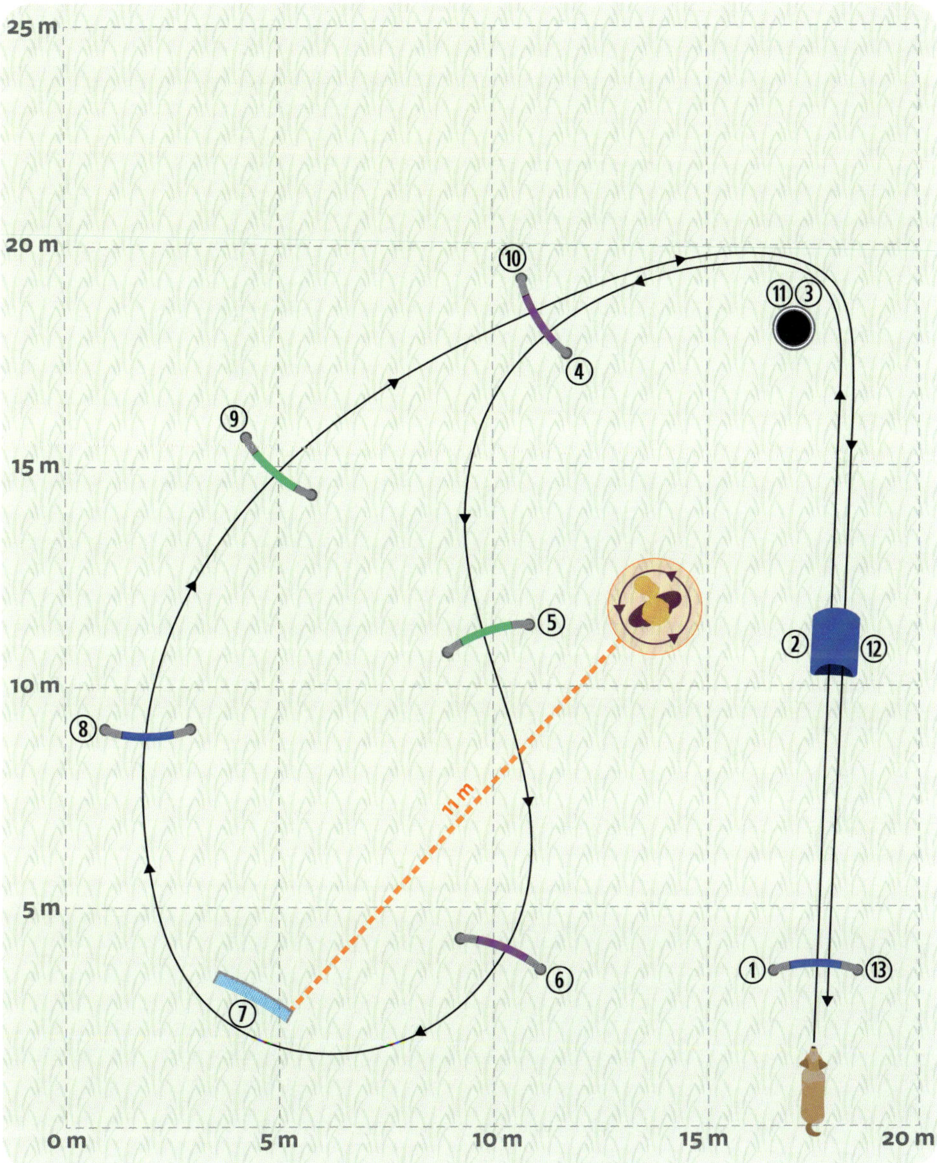

Durch eine abgeänderte Hindernisabfolge ist der Hund von Hoop (5) zu (6) mit dem Signal „Weg" zu führen.

Parcours 3 (Variante 2)

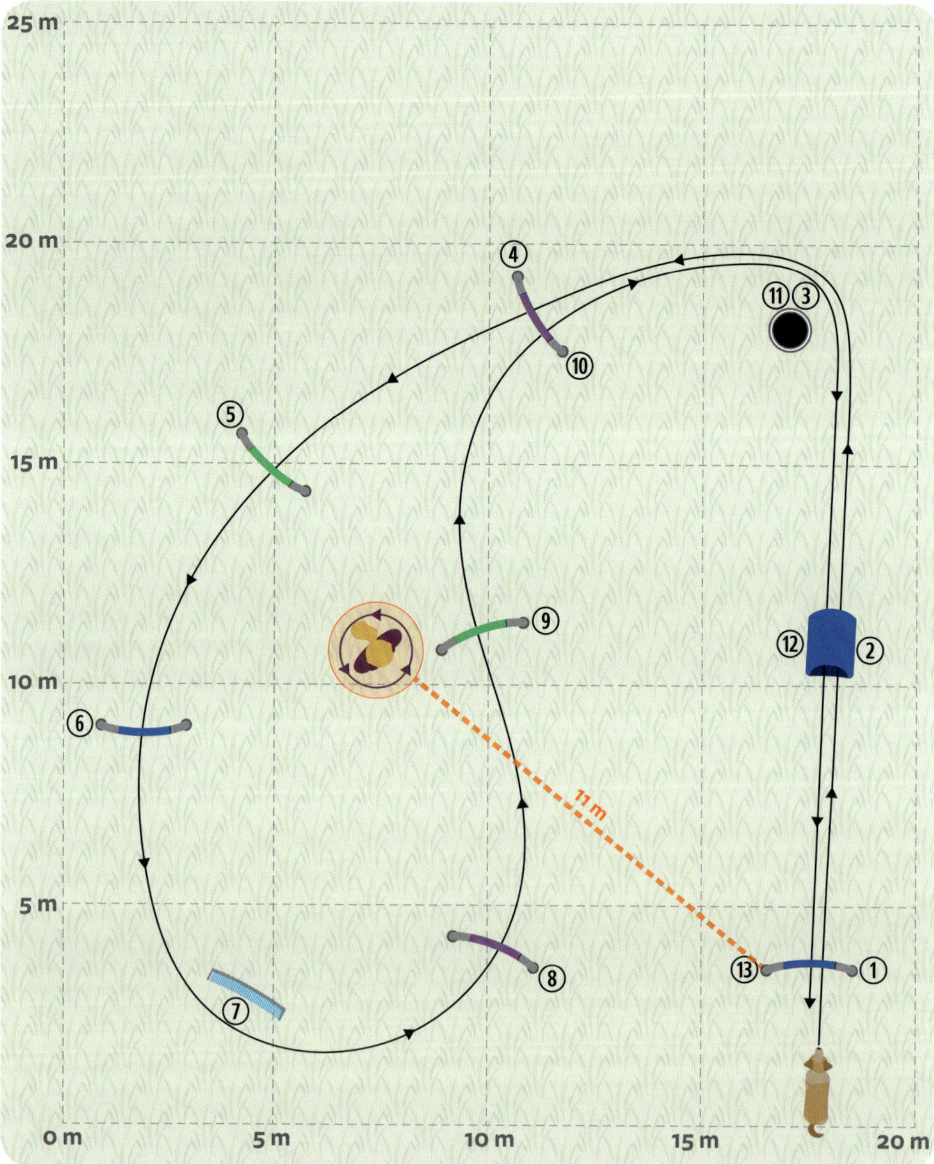

Durch einen anderen Führbereich ist insbesondere die Startsequenz sehr anspruchsvoll. Aus einer seitlichen Distanz von 11 Metern muss der Hund geradeaus starten, ohne in Richtung des Menschen zu laufen. Von Hoop (9) zu Hoop (10) ist ein „Weg" zu absolvieren. Danach muss der Hund sich wieder auf die weiteste Distanz bis zum Zielhoop entfernen.

Parcours 4 (Variante)

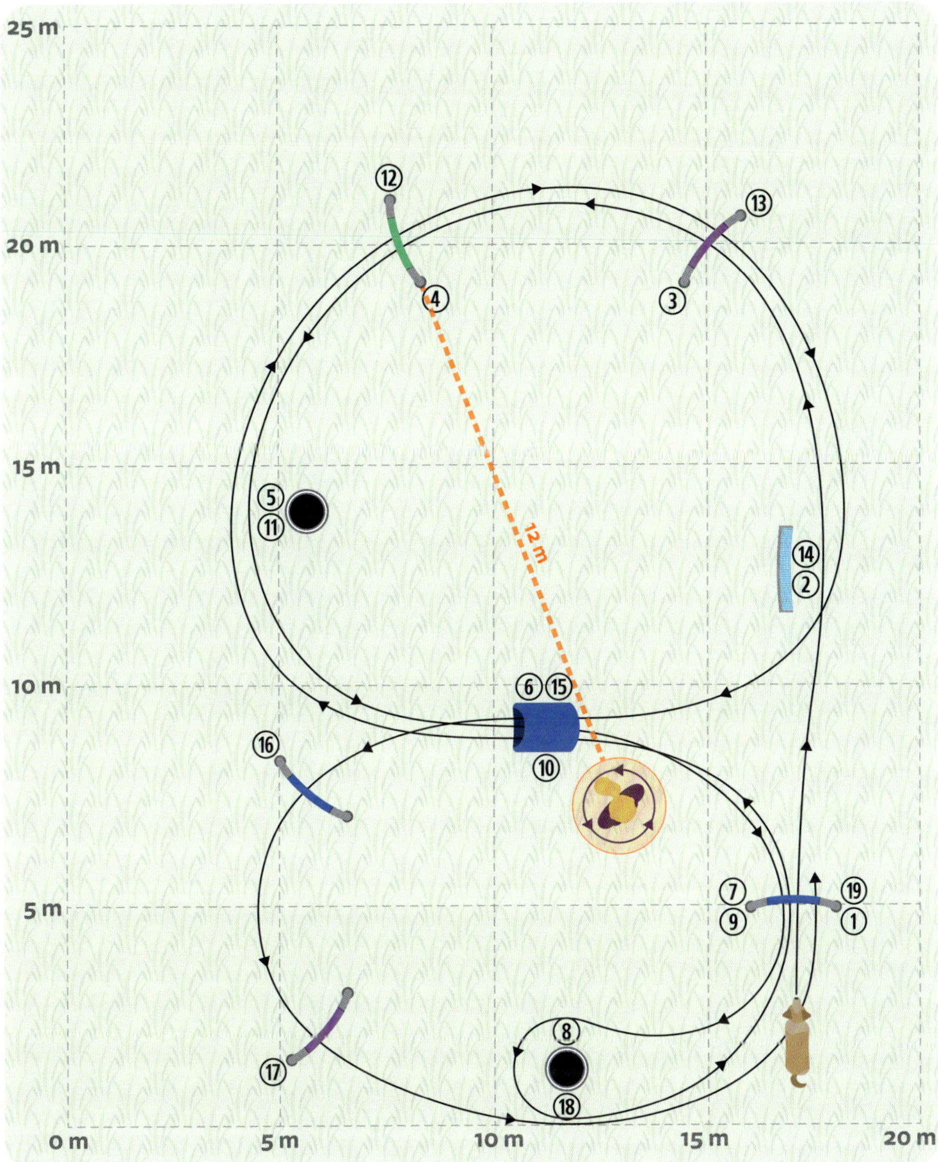

Durch eine geänderte Hindernisabfolge und mehr Hindernisse in der Gesamtanzahl entstehen höhere Anforderungen an Mensch und Hund. Das „Weg" wird in zwei unterschiedlichen Schwierigkeitsgraden abverlangt. Zuerst wird es an der Tonne (8) abgefragt, im Anschluss nach dem Tunnel (10) auf die Tonne (11) mit der Verleitung durch Hoop (16).

Parcours 5 (Variante)

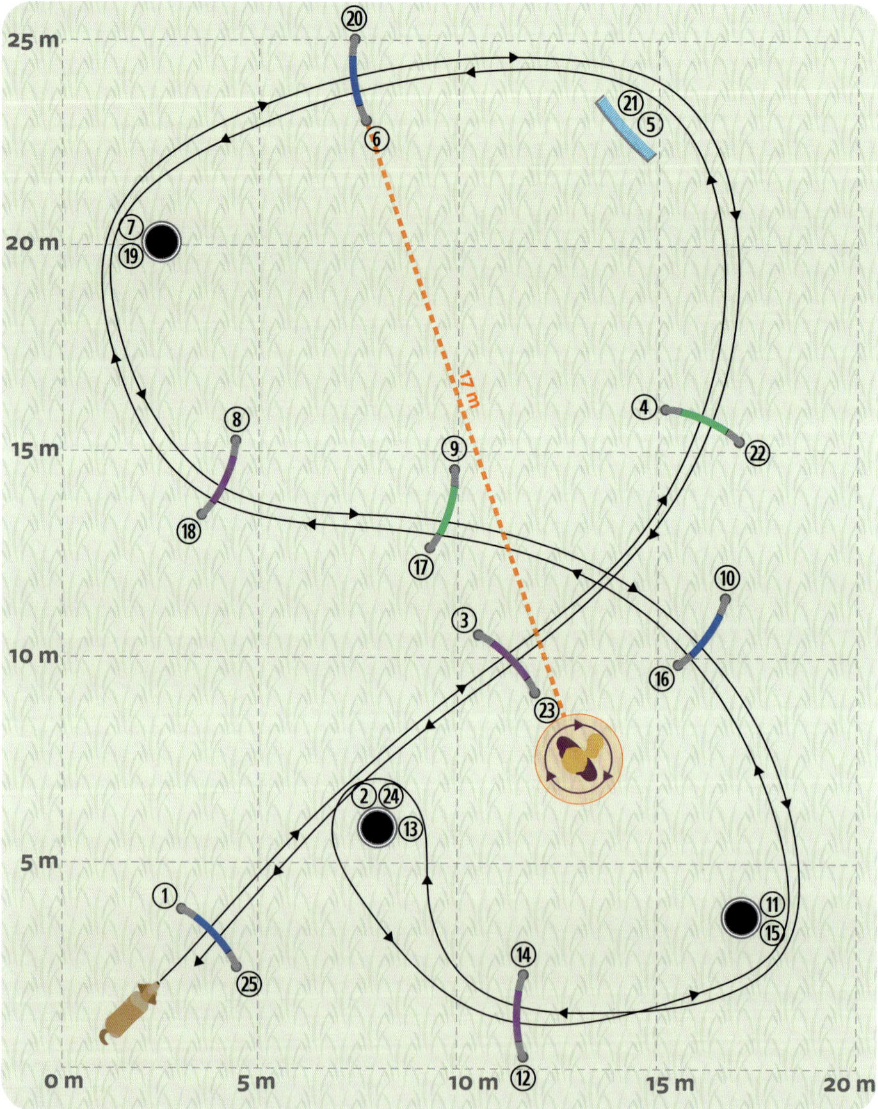

Der Führbereich wurde verlegt und anstelle des Hoops als Hindernis (2) wird eine Tonne verwendet. Hierdurch steigen die Anforderungen erheblich. Der Hund muss die Box (bestehend aus den Hindernissen (3), (4), (9) und (10)) zwei Mal durchlaufen, beim ersten Mal mit dem Menschen im Rücken. Von Hoop (4) zum Gate (5) ist der Mensch beim „Weg" im Rücken des Hundes. Die Tonne (13) ist im „Weg" zu absolvieren. Hierbei stellen Hoop (3) und (25) eine Verleitung dar. Von Hoop (18) zu Tonne (19) ist ebenfalls ein „Weg" notwendig. Hierbei hat der Hund seinen Menschen im Rücken und muss daher das Führelement „Weg" sicher beherrschen.

Parcours 6 (Variante)

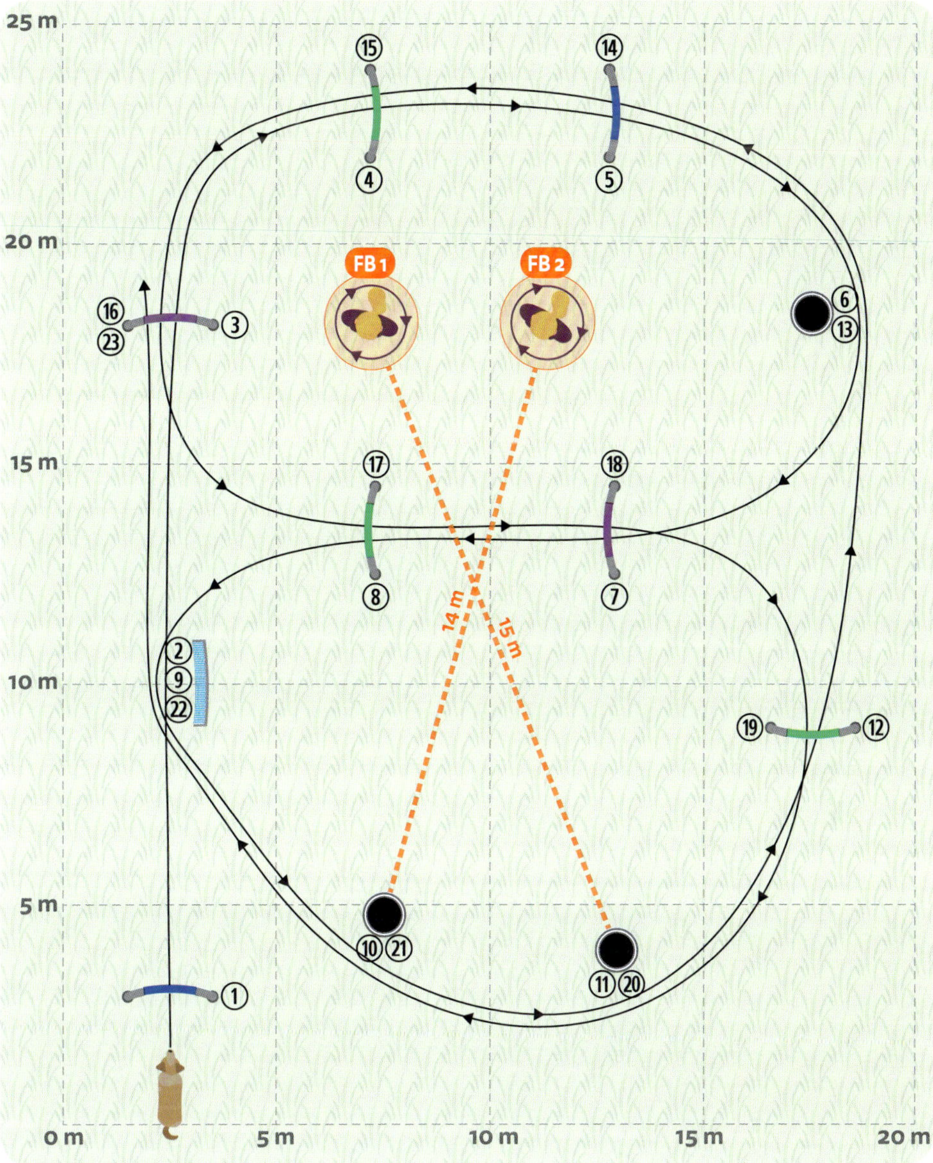

Anhand dieses Trainingsparcours lässt sich das Signal „Weg“ gut trainieren. Der Führbereich (FB 1, FB 2) kann variabel gewählt werden. Je nach Position variiert damit auch der Schwierigkeitsgrad beim „Weg“, da hierbei die Distanz zum Menschen einmal geringer ist und der Mensch sich ein anderes Mal komplett im Rücken des Hundes befindet.

Parcours 7 (Variante)

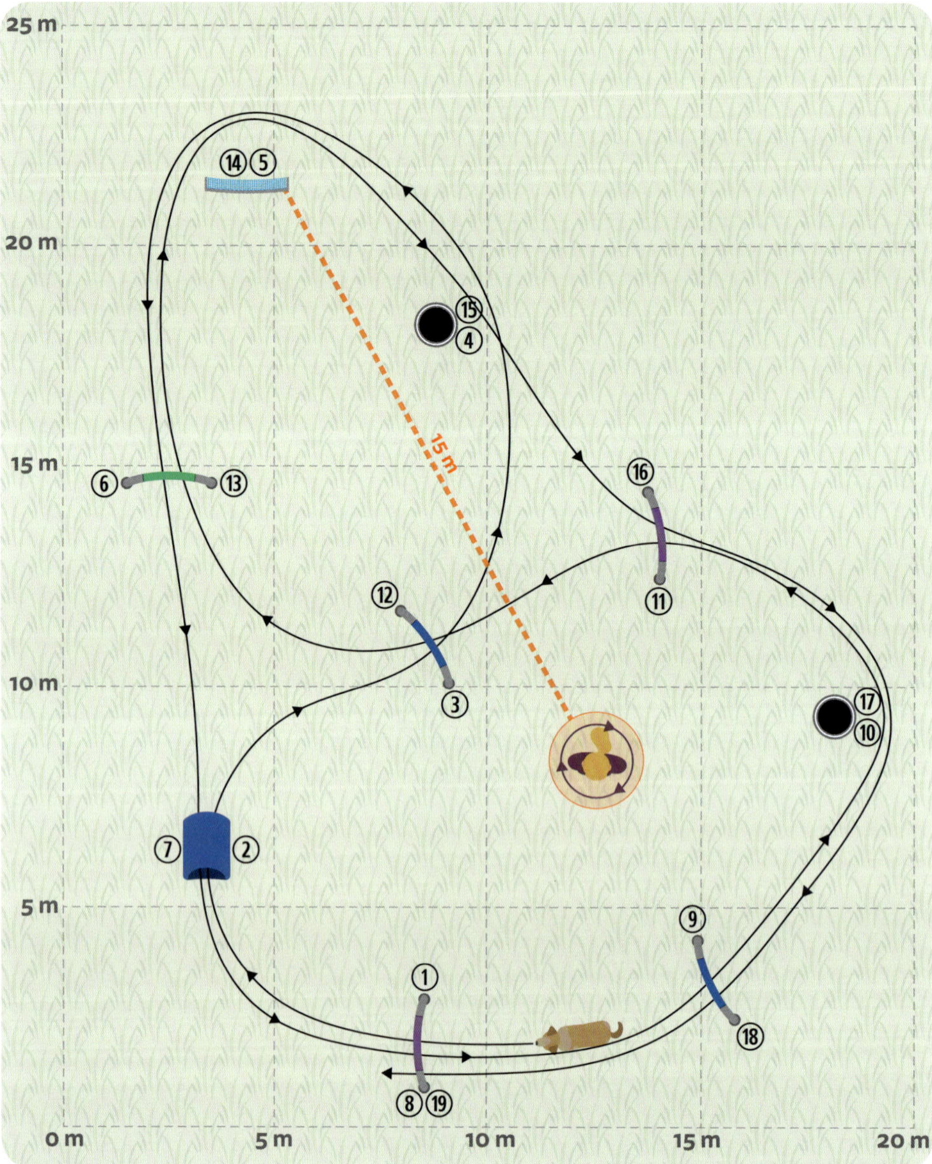

Durch die geänderte Hindernisabfolge ergeben sich andere Laufwege mit zahlreichen Verleitungen.

Parcours 8 (Variante)

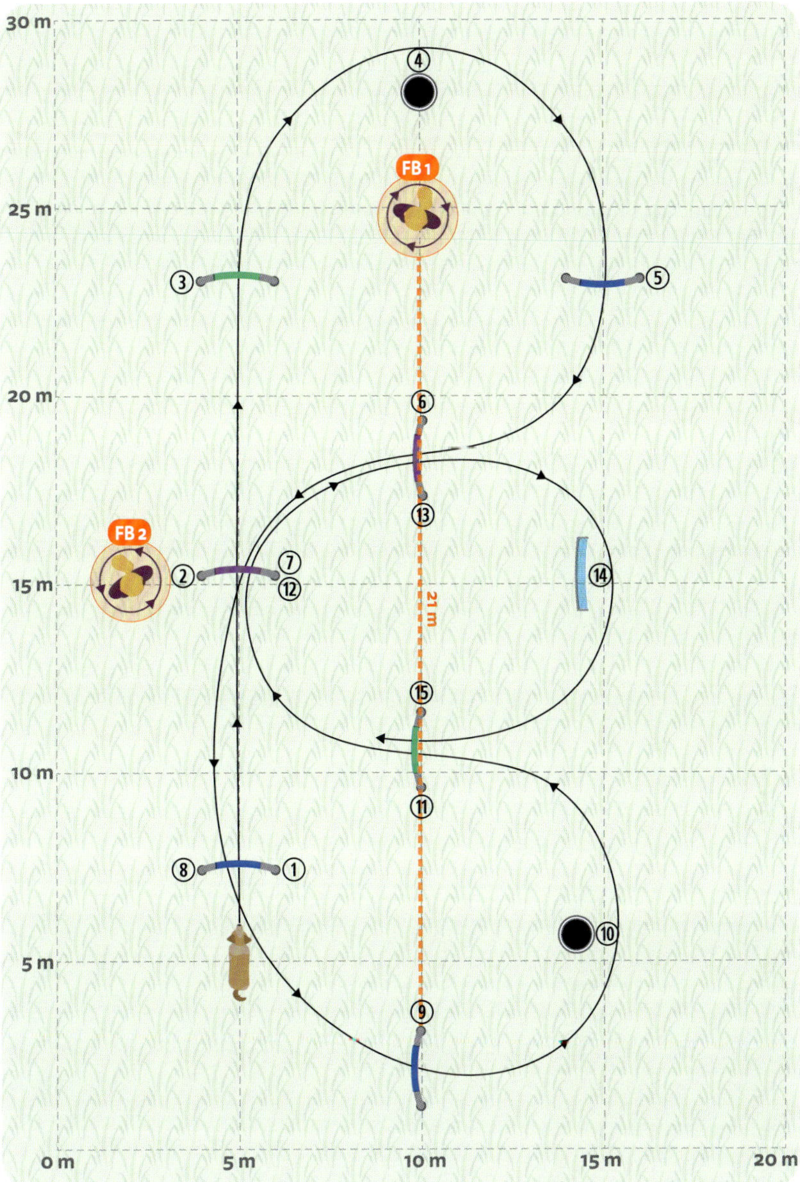

Durch den veränderten Führbereich (FB 1) beträgt die Distanz zum weitesten Gerät über 20 Meter. In diesem Trainingsparcours werden die Signale „Weg", „Hasi" und „Vor" auf unterschiedliche Distanzen abgefragt. Um eine weitere Variation zu trainieren, kann der Führbereich auch nach außen verlegt werden (FB 2).

Parcours 9 (Variante)

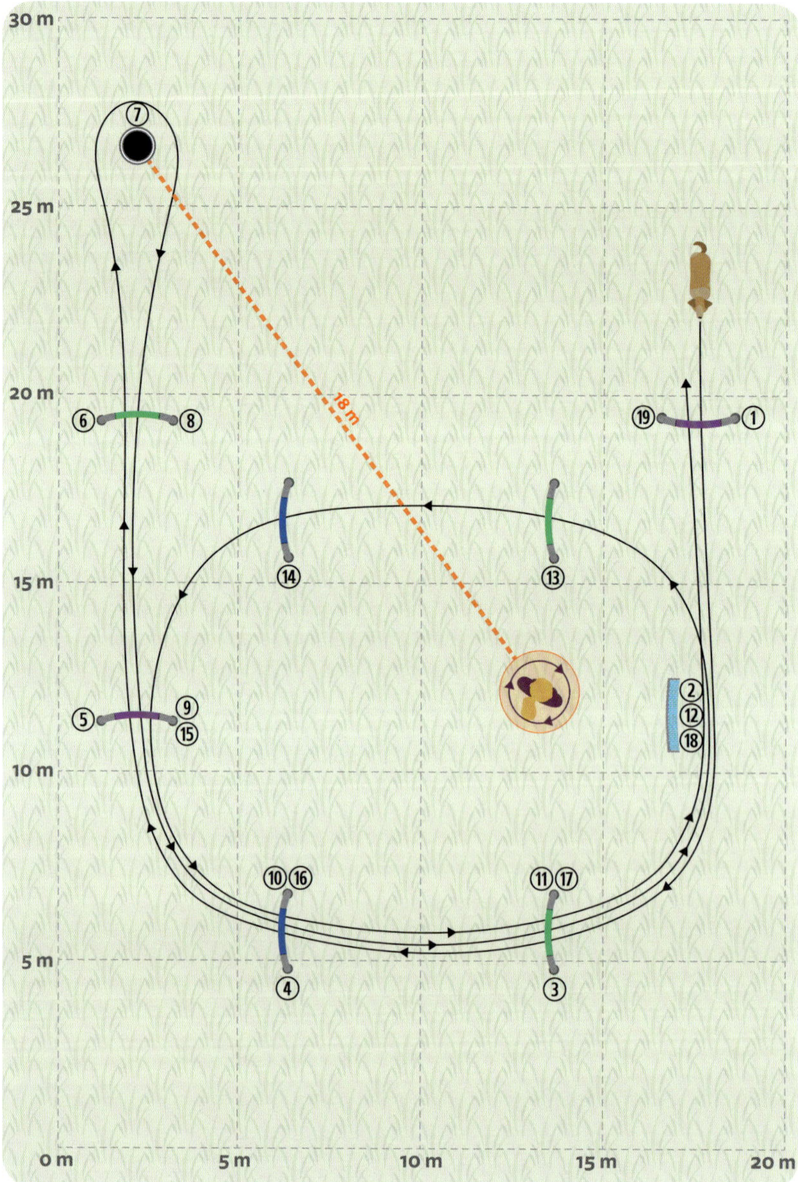

Durch den veränderten Führbereich liegt die Schwierigkeit bei diesem Parcours in der großen Distanz von 18 Metern bis zur Wendetonne. Um von Hoop (5) zu (6) zu gelangen, muss der Hund das „Vor" mit großer seitlicher Distanz zum Menschen gut beherrschen.

Parcours 10 (Variante)

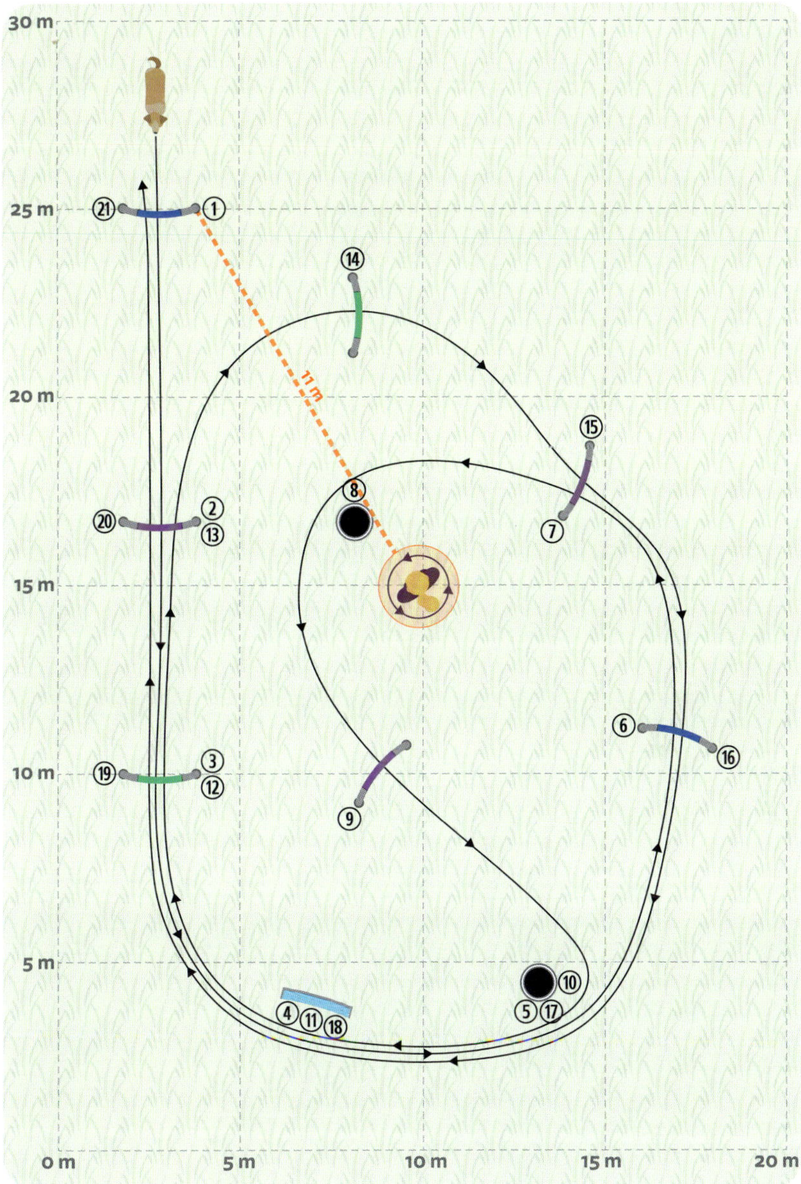

Bei diesem Parcours muss der Hund direkt am Start Verleitungen ausblenden. Um den Hund von Hoop (7) zur Tonne (8) zu führen, eignet sich das Signal „Rum", da sich Hoop (14) als Verleitung sehr nah an der Tonne befindet. Um von Hoop (9) zu Hindernis (10) zu gelangen, muss der Hund das „Weg" sehr gut beherrschen. In der letzten Sequenz von Hindernis (20) zu (21) ist ein sicheres „Vor" gefragt, um die Verleitung (14) nicht zu durchlaufen.

13. Hoopers als Turniersport

Anders als in den Vereinigten Staaten gab es beim Bekanntwerden von Hoopers in Deutschland zunächst kein Reglement. Im Fokus stand der gemeinsame Spaß zwischen Mensch und Hund. Die Ausführung sollte für jedes Mensch-Hund-Team gemäß den individuellen Möglichkeiten machbar sein. Mit zunehmender Beliebtheit und Nachfrage nach diesem Hundesport wurde jedoch der Wunsch nach einem einheitlichen, deutschlandweit gültigen Reglement für die Austragung von Turnieren groß. Zum 01. Februar 2020 trat so die erste VDH-Prüfungsordnung in Kraft. Die zweite, neuere Prüfungsordnung ist seit 01. Januar 2023 gültig. Nach dieser Prüfungsordnung werden Hoopers Turniere in Deutschland ausgetragen.

Das Reglement

Die VDH-Prüfungsordnung Hoopers dient als Regelwerk für die Durchführung von Wettkämpfen und Prüfungen in dieser Disziplin. In dieser Prüfungsordnung sind die wichtigsten Regelungen für die Durchführung von Turnieren in Deutschland festgehalten. Sie beinhaltet unter anderem Teilnahmevoraussetzungen, spezifische Voraussetzungen in den einzelnen Leistungsklassen, Abmessungen und Beschaffenheit der Geräte, Vorgaben zur Bewertung und vieles mehr.

Wie beim Agility gibt es auch beim Hoopers unterschiedliche Leistungsklassen. Diese sind in drei Prüfungsklassen von H1 bis H3 aufgeteilt. Eine Einteilung nach der Größe des Hundes gibt es beim Hoopers in Deutschland nicht. Die Geschwindigkeit des Hundes steht beim Hoopers nicht im Vordergrund. Für das Absolvieren eines Parcours ist im Reglement deshalb eine Maximalzeit von vier Minuten festgelegt. Innerhalb dieser Zeit muss der Hund den Parcours durchlaufen haben. Eine Begleithundeprüfung ist keine Voraussetzung, um an einem Turnier teilzunehmen.

Die aktuelle VDH-Prüfungsordnung finden Sie unter www.vdh.de/hundesport/hoopers.

Die Leistungsklassen

Auf einem Turnier startet jedes Mensch-Hund-Team zunächst in der Prüfungsklasse H1. Zum Start muss der Hund mindestens 18 Monate alt sein. Um in die jeweils höhere Leistungsklasse aufzusteigen, bedarf es folgender Qualifikationen: Zum Aufstieg von der Prüfungsklasse H1 in die Prüfungsklasse H2 sind drei fehlerfreie Läufe an mindestens drei verschiedenen Veranstaltungstagen bei zwei verschiedenen Hoopers-Wertungsrichtern notwendig. Für den Aufstieg von der Prüfungsklasse H2 in die Prüfungsklasse H3 müssen ebenfalls drei fehlerfreie Einzelläufe an drei verschiedenen Veranstaltungstagen bei zwei verschiedenen Wertungsrichtern erlaufen werden (Stand Januar 2023).

Mit dem Aufstieg in eine höhere Prüfungsklasse steigen die Anforderungen an Mensch und Hund.

Hoopers unterwegs

Ich persönlich liebe es, wenn man Beschäftigungsformen auf dem täglichen Spaziergang mit einbinden kann. Die meisten Hunde möchten beschäftigt werden und am besten nicht nur zweimal wöchentlich auf dem Hundeplatz.

Was bietet sich da mehr an, als das Training unterwegs einfließen zu lassen?

Auch wenn man keine Geräte auf dem Spaziergang mit dem Hund dabeihat, kann man viele der Basics auch unterwegs trainieren. Alles, was man hierfür benötigt, sind eine paar Bäume auf einer relativ geraden Fläche.

Trainieren Sie mit Ihrem Hund das Umlaufen von Bäumen genauso wie an Pylonen und Tonnen, und schon können Sie sämtliche Führübungen an Bäumen umsetzen. Ideen hierzu geben insbesondere die Übungen an vier Tonnen.

Sämtliche Führelemente lassen sich so auch bestens unterwegs trainieren und sorgen für einen abwechslungsreichen Spaziergang.

Über die Autorin

Ramona Houscht lebt mit ihrer Familie und ihrem Rüden Jimmy im Neckar-Odenwald-Kreis.

Bereits mit 18 Jahren war sie als Übungsleiterin in einem Hundeverein tätig und entdeckte dadurch ihre Leidenschaft zum Coachen von Mensch und Hund. Mit ihren Hütehunden Chica und Yanni sammelte sie Erfahrungen in zahlreichen Beschäftigungsformen wie Agility, Dog Dancing, in der Rettungshundearbeit und vielem mehr. In einigen Sparten zeigte sie das Können mit ihren Hunden auf Turnieren, Vorstellungen, Messen und anderen Veranstaltungen.

Nach ihrem Studium bei der Mina Training GmbH in Bonn eröffnete sie 2013 ihre Hundeschule: Martin Rütter DOGS Heidelberg / Mosbach.

Seit 2014 ist Ramona als Dozentin und Referentin tätig und gibt ihr Wissen im Rahmen von Fortbildungen an Trainerkollegen aus Deutschland, Österreich und der Schweiz weiter.

Zu Themen, die ihr ein besonderes Anliegen sind, verfasst sie als Autorin Artikel für bekannte Hundefachzeitschriften.

Die Auslastung und Beschäftigung von Hunden liegen ihr ganz besonders am Herzen. So achtet sie bei ihrer Arbeit stets darauf, die Beschäftigungsformen nicht nur eigens für den Hund auszuwählen, sondern auch individuell an Mensch und Hund anzupassen.

Sportliche Höchstleistungen stehen bei ihr zu keiner Zeit an erster Stelle. Die oberste Priorität haben das gemeinsame Tun sowie eine harmonische und verständnisvolle Zusammenarbeit zwischen Mensch und Hund.

Ihr Steckenpferd Hoopers wird sowohl vor Ort als auch in Form von Online Kursen angeboten.

Informationen zu den Online-Coachings findet man unter:

www.hoopers-dogs-group.de

Das komplette Angebot ihrer Hundeschule unter:

www.dogs-heidelberg.de

Danke

Mein größter Dank gilt meinen bisherigen Hunden: Tequila, Sunrise, Chica, Yanni und Jimmy. Sie waren und sind meine größten Lehrmeister, denen ich meine Entwicklung in Sachen Hund zu verdanken habe.
Die Verhaltensweisen meiner Hunde brachten mich dazu, mich immer intensiver mit hündischen Verhalten und der Verhaltenstherapie bei Problemverhalten zu beschäftigen, was letztendlich zu meinem Werdegang als Hundetrainerin geführt hat
Meine Liebe zu aktiven Beschäftigungsformen und die körperlichen Einschränkungen aller meiner Hunde haben dazu geführt, dass ich mich auch sehr viel mit dem Bewegungsapparat, seiner Gesunderhaltung und Bewegungsabläufen auseinandersetzen musste.
Was mich damals oft traurig gestimmt hat, hat mir am Ende sehr viele wunderbare Einblicke und neue Erkenntnisse verschafft, sodass ich bis heute bei meiner Arbeit mit Hunden sehr davon profitieren kann.
An dieser Stelle kann ich heute mit einem Schmunzeln für alle (damals) für mich fürchterlichen Verhaltensweisen meiner Hunde sowie für jede körperliche Einschränkung dankbar sein. Beide Tatsachen haben mir immer wieder abverlangt, genauer hinzusehen und noch individueller vorzugehen und zu arbeiten.
Die dadurch gesammelten Erfahrungen fließen zu jeder Zeit in meine Arbeit ein.
Danke ganz besonders an meinen Mann, der es immer wieder aushält, dass ich neben unserem vollgepackten Familienalltag ständig neue Projekte rund um das Thema Hund an Land ziehe. Hierbei kann ich meist nicht an mich halten und komme dann auch gleich mit mehreren Dingen um die Ecke. Auch wenn ab und an ein Seufzer dabei ist, trägt er letztendlich doch immer alles mit und macht es mir so erst möglich, mich an die Umsetzung zu machen.
Danke an meine großartige Mama und ihren Mann. Mit ihrer Unterstützung weiß ich unseren Sohn immer in besten Händen und konnte mich so ohne schlechtes Gewissen viele Stunden der Entstehung dieses Buches widmen.
Einen riesengroßen Dank auch dafür, Mama, dass Du mir meinen Werdegang erst ermöglicht hast. Hättest Du gedacht, dass sich mit dem Einzug von Tequila so vieles verändern wird?
Ein großer Dank geht natürlich auch an alle meine zwei- und vierbeinigen Kunden. Danke für Euer großes entgegengebrachtes Vertrauen. Nur dadurch konnte und kann ich mein Wissen erst in die Praxis umsetzen, Erfahrungen sammeln und neue Dinge ausprobieren.
Von Herzen danken möchte ich meinem großartigen Team! Ich kann mich wirklich zu einhundert Prozent auf Euch verlassen. Ihr unterstützt mich auf der Wiese genauso wie im Büro und haltet mir immer den Rücken frei. Nur so konnte ich das Projekt „Buch" überhaupt erst in Angriff nehmen.
Danke Martin, dass Du mir einen Einblick gegeben hast, wie Hunde kommunizieren und wie genau man wirklich hinsehen sollte. Nach nur einer Seminarteilnahme bei Dir stand dadurch schnell fest, dass ich den Werdegang als Hundetrainerin einschlagen werde.
Danke auch an all meine Trainerkollegen, für Euer Vertrauen in mich und meine Arbeit, Eure Anregungen und den Austausch mit Euch. Es ist mir eine große Freude, mit Euch Hoopers zu trainieren, sowohl vor Ort als auch online.
Ein großes Dankeschön an Dich, liebe Franzi! Für Dein offenes Ohr, Dein ehrliches Feedback und Deine Unterstützung, auch rund um dieses Projekt!
Danke an Tiziana für die wunderschönen Fotos und dafür, dass Du Dich mit mir an dieses Großprojekt gewagt hast. Die Shootings mit Dir sind mir immer eine große Freude! Der Spaß steht an oberster Stelle und mit Deinem großen Einfühlungsvermögen für Mensch und Hund bleibt jedes Shooting mit Dir in freudiger Erinnerung. Die Ergebnisse sprechen für sich.
Danke an Sybille, für Deine Unterstützung und Deine Beharrlichkeit, ohne die Jimmy und ich heute nicht da wären, wo wir sind.
Liebe Montagsgruppe, liebe Miley, liebe Lili – ein herzliches, lachendes Dankeschön an Euch! Danke, dass Ihr und Eure Frauchen einfach alles mit mir ausprobiert. Ihr seid Spitze!
Danke Jimmy, dass du einfach nicht aufgehört hast zu wachsen und so groß geworden bist. Durch diesen Umstand und deine Freude an der Arbeit auf Distanz konnte ich Hoopers überhaupt erst kennen- und lieben lernen.
Ein großes Dankeschön an Michael und Elke, dass Ihr Euer Wissen stetig weitergebt und dadurch die Hoopers-Gemeinschaft immer weiterwachsen lasst.
Zuletzt ein herzliches Dankeschön an das Team des Kynos Verlags für das Vertrauen in mein Herzensprojekt.

Danke!

Anhang

Übersicht der Signale

Signal	Bedeutung	Ideen für weitere Signale
MITTE	„Nimm die Startposition zwischen meinen Beinen ein"	Einparken, Haus, Huckepack, Home
AUSSEN	„Umlaufe Tonne / Gate / Pylone im Außen"	Rum, Herum, Out, Around
GO	„Durchlaufe einen / mehrere Hoops"	Lauf, Vor, Geh, Hoop, Weiter
HASI	„Laufe in meine Richtung, bis ich ein weiteres Signal gebe"	Zuzu, Schnickschnack, Schnucki
VOR	„Laufe geradeaus zum nächsten Gerät und blende dabei Verleitungen aus"	Voran, Weiter, Geh
RUM	„Absolviere ein Gerät in meinem Rücken"	Außen, Hinten, Behind, Back, Change
TONNE	„Umlaufe die Tonne um 180 Grad und arbeite danach entgegen der vorherigen Laufrichtung weiter"	Wenden, Turn
WEG	„Umlaufe Tonne / Gate / Pylone in einer Wegbewegung"	Away
TUNNEL	„Durchlaufe den Tunnel"	Durch

Bezugsquellen für Trainingsmaterialien

Hoopers-Turniersatz, Hoopers-Tunnel (bodenlos), Puppingtons Pods:
www.tierisch-kruse.de

Hoops, Gates, Führbereich, Tunnel, Pylonen:
www.superhund24.de

Hoops und Gates:
www.agilitygeraete-bittmann.de

Hoops, Gates, Tunnel, Tonnen, Parcoursnummern:
www.callieway.com

Hula-Hoop-Reifen auf Maß zur Kennzeichnung des Führkreises:
www.hula-hoop-shop.eu

Führbereiche, Hoopers Geräte für den mobilen Einsatz:
www.super-hooper.de

Popup Abfallsack 168 Liter
www.hornbach.de / ebenso erhältlich in anderen Baumärkten und bei Amazon

Acrylklammern zur Anbringung von selbstgestalteten Parcoursnummern:
www.kobelt-warenauszeichnung.de

Slalomstangen als Hoop-Ersatz:
www.sportplatzshop.de

Literaturhinweise

Hoopers-Agility, Hundesport ganz ohne Springen
Tanja Bauer / Gabriele Lehari: Oertel + Spörer, 2014

VDH-Prüfungsordnung Hoopers (VDH PO-H)
www.vdh.de/hundesport/hoopers, 01.02.2020 und 01.01.2023

Hoopers-Agility Trainer Modul 1-3, Lernunterlagen
Michael Kroner, 2020

Fertige Unterrichtskonzepte für Hundetrainer
www.hundeschulkonzepte.de

Weitere Bücher, die Sie interessieren könnten:

Katrien Lismont

Ums Eck gedacht

Mit Distanzkontrolle zur besseren Kooperation mit dem Hund

Die „Dreiecksübungen", die in diesem Buch beschrieben werden, sind in ihrer Grundidee aus dem Dummytraining entliehen und dienen dort dazu, dem Hund mehr Impulskontrolle anzutrainieren.
Weil diese Eigenschaft für alle Hunde, die in unserer Menschenwelt nicht anecken sollen, so entscheidend ist, hat die Autorin das Konzept weiterentwickelt und zu einem Team-Spiel ausgebaut, das Konzentration, Spannung, Kooperation, Selbstbeherrschung und klare Kommunikation fördert – von beiden Seiten.
So lassen sich leicht und mit Freude immer anspruchsvollere und neue Fähigkeiten mit dem Hund erarbeiten.

Flexicover, 154 Seiten, farbig
ISBN 978-3-95464-194-9

Susanne Huber

Next Stars

Mit den richtigen Grundlagen in den Hundesport

Der Hund braucht Bewegung, der Mensch braucht Sport. Was liegt also näher, als endlich mit Hundesport anzufangen? Doch Vorsicht vor falschen Erwartungen: Ab morgen kann der Hund noch längst nicht alles, was Internet-Filmchen so an Gimmicks bieten – vom Border Collie, der die Espresso-Maschine anwirft bis zum fünf Monate alten Pudel, der mit seinem Menschen im Dreiviertel-Takt übers Parkett wirbelt. Ist doch jeder Hund ein Individuum und jeder hat seine eigene Geschichte und seine eigene Lerngeschwindigkeit. So muss das künftige Sportteam erst einmal eine Verständigungsbasis finden – und genau für diese Grundlagen bietet dieses Buch Hilfestellung.
Es ist egal, wann Sie mit dem Training beginnen: Hauptsache ist, Sie fangen damit an!

Hardcover, ca. 208 Seiten, farbig
ISBN 978-3-95464-295-3

Besuchen Sie unseren Shop: **www.kynos-verlag.de**

Kynos